建筑业物化能耗多尺度评估与时空效应分析

洪竞科 著

U0223579

科学出版社

北 京

内 容 简 介

作为实现"双碳"目标的重要产业，建筑业的能效提升以及转型升级对实现零碳排放意义重大。建筑业物化能耗，是指建筑物建造过程的直接能耗与生产和提供建筑活动相关产品、服务的间接能耗的总和。本书立足建筑业物化能耗的时空异质性，基于"国家-省级-城市群"尺度，开展"需求-供给"双视角下建筑业物化能耗的系统研究，主要包括建筑业物化能耗驱动机制与变革规律、时空分布与效率特征、区域空间关联与溢出效应以及供给形态与路径演化研究。

本书内容可作为政府制定国家、区域以及行业层面节能减排政策的参考，为建设项目能耗优化提供策略。也可供从事区域空间能源经济、建筑能耗及相关领域研究的科研、技术人员以及管理人员等参考。

图书在版编目(CIP)数据

建筑业物化能耗多尺度评估与时空效应分析 / 洪竞科著. —北京：科学出版社，2023.3（2024.3 重印）
　ISBN 978-7-03-070734-5

Ⅰ.①建…　Ⅱ.①洪…　Ⅲ.①建筑能耗–研究　Ⅳ.①TU111.19

中国版本图书馆 CIP 数据核字（2021）第 238382 号

责任编辑：陈　杰 / 责任校对：彭　映
责任印制：罗　科 / 封面设计：墨创文化

科 学 出 版 社 出版
北京东黄城根北街16号
邮政编码：100717
http://www.sciencep.com

成都锦瑞印刷有限责任公司 印刷
科学出版社发行　各地新华书店经销
＊

2023 年 3 月第　一　版　　开本：787×1092 1/16
2024 年 3 月第二次印刷　　印张：12 1/2
字数：292 000
定价：149.00 元
（如有印装质量问题，我社负责调换）

前　言

2020年9月22日，习近平总书记在第75届联合国大会上郑重宣布，我国二氧化碳排放力争于2030年前达到峰值，争取2060年前实现碳中和。实现碳达峰碳中和是我国向世界作出的庄严承诺，也是一场广泛而深刻的经济社会变革。

作为实现"双碳"目标的重要产业，建筑业的能效提升以及转型升级对实现零碳排放意义重大。当前建筑业引发的能源耗竭和全球变暖问题已日益严重。根据政府间气候变化专门委员会(Intergovernmental Panel on Climate Change，IPCC)的测算，由建筑活动产生的二氧化碳排放量已经占到全球二氧化碳排放总量的30%。根据国际能源署(International Energy Agency，IEA)建筑和社区能源部门(Energy in Buildings and Communities Programme，EBC)在2019年发布的57号报告，截至2019年全球范围内建筑业能源消耗量已经分别占到社会总能耗的38%(美国)、23%(澳大利亚)、27%(英国)以及28%(中国)，成为全球气候变暖的主要驱动因素之一。

中国目前也正面临着由于快速城镇化和大量基础设施建设而带来的严峻环境挑战，国家的资源环境正承受着极大压力。建筑业作为国民经济的支柱产业之一，在城市的建设过程中扮演着重要角色。因此，在我国经济高质量发展的全面转型升级时期，如何实现"双碳"目标下传统建筑业从粗放型高能耗密度的增长模式转变为集约型可持续的增长模式、如何完成建筑业能耗的结构性改革、如何在供给侧提供高附加值的建筑产品以提高能耗利用效率，对提升中国城镇化进程中的可持续性，尤其是促进产业节能减排目标的实现意义重大。

建筑业物化能(embodied energy)，又称内含能或隐含能。建筑业物化能耗，是指建筑物建造过程的直接能耗与生产和提供建筑活动相关产品、服务的间接能耗的总和，涵盖原材料挖掘、制造、运输、建造、运营、拆除及回收再利用7个阶段。根据目前的研究结果，建筑业物化能耗核算的主要特点和面临的困难如下。

(1)中国各地区经济发展水平不均衡，并跨越多个建筑气候区，导致地区间建造水平和建造技术存在较大差异，而这种差异导致的各地区建筑业物化能耗的区别在目前的研究中很少被系统地量化和分析。

(2)政府节能政策的实施普遍以建筑业能耗的最终需求量为制定依据，缺乏对能源供给侧的结构性认识。以供给侧为基础的能耗分析可以更加全面地反映建筑业物化能耗的现状和症结所在，为能耗的结构性改革提供更加真实和准确的数据支持。

(3)缺乏对建筑业物化能耗变动关键影响因素多维度、系统性、动态性的认识。传统的建筑业物化能耗核算以基于投入产出理论的静态分析为主，很少以关键影响因素为导向建立量化模型，导致以此构建的区域性节能减排目标制定及优化途径标准相对单一，其节能降耗措施缺乏针对性、系统性。

本书立足于建筑业物化能耗的时空异质性，基于"国家-省级-城市群"尺度，开展"需求-供给"双视角下建筑业物化能耗的系统研究。其主要学术意义在于：①通过建立建筑业空间维度、时间维度和产业链维度的核算模型理论框架，为深入揭示产业能耗传导路径和作用机理提供理论途径；②空间维度下对省级建筑业物化能耗流动的计量可以使政府决策部门系统地认识建筑活动强度的地区分布，为制定更加公平的节能减排目标提供技术支撑；③产业链维度下通过量化不同产业部门由于建筑活动而产生的能耗投入，为建筑业物化能耗结构转型升级提供政策依据，并能通过识别上游生产阶段的高能耗密度关键路径，帮助政府决策部门分别从能源需求和供给两个视角来认识建筑活动强度，从而为完善绿色产业链管理奠定理论基础；④时间维度下通过对能耗结构和变革规律的分析，揭示能耗增长背后的主要驱动因素，为建筑业的可持续发展提供优化途径。

本书主要由三部分构成。第一部分阐述物化能耗概念与现状，包括物化能耗定义、物化能耗研究现状与研究意义。第二部分为方法论，介绍环境资源、能源、经济等领域的物化能耗分析方法。第三部分为实证研究，基于国家、区域、部门以及项目尺度核算我国建筑业物化能耗演化特征、时空分布、效率特征、驱动机制等，并基于研究结论提出切实可行的节能减排建议。

本书基于作者近年来在可持续建设领域的研究工作及成果整理而成。全书由洪竞科撰写及统稿，得到香港理工大学沈岐平教授，重庆大学刘贵文教授、蔡伟光教授，中央财经大学常远教授等学者的大力帮助。同时，向重庆大学管理科学与房地产学院及本书引用的有关资料的作者顺表谢意。

本书的内容也包含下列项目的部分研究成果：国家自然科学基金面上项目"建设工程项目资源代谢多重复杂性的形成机理、测度模式与作用机制研究"（No.72071022）、国家自然科学基金青年项目"建设项目物化能耗区域间作用机制与差异化测度模型研究"（No.71801023，本书依托项目）、重庆市科技局技术创新与应用发展专项面上项目"村镇可持续更新与绿色改造关键技术研究与应用"（No.cstc2020jscx-msxmX0036）、重庆市第四批青年拔尖人才支持计划（No.T04010013）、重庆市社会科学界联合会培育类项目"建筑业能耗传导路径与作用机理研究：基于'需求-供给'双视角的四维核算模型"（No.2017BS30）、重庆市人力资源和社会保障局留学回国人员创新创业项目"区域视角下建设项目物化能耗评估模型及智能优化平台研究"。

任何新的学术理论、方法和研究途径的提出，都由不完善开始，需要不断加以修正、完善和发展，建筑业物化能耗研究亦然。由于笔者经验和水平有限，书中难免有不足之处，敬请各位专家和读者指正，以促进建筑业可持续管理不断完善。

目　　录

第1章 绪 论

全球经济的快速发展及人口增长导致能源消耗量逐年攀升。据国际能源署 (International Energy Agency，IEA)报告[1]，2015 年度全球一次能源供应量高达 130.6 亿吨标准煤，相较于 1973 年的供应量增长超过两倍。与此同时，由能源消耗而诱发的环境问题更是对人类社会可持续发展造成严重阻碍。

建筑业是全球经济社会发展的重要推动力，作为典型的资源密集型行业，能源消耗及污染物排放规模也在不断扩大。全球建筑业的二氧化碳排放量约占全球二氧化碳排放总量的 1/4[2]。

中国的建筑能源消耗量在全球范围内仅次于美国，节能减排形势不容乐观[3]。考虑到中国每年新建建筑量占全球新建建筑总量的 50%[4]，中国建筑能源消耗量势必将呈现高速增长的趋势。据相关研究估算，中国建筑能源消耗量在 2050 年将占全球建筑业能源消耗总量的 20%。中国政府承诺 2030 年二氧化碳排放量将在 2005 年的基础上减少 60%～65%[5]。为此，建筑业节能减排对实现可持续发展目标具有重要意义。

1.1 国内外研究现状

1.1.1 建筑业物化能耗研究现状

1. 物化能耗定义

随着物化能耗相关研究不断深入，物化能耗的定义也得到不断完善，本书通过对已有相关研究进行梳理，归纳总结出物化能耗的定义及研究尺度，详见表 1-1。通过对照相关文献不难发现，物化能耗的研究范围已由最初仅涵盖建筑建造阶段拓展为包括原材料生产、运输、更新、维护和拆除阶段。就建设项目而言，建筑业物化能耗、运营能耗以及拆除能耗共同构成了项目从"摇篮到坟墓"的总能耗。从该定义中可以看出，建筑业物化能耗的研究边界与国民经济投入产出分析中对建筑业的统计口径基本一致，包含了建设项目整个物化阶段所涉及的施工活动。综上所述，本书将物化能耗定义为与建设项目建造过程相关的能源消耗的总和，具体包括建筑原材料的开采和加工、建筑产品的生产制造和运输、建设项目交付和拆除阶段所产生的能耗。基于投入产出分析方法得到的建筑业物化能耗则表示建设项目整个物化阶段所消耗的能源之和。

表 1-1 物化能耗的定义和研究尺度

文献	定义	研究尺度
Wilson 和 young[6]	在原材料开采、建筑产品制造和最终交付过程中消耗的一次能源	摇篮到现场
Treloar[7]	施工现场使用的直接能耗以及上游产业链投入的间接物化能耗	摇篮到建造
Crowther[8]	建造阶段及安装阶段使用的直接能源,以及建筑材料生产过程中消耗的间接能源	摇篮到建造
Treloar 等[9]	施工和所有上游过程中使用的能源	摇篮到建造
Sartori 和 Hestnes[10]	建筑建造所需的能源和运营阶段建筑维护所需的能源之和	摇篮到坟墓
Dixit 等[11]	在生产、施工、维护和拆除过程中所消耗的能源之和	摇篮到坟墓

2. 建筑业物化能耗研究范围

基于全生命周期理论,建筑业物化能耗是指建筑物建造过程的直接能耗与生产和提供建筑活动相关产品、服务的间接能耗的总和,涵盖原材料挖掘、制造、运输、建造、运营、拆除及回收再利用阶段 7 个阶段[12]。建设项目全生命周期过程如图 1-1 所示。

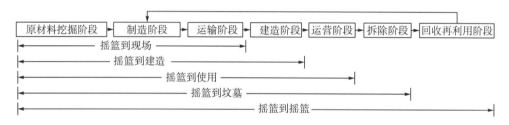

图 1-1 建设项目全生命周期

如前所述,建筑业物化能耗能够进一步分解为直接物化能耗和间接物化能耗。建筑直接能耗包含建设施工现场的由建筑设备、工地交通、电力供应、建筑装配及杂项工程所消耗的能源,以及满足建筑工人日常生活所需的能源。建筑间接能耗则包含三种类型:初始能耗、维护能耗和拆卸能耗。初始能耗是指建设项目上游阶段的能源消耗总量(包括建筑材料的生产和运输)。维护能耗是指在建设项目的运行阶段,项目翻新和维护过程所需的能源。拆卸能耗则是指在建设项目拆除、建筑废弃物运输、建筑材料回收再利用以及建筑废弃物填埋处理等过程中所消耗的能源。

1.1.2 产业尺度建筑业物化能耗研究现状

1. 建筑业物化能耗现状

通过近 30 年的发展,建筑业已成为中国经济发展的支柱性产业。图 1-2 为 2006~2017 年我国建筑业的年均总产值和增加值。由图 1-2 可知,我国建筑业总产值近年来快速增长,年增长率最高达到 25%。2008~2011 年,由于中央政府对抑制投机和住房市场最终需求的宏观调控,建筑业的年增长率逐渐降低。

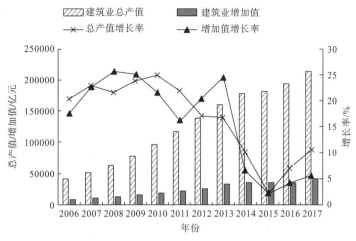

图 1-2   中国建筑业年均总产值和增加值

资料来源：《中国统计年鉴》(2018)。

就历年建筑企业的数量和从业人员数量而言，我国建筑业是一个典型的生产粗放型、劳动密集型行业，行业生产效率和管理效率整体都处于较低水平(表 1-2)。就在建和竣工建筑面积而言，研究期间我国在建和竣工建筑面积增长速度虽然逐渐放缓，但是总体仍呈现出增长趋势(图 1-3)。

表 1-2   2006～2019 年中国建筑企业的数量和建筑业从业人员数量

指标	单位	2006 年	2007 年	2008 年	2009 年	2010 年	2011 年	2012 年
建筑业企业单位数	百万个	6.0	6.2	7.1	7.1	7.2	7.2	7.5
从业人员	百万人	28.8	31.3	33.2	36.7	41.6	38.5	42.7
指标	单位	2013 年	2014 年	2015 年	2016 年	2017 年	2018 年	2019 年
建筑业企业单位数	百万个	7.9	8.1	8.1	8.3	8.8	9.7	10.4
从业人员	百万人	45.3	45.4	50.9	51.8	55.3	53.1	54.3

资料来源：《中国统计年鉴》(2020)。

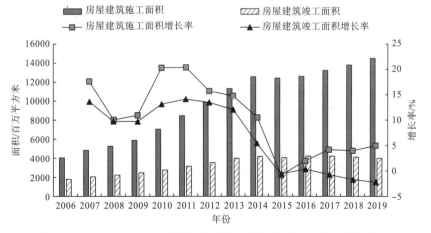

图 1-3   2006～2019 年中国房屋建筑施工面积和竣工面积及其增长率

资料来源：《中国建筑业统计年鉴》(2020)。

近年来，建筑业已成为我国能源消耗和温室气体排放的最大贡献行业之一。我国建筑业直接能源投入及其占全国能源消费总量的比例如图 1-4 所示。虽然直接能源投入仅与施工现场的能耗有关，但该总量仍占我国能源消费总量的 2%左右。与直接能源投入相比，建设活动上游过程中的间接能源使用量占比更大，约占整个建设项目生命周期能源消耗总量的 20%～60%[13]。根据 IPCC 的报告，在工业化国家中，建筑业占一次能源使用量的 40%[14]。作为一次能源消费大国，中国建筑业能源消费总量的占比不断攀升。

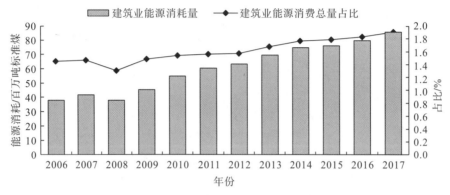

图 1-4 中国建筑业直接能源投入及其占全国能源消费总量的比例

资料来源：《中国统计年鉴》（2020）。

2. 建筑业物化能耗相关政策

为了缓解建设活动对我国环境造成的负面影响，我国政府采取了一系列措施，旨在从国家和行业层面提高能源效率，实现节能减排目标。图 1-5 总结了 2003～2015 年我国从国家层面实施的部分节能政策战略。中央政府制定了一系列促进我国能源清洁生产的政策。"十一五"规划提出了节能减排目标，这些目标在"十二五"期间得到进一步突出和提升。《清洁生产促进法》作为环境保护的坚实基础，也在 2005～2011 年得到不断完善。清洁发展机制主要就能源和工业生产部门的清洁生产进行指导，但在建筑行业尚未得到有效贯彻。

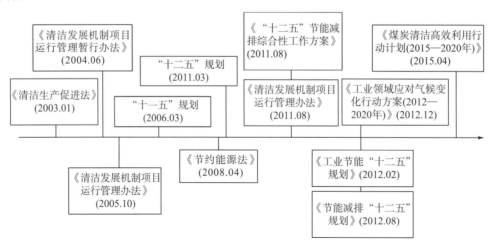

图 1-5 2003～2015 年国家节能政策

通过政策梳理可知，在中国目前的节能减排政策中，重工业是主要的节能减排对象。相比之下，从供应链视角对"能源密集型"部门(如建筑业)的关注仍然薄弱。然而片面地关注最终消费者而忽略供应链中的生产者，可能导致节能政策的错配。此外，针对建筑业本身，我国政府还颁布了一系列节能政策文件。根据图 1-6 和表 1-3，在 2014~2020 年国家新型城镇化规划中，中央政府提出，应提高可再生能源应用水平，加快绿色改造，加大环保材料生产，推进建筑产业化。在《绿色建筑行动方案》中规定，到"十二五"末期，绿色建筑在建总建筑面积应达到 10 亿平方米，既有居住建筑绿色改造达到 5000 万平方米，既有公共建筑绿色改造达到 6000 万平方米。政策表明，我国建筑能源法规的主要关注点仍然在建筑运营阶段。现有节能政策法规多优先考虑通过加强绿色建筑建设和对现有建筑进行绿色改造以达到降低运营阶段能耗的目的，而较少关注上游过程，如建筑材料的生产和运输。虽然有关政策已逐渐向上游供应链延伸，如对绿色建材实施评价标识管理办法，但从供应链视角实施节能减排政策仍需进一步加强。

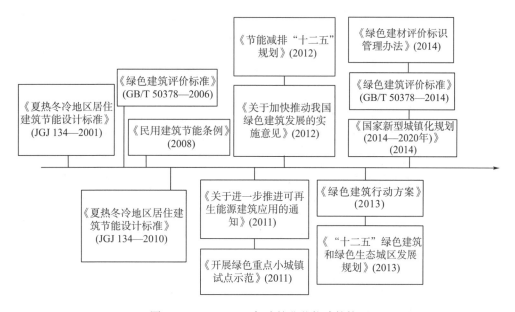

图 1-6　2000~2015 年建筑业节能政策梳理

表 1-3　建筑业节能政策梳理

政策	建筑类型	建筑阶段	目标
《绿色建筑评价标准》(GB/T 50378—2014)	新建和现有建筑	建筑全生命周期	节地、节能、节水、节材、室内外环境、施工及运行管理
《民用建筑节能条例》	新建和现有建筑	运营阶段	建筑运行阶段的节能
《夏热冬冷地区居住建筑节能设计标准》(JGJ 134—2001/2010)	新建建筑	运营阶段	建筑运行阶段的节能
《关于进一步推进可再生能源建筑应用的通知》	新建和现有建筑	重点关注运营阶段	2020 年可再生能源比重超过 15%；可再生能源在建筑中的应用超过 25 亿平方米
《关于加快推动我国绿色建筑发展的实施意见》	新建建筑	建筑全生命周期	2020 年绿色建筑面积占比超过 30%；绿色建筑面积增加 10 亿平方米以上

续表

政策	建筑类型	建筑阶段	目标
《节能减排"十二五"规划》	新建和现有建筑	重点关注运营阶段	新建建筑可节省超过45百万吨标准煤(million ton coal equivalent, Mtce);已有建筑绿色改造减少15%以上的供热能耗;公共建筑能耗强度降低10%以上
《绿色建材评价标识管理办法》	新建建筑	原材料生产	材料生产中的节能

3. 建筑业物化能耗研究进展

行业层面的物化能耗研究是一个系统的能源评估过程,相关研究的数据主要来自国家统计数据。行业层面的物化能耗研究有助于从宏观视角对部门能源消耗特征进行识别,并发现具有较大节能潜力的行业部门。

通过分析已有文献,可以发现当前学界已经对美国、挪威、爱尔兰、瑞典、中国等国家的建筑业物化能耗进行了广泛深入的研究。表1-4分别总结了国家尺度建筑业研究的主要特征及其代表性文献。

表1-4　建筑业相关研究梳理

国家	研究对象	参考文献
美国	投入产出表(1992年); 商品和服务投入、资源需求和环境排放; 四个子部门(土木工程、公共建筑、住宅建筑、其他建筑)	Hendrickson 等[15]
挪威	投入产出表(2003~2007年); 九种空气污染物; 时间序列分析	Huang 和 Bohne[16]
爱尔兰	投入产出表(2005年); 能源消耗和温室气体排放; 五个子部门(地面工程、结构工程、服务、装修、运营)	Acquaye 等[17]
瑞典	投入产出表(2000年); 一次能源使用和二氧化碳排放; 六个子部门(商用、居住、服务、工业、重建、基础设施)	Nässén[18]
中国	投入产出表(2002年); 物化能耗和环境排放; 2015年建筑业能源强度预测	Chang 等[19]

可以看出,当前从宏观层面进行环境分析时往往是将建筑行业作为一个整体,或者重点分析建筑行业内某个子行业。然而,不同国家对建筑业子行业的分类往往存在一定差异。Acquaye 等[17]根据建设项目施工基本流程,将整个施工部门划分为五个子部门,即地面工程、结构工程、服务、装修和运营。相比之下,Hendrickson 等[15]和 Nässén[18]根据建筑类型对整个建筑行业进行分类,分为商用、居住、服务、工业、重建和基础设施六个子部门。事实上,经济部门的划分在很大程度上依赖于数据的来源和国家统计分类系统。此外,相关研究中使用的公共数据和投入产出表都往往缺乏一定的时效性,这是由于数据的获取及调查存在一定的滞后性,该原因也导致投入产出表的编制周期较长,造成现有的最新投入产出表仍然落后于目前的部门关联和生产技术。

除了对整个部门的物化能耗分析外，其他相关研究也多基于上述宏观模拟模型，重点分析特定的建筑类型或基础设施。表 1-5 对相关研究进行了梳理。

表 1-5 不同建筑类型相关文献梳理总结

国家	研究对象	参考文献
美国	住宅楼； 投入产出表(1997 年)； 施工、使用、拆除阶段	Ochoa 等[20]
英国	基于过程的模型； 独立式、半独立式和排屋； 建造、使用和拆除阶段	Cuéllar-Franca 和 Azapagic[21]
瑞典	独栋建筑和住宅楼； 2000 年投入产出表； 建筑材料生产和加工、运输、建造和服务部门； 与过程模型比较	Nässén 等[18]
德国	甲板建筑、高层建筑和公寓楼； 基于过程模型； 建造、使用和拆除阶段	König 和 Cristofaro[22]

综上所述，建筑业物化能耗评价通常采用单区域投入产出(single region input-output，SRIO)分析方法，但该方法无法表征区域间暗含的经济贸易联系和经济网络。在中国，对建筑业物化能耗的相关研究尚未成熟。Wang 等[23,24]对中国建筑业可持续性进行比较分析，主要包括节能法规的比较和可持续设计方案的分析。Chang Y F 等[25]、Chang Y 等[26]运用投入产出分析理论，对中国建设项目的环境影响进行了一系列研究。例如，Chang 等[25]结合环境和社会指标以及 SRIO 分析方法，对物化能耗进行了量化分析。Chang 等[26]采用基于过程的生命周期评价(life cycle assessment，LCA)对某些类型建筑全生命周期能耗进行模拟。

4. 机遇与挑战

现阶段物化能耗相关研究仍然存在一定不确定性，这些不确定因素可能导致能耗评估结果的差异。首先，数据搜集过程、研究系统边界和数据质量的不确定性，造成传统的物化能耗研究结果具有不确定性和不可重复性。在实际工程建设项目中，由于客户和承包商对数据保密的要求，施工部门无法获得详尽的工艺数据。此外，每个建设项目的设计过程、项目结构和建筑材料使用具体数量具有唯一性，收集充足的数据来分析其项目物化能耗也是极其困难的。因此，相关物化能耗研究必须在数据完整性和准确性之间寻求一定的平衡。近年来，这种由于主观操纵而在物化能耗核算中产生的不确定性在相关分析中已经引起重视。其次，由于各个研究中的研究范围和计算结构的差异，物化能耗相关研究的结果也可能存在不一致[27]。Dixit 等[28]对物化能耗的影响因素进行了全面梳理，得到 10 个关键性因素。此外，用于建筑行业能耗分析的数据主要来自公开数据、施工相关文件以及过往研究结果，这些数据来源的透明度和可靠性需要通过进一步核实才能保证最终结果的准确性。再者，物化能耗相关研究中所使用的公共数据通常缺乏时效性。这种基于已有技术和制造水平编制的数据，将会导致从统计文件中获取的能源投入数据与现实情况存在一定误差。

最后，不同地区和国家的原材料质量、施工方法、车辆类型和运输距离的差异，也将导致物化能耗核算结果不一致。

1.1.3　项目尺度建筑业物化能耗研究现状

随着运营阶段能源使用的日益高效，物化能耗在项目尺度全生命周期节能减排中的重要性逐步体现，并受到业界国内外学者的普遍关注[29]。传统的产品物化能耗测度基于的假设是组织和制造环境稳定，大部分度量分析是步骤化和程序化的。然而工程项目具有自组织特点，不是单一或固定系统要素的简单线性叠加，具有要素多样性、复杂性和不确定性等特性，因此建设项目物化能耗测度过程中，其组织和建造过程是非稳态的，不完全满足传统测度理论假设。

1. 项目尺度物化能耗研究方法

从研究方法看，目前项目尺度物化能耗的度量方式仍以微观视角下全生命周期评价过程模型为主，即通过汇总产品每个生产阶段与外部环境的物质、能量交换，从而得到该产品的能耗和环境污染总量。但是，由于工程建设项目的复杂性和异质性，过度地依赖过程模型会造成度量结果的通用性降低[30]。近年来，模型算法不断优化，单纯从微观视角以过程数据为基础的能耗测度已经不能适应项目能效提升的需要[29]。在测度模型的广泛研究中，最有影响力的模型是混合模型。该模型是微观过程模型与宏观投入产出模型的有机结合，通过运用基于清单的过程数据以及投入产出表中的行业平均数据，能够同时降低人为划定系统边界所产生的误差干扰以及实现微观水平上对近似产品的比较。但是，尽管混合模型已经具备一定程度的应用基础，现有研究尚未将宏观产业系统的区域分布差异性纳入对微观工程组织要素的研究体系中，产业层面区域特征数据与项目层面清单过程数据的关联关系有待进一步探索。

2. 项目尺度物化能耗研究对象

从研究对象看，目前物化能耗度量的广度和深度尚不足以有效反映工程建设项目的管理复杂性和技术多样性。当前对建设项目物化能耗测度的对象主要涵盖三个方面。

1）生产要素

生产要素主要包括研究建造材料(如水泥、混凝土、钢铁、木制品)、建筑部品(如墙体、屋顶、门窗、楼板等)以及建筑设备(如供热通风和空调设备)的物化能耗表现[31]。对建筑材料的能源和环境影响进行评价是实现可持续建筑的起点。欧盟于 2003 年颁布了整合性产品策略(integrated policy product, IPP)，目的是在产品的整个生命周期中确定潜在环境影响显著的建筑材料。在国外，Liu 等[32]通过研究 8 种建筑材料后发现，对于住宅建筑，混凝土的能耗量占建筑业物化能耗总量的 61%，木材和瓷砖所占比例分别为 14% 和15%。同时，混凝土生产过程的 CO_2 排放量占建设期 CO_2 排放总量的 99%。因此，减少混凝土的使用对建筑节能减排意义重大。在国内，帅小根等[33]研究了混凝土的资源消耗和环境影响表现，认为减少混凝土的使用是实现建筑全生命周期资源节约的关键。赵平[34]运用生命周期评价对建筑材料的资源使用、能源消耗和环境影响进行了分析，认为从建筑业物化能耗角度来看，砖混结构建筑的资源使用量最大，钢结构建筑的环境负荷最小。另一方面，对可重复使用材料和生态材料的利用也引起了研究者们的注意。Erlandsson 等[35]指出，在基本功能相同的前提下，若使用可重复材料，建筑在采暖和污水排放系统两个方面可分别减少 70% 和 75% 的环境影响量。Sun 等[36]提出了选择建筑材料的原则，即选择持久耐用和可再生的材料将大大减少建筑材料对环境的影响。刘顺妮[37]对水泥进行了全生命周期评价，指出水泥生产和使用的环境影响主要表现为温室效应，通过对水泥煅烧工艺的改进可以提高其环境性能。

2）技术要素

技术要素包括研究建筑结构类型、建筑设计参数、新型建筑施工技术工艺(如装配式建造技术)对建设项目物化能耗的影响，它对建筑产品的能耗影响很大。李兆坚和江亿[38]在分析 1998～2003 年我国建筑总能耗后指出，在建筑运行能耗中暖通空调能耗比重最大(超过 60%)，降低运行能耗是建筑节能的关键，但减少建筑材料能耗同样意义重大。常远和王要武[39]通过运用混合 LCA 模型，测算了 2007 年我国新建城市住宅的全生命周期能耗量，发现运行能耗占全生命周期总能耗的 70%，全生命周期能耗量对于建筑采暖能耗强度和其他生活终端能耗强度较为敏感。Adalberth 等[40]对瑞典 4 栋住宅进行了全生命周期评价，发现住宅使用阶段的环境影响量占全生命周期环境影响总量的 70%～90%，运行能耗占全生命周期总能耗的 85%，建筑材料生产和施工能耗约占 15%。

就公共建筑而言，由于各类建筑的结构形式与使用功能不尽相同，其全生命周期能源消耗和环境影响也差别明显。在国外，Reppe[41]计算了美国一栋新建大学校园建筑的全生命周期(75 年)能耗和环境污染量，得出运行能耗占全生命周期能耗量的 97.7%，建筑材料与部品生产能耗占 2%，运输、施工和拆除能耗只占 0.1%。在环境影响方面，运营阶段的各种环境污染物在全生命周期污染物总量中的比重也十分显著：温室气体排量为 93.4%，酸性物质为 89.5%，臭氧消耗为 82.9%，固体废物为 61.9%。在我国，公共建筑能耗呈逐年上升趋势。2005 年我国公共建筑约为 45 亿平方米，占全国建筑总面积的 10.7%，但其能耗量却占到建筑总能耗的 20%[42]。可以看出加强公共建筑的运营管理对建筑节能十分重要。在土木工程建筑中，Birgisdóttir 等[43]使用全生命周期评价对高速公路的修建进行了分析，对比了不同材料的能源消耗和环境影响效果。由于土木工程建筑类型不一，且各建筑之间的体量和使用功能差别较大，土木工程建筑各全生命期阶段的能量消耗和环境影响量尚无统一概论。

3）管理要素

管理要素主要揭示不同管理组织模式对单体建筑物化资源的消耗。当前，已有部分学者基于实证分析从管理要素角度开展工程建设项目物化能耗优化研究，主要包括：以提升建筑部品管理策略实现建筑节能减排的敏感性分析；以优化建筑材料组合降低物化能耗的情景推演分析[44]。实际上，物化能耗优化的本质是在资源约束条件下，建设项目组织要素的最优项目组合选择(project portfolio selection)。但是，由于建筑业物化能耗既是微观建造要素组合配置的结果，又是区域经济系统生产效率的体现。因此，对物化能耗的优化管理应从全局着手，实现在区域经济系统发展水平制约下要素资源的最优项目组合选择，从而进一步挖掘建设项目物化能耗的节能潜力。

可以发现，生产、技术与管理要素作为工程项目管理的重要组成部分，对其物化能耗测度的研究最为充分[28]，而宏观经济要素对物化能耗的影响则很少在项目尺度体现。综上所述，要实现建设项目物化能耗的全方位测度，对生产、技术、管理以及宏观经济等建造组织要素的系统分析是基础。

1.2 研究意义

1. 理论意义

建筑业物化能耗研究目前已广泛运用于建筑能耗研究，但是有许多问题亟待解决。针对不同研究问题，本书对物化能耗研究模型进行梳理，分别从产业、项目层面，基于多维度（行业、区域与供应链）视角研究建设项目物化能耗的区域、产业及项目特征、内含属性、空间分布特征与作用机理，为不同尺度的建设项目物化能耗测度提供了一种新的研究范式，丰富和发展工程项目管理的研究视角和方法体系，进一步推动工程可持续建设管理理论的创新。

2. 实践意义

对建筑业物化能耗时空演化特征的分析，有助于决策者在区域、产业以及项目尺度有针对性地制定差异化的建筑行业零能耗目标发展策略，为推动中国建筑业绿色转型，实现碳达峰、碳中和目标奠定坚实基础。同时，通过对建筑业物化能耗在全生命周期不同阶段的分析研究，有利于识别建筑业物化能耗的主要作用阶段，有助于提高建筑产品的附加值与能耗利用效率，促进传统建筑业从粗放型高能耗密度的增长模式转变为集约型可持续的增长模式。

参考文献

[1] IEA. Key world energy statistics[R]. France: International Energy Agency, 2017.

[2] Hong J K, Gu J P, Liang X, et al. Characterizing embodied energy accounting with a multi-dimensional framework: a study of China's building sector[J]. Journal of Cleaner Production, 2019, 215：154-164.

[3] Hong J K, Shen G Q, Guo S, et al. Energy use embodied in China's construction industry: a multi-regional input-output analysis[J]. Renewable and Sustainable Energy Reviews, 2016, 53：1303-1312.

[4] Minx J C, Baiocchi G, Peters G P, et al. A "carbonizing dragon": China's fast growing CO_2 emissions revisited[J]. Environmental Science and Technology, 2011, 45（21）：9144-9153.

[5] Guo S, Zheng S P, Hu Y H, et al. Embodied energy use in the global construction industry[J]. Applied Energy, 2019, 256:113838.

[6] Wilson R, Young A. The embodied energy payback period of photovoltaic installations applied to buildings in the U.K.[J]. Building and Environment, 1996, 31（4）:299-305.

[7] Treloar G J. Extracting embodied energy paths from input-output tables: towards an input-output-based hybrid energy analysis method[J]. Economic Systems Research, 1997, 9（4）：375-391.

[8] Crowther P. Design for disassembly to recover embodied energy[C]. The 16th International Conference on Passive and Low Energy Architecture, Melbourne-Brisbane-Cairns, Australia, 1999.

[9] Treloar G J, Love P E D, Holt G D. Using national input-output data for embodied energy analysis of individual residential buildings[J]. Construction Management and Economics, 2001, 19(1): 49-61.

[10] Sartori I, Hestnes A G. Energy use in the life cycle of conventional and low-energy buildings: a review article[J]. Energy and Buildings, 2007, 39(3): 249-257.

[11] Dixit M K, Fernández S J L, Lavy S, et al. Need for an embodied energy measurement protocol for buildings: a review paper[J]. Renewable and Sustainable Energy Reviews, 2012, 16(6): 3730-3743.

[12] Chang Y, Ries R J, Wang Y W. The quantification of the embodied impacts of construction projects on energy, environment, and society based on I-O LCA[J]. Energy Policy, 2011, 39(10): 6321-6330.

[13] Huberman N, Pearlmutter D. A life-cycle energy analysis of building materials in the Negev desert[J]. Energy and Buildings, 2008, 40(5): 837-848.

[14] Metz B D O R. Contribution of Working Group III to the Fourth Assessment Report of the Intergovernmental Panel on Climate Change[M]. Cambridge, New York:Cambridge University Press, 2007.

[15] Hendrickson B C, Member B, ASCE, et al. Resource use and environmental emissions of US construction sectors[J]. Journal of Construction Engineering and Management, 2000, 126(1):345-356.

[16] Huang L Z, Bohne R A. Embodied air emissions in Norway's construction sector: input-output analysis[J]. Building Research & Information, 2012, 40(5): 581-591.

[17] Acquaye A A, Wiedmann T, Feng K S, et al. Identification of 'carbon hot-spots' and quantification of GHG intensities in the biodiesel supply chain using hybrid LCA and structural path analysis[J]. Environmental Science and Technology, 2011, 45(6): 2471.

[18] Nässén J. Energy efficiency-trends, determinants, trade-offs and rebound effects with examples from Swedish housing[OL]. [2007-10-26].https://research.chalmers.se/publication/48788, 2007.

[19] Chang Y, Ries R J, Wang Y W. The embodied energy and environmental emissions of construction projects in China: an economic input-output LCA model[J]. Energy Policy, 2010, 38(11): 6597-6603.

[20] Ochoa L, Hendrickson C, Matthews H S. Economic input-output life-cycle assessment of U.S. residential buildings[J].Journal of Infrastructure Systems, 2002, 8(4): 132-138.

[21] Cuéllar-Franca R M, Azapagic A. Environmental impacts of the UK residential sector: life cycle assessment of houses[J]. Building and Environment, 2012, 54: 86-99.

[22] König H, Cristofaro M L D. Benchmarks for life cycle costs and life cycle assessment of residential buildings[J]. Building Research and Information, 2012, 40: 558-580.

[23] Wang N N, Chang Y C, Dauber V. Carbon print studies for the energy conservation regulations of the UK and China[J]. Energy and Buildings, 2010, 42(5): 695-698.

[24] Wang N N, Chang Y C, Nunn C. Lifecycle assessment for sustainable design options of a commercial building in Shanghai[J]. Building and Environment, 2010, 45(6): 1415-1421.

[25] Chang Y F, Lewis C, Lin S J. Comprehensive evaluation of industrial CO_2 emission (1989—2004) in Taiwan by input-output structural decomposition[J]. Energy Policy, 2008, 36(7): 2471-2480.

[26] Chang Y, Ries R J, Man Q P, et al. Disaggregated I-O LCA model for building product chain energy quantification: a case from

China[J]. Energy and Buildings, 2014, 72: 212-221.

[27] Crawford R H. Validation of a hybrid life-cycle inventory analysis method[J]. Journal of Environmental Management, 2008, 88(3): 496-506.

[28] Dixit M K, Fernández-Solís J L, Lavy S, et al. Need for an embodied energy measurement protocol for buildings: a review paper[J]. Renewable and Sustainable Energy Reviews, 2012, 16(6): 3730-3743.

[29] Dixit M K. Life cycle embodied energy analysis of residential buildings: a review of literature to investigate embodied energy parameters[J]. Renewable and Sustainable Energy Reviews, 2017, 79: 390-413.

[30] Sandanayake M, Zhang G M, Setunge S. Environmental emissions at foundation construction stage of buildings-two case studies[J]. Building and Environment, 2016, 95:189-198.

[31] Lin B Q, Wang X L. Carbon emissions from energy intensive industry in China: evidence from the iron and steel industry[J]. Renewable and Sustainable Energy Reviews, 2015, 47: 746-754.

[32] Liu H T, Xi Y M, Ren B Q, et al. Embodied energy use in China's infrastructure investment from 1992 to 2007: calculation and policy implications[J]. Scientific World Journal, 2012, 2:858103.

[33] 帅小根, 李惠强, 郑砚国, 等. 混凝土物化能耗及资源耗竭影响[J]. 武汉理工大学学报, 2010(7):5.

[34] 赵平. 绿色建筑用建材产品评价及选材技术体系[M]. 北京: 中国建材工业出版社, 2014.

[35] Erlandsson M, Levin P, Myhre L. Energy and environmental consequences of an additional wall insulation of a dwelling[J]. Building and Environment, 1997, 32(2): 129-136.

[36] Sun X Q, An H Z, Gao X Y,et al.Indirect energy flow between industrial sectors in China: a complex network approach[J]. Energy, 2016, 94:195-205.

[37] 刘顺妮. 水泥-混凝土体系环境影响评价及其应用研究[D]. 武汉:武汉理工大学,2002.

[38] 李兆坚, 江亿. 我国广义建筑能耗状况的分析与思考[J]. 建筑学报, 2006 (7): 30-33.

[39] 常远, 王要武. 我国城市住宅全生命期能源消耗分析[J]. 工程管理学报, 2010, 24(4): 393-397.

[40] Adalberth K H, Almgren A, Petersen E H. Life cycleassessment of four multi family buildings[J]. International Journal of Low Energy and Sustainable Buildings, 2001, 2:56-67.

[41] Reppe K P. Life cycle energy and environmental performance of a new university building: modeling challenges and design implications[J]. Energy and Buildings, 2003,35(10):1049-1064.

[42] Jin Z X, Wu Y, Li B Z, et al. Energy efficiency supervision strategy selection of Chinese large-scale public buildings[J]. Energy Policy, 2009, 37(6): 2066-2072.

[43] Birgisdóttir H, Pihl K A, Bhander G, et al. Environmental assessment of roads constructed with and without bottom ash from municipal solid waste incineration[J]. Transportation Research Part D, 2006, 11(5): 358-368.

[44] Sun M, Rydh C J, Kaebernick H. Material grouping for simplified product life cycle assessment[J]. Journal of Sustainable Product Design, 2003, 3(1): 45-58.

第 2 章　相关理论及方法

2.1　投入产出模型

投入产出模型是美国经济学家里昂惕夫(Leontief)在 1936 年提出用以描述经济系统的结构性框架[1]。投入产出模型基于线性方程组以反映国民经济中各个生产部门间的投入与产出关系。投入产出模型通过量化整个经济系统中行业间相互依赖关系来分析产品或服务的"外部性"。例如,金属矿采选业、金属冶炼及压延加工业与建筑业部门的产品存在一定的依赖关系。生产建筑业所需钢材,需要金属矿采选业提供的金属原料作为投入,需要金属冶炼及压延加工业对金属原料进行加工。

根据是否考虑区域特征,投入产出模型可进一步划分为单区域投入产出模型与多区域投入产出模型[2]。单区域投入产出模型多从独立区域视角揭示经济活动的投入产出平衡关系;多区域投入产出模型则将地区间经济活动投入产出平衡关系纳入核算范围,用于揭示地区间差异性。本章将对单区域投入产出模型与多区域投入产出模型进行介绍。

2.1.1　单区域投入产出模型

投入产出模型的数据基础是投入产出表。投入产出表以矩阵形式反映国民经济部门间生产活动的投入及产出,揭示部门间的经济数量关系。投入产出表中,经济系统划分为若干个生产部门,每个部门投入劳动力和资本生产产品(包括服务),同时创造税收和利润;每个部门产品的一部分作为其他部门生产的中间投入,另一部分被居民和政府消费、形成固定资本和库存进出变化,以及出口到其他经济系统。劳动力、资本、税收、利润等被称为初始投入,部门之间的产品交易被称为中间投入/使用,居民消费、政府消费、固定资本形成、库存变化、出口等被称为最终需求。

投入产出模型是基于投入产出表中的行和列建立起来的数学关系模型,其假设前提是投入产出表中的各个生产部门的投入与产出的关系始终维持一个固定比例。投入产出表反映了产业各部门之间的平衡关系。产品的中间使用与最终使用之和等于该部门的总产出(行平衡);其初始投入与中间投入之和等于该部门的总投入(列平衡);该部门的总投入等于该部门的总产出。对某一经济系统,其总投入(即所有部门总投入之和)等于其总产出(即所有部门总产出之和)。主要平衡关系可表示为

行平衡:

$$中间使用 + 最终使用 = 总产出 \tag{2-1}$$

列平衡:

$$初始投入 + 中间投入 = 总投入 \tag{2-2}$$

总量平衡：

$$该部门总投入=该部门总产出 \qquad (2\text{-}3)$$

$$中间投入=中间使用 \qquad (2\text{-}4)$$

$$总投入=总产出 \qquad (2\text{-}5)$$

下面将以简化的价值型投入产出表为例，如表 2-1 所示。

表 2-1   简化的价值型投入产出表

投入		产出				最终使用		总产出
		中间使用				最终使用		总产出
		部门 1	部门 2	...	部门 n	消费	投资	
中间投入	部门 1	u_{ij}				y_i		x_i
	部门 2							
	...							
	部门 n							
增加值	劳动报酬	av_j						
	资本/折旧							
总投入		x_j						

投入产出模型的最常用样式，是投入产出的行模型。表 2-1 的行模型可以表示为

$$x_i = \sum_{j=1}^{n} u_{ij} + y_i \quad (i = 1, 2, \cdots, n) \qquad (2\text{-}6)$$

直接消耗系数是假设部门 j 生产的商品数量是 x_j，需要部门 i 投入的数量为 u，可以得到直接消耗系数：

$$a_{ij} = \frac{u_{ij}}{x_j} \qquad (2\text{-}7)$$

利用直接消耗系数，则表 2-1 的行模型可改为

$$x_i = \sum_{j=1}^{n} a_{ij} x_j + y_i \qquad (2\text{-}8)$$

改为矩阵形式，价值型投入产出行模型可表示为

$$\boldsymbol{X} = \boldsymbol{A}\boldsymbol{X} + \boldsymbol{Y} \qquad (2\text{-}9)$$

式中，$\boldsymbol{A} = \left(a_{ij}\right)_{n \times n}$ 为直接消耗系数矩阵；$\boldsymbol{X} = \left(x_1, x_2, \cdots, x_n\right)^{\mathrm{T}}$ 为总产出列向量，$\boldsymbol{Y} = \left(y_1, y_2, \cdots, y_n\right)^{\mathrm{T}}$ 为最终产品列向量。

将式 (2-9) 变形得

$$\boldsymbol{X} - \boldsymbol{A}\boldsymbol{X} = \boldsymbol{Y} \qquad (2\text{-}10)$$

从而得

$$\left(\boldsymbol{I} - \boldsymbol{A}\right)\boldsymbol{X} = \boldsymbol{Y} \qquad (2\text{-}11)$$

由于方阵 $\left(\boldsymbol{I} - \boldsymbol{A}\right)$ 满秩，则有

$$\boldsymbol{X} = \left(\boldsymbol{I} - \boldsymbol{A}\right)^{-1} \boldsymbol{Y} \qquad (2\text{-}12)$$

其中，I 为与矩阵 A 阶数相同的单位矩阵；$(I-A)^{-1}$ 为里昂惕夫逆矩阵(Leontief 逆矩阵)，也称为完全需求系数矩阵。

2.1.2 多区域投入产出模型

多区域投入产出模型是利用区域间商品和劳务流动关系,将各区域投入产出模型组合而形成的模型。多区域投入产出模型可系统全面地反映各个区域各个产业之间的经济联系,是进行区域之间产业结构和技术差异比较、分析区域间产业相互联系与影响、实现资源在区域间合理配置、量化区域经济发展对其他区域经济的带动作用等研究的重要工具。

多区域投入产出模型的基本形式如表 2-2 所示。多区域投入产出模型从行向看,反映了各个区域的各部门产品在各个区域的不同部门间以及各项最终需求的分配状况;从列向看,反映了各个区域的各部门来自各个区域的不同部门的生产投入。

表 2-2 多区域投入产出模型的基本形式

投入			产出								最终使用			总产出
			中间使用								R_1	$\cdots$	R_m	
			R_1			$\cdots$		R_m						
			S_1	$\cdots$	S_n	$\cdots$	S_1	$\cdots$	S_n					
中间投入	R_1	S_1	u_{ij}^{rk}								y_i^{rk}			x_i^r
		$\cdots$												
		S_n												
	$\cdots$	$\cdots$												
	R_m	S_1												
		$\cdots$												
		S_n												
增加值			av_j^k											
总投入			x_j^k											

注：R 表示地区，S 表示部门。

假定模型所包括的区域个数为 m,各个区域的部门数均为 n 个,多区域投入产出模型的行模型为

$$x_i^r = \sum_{k=1}^m \sum_{j=1}^n u_{ij}^{rk} + \sum_{k=1}^m y_i^{rk} \tag{2-13}$$

其中，x_i^r 是区域 r 部门 i 的总产出；u_{ij}^{rk} 是区域 r 部门 i 的产品向区域 k 部门 j 提供的中间使用量；y_i^{rk} 是区域 r 部门 i 的产品所提供的区域 k 的最终使用量。引入直接消耗系数,用矩阵形式表达,进行变形最终得到多区域投入产出模型的行模型可以表示为

$$X = (I-A)^{-1}Y \tag{2-14}$$

$$
\text{式中，} \quad X = \begin{bmatrix} \begin{pmatrix} x_1^1 \\ \vdots \\ x_n^1 \end{pmatrix} \\ \vdots \\ \begin{pmatrix} x_1^m \\ \vdots \\ x_n^m \end{pmatrix} \end{bmatrix}, \quad A = \begin{bmatrix} \begin{pmatrix} a_{11}^{11} & \cdots & a_{1n}^{11} \\ \vdots & & \vdots \\ a_{n1}^{11} & \cdots & a_{nn}^{11} \end{pmatrix} & \cdots & \begin{pmatrix} a_{11}^{1m} & \cdots & a_{1n}^{1m} \\ \vdots & & \vdots \\ a_{n1}^{1m} & \cdots & a_{nn}^{1m} \end{pmatrix} \\ & \vdots & \\ \begin{pmatrix} a_{11}^{m1} & \cdots & a_{1n}^{m1} \\ \vdots & & \vdots \\ a_{n1}^{m1} & \cdots & a_{nn}^{m1} \end{pmatrix} & \cdots & \begin{pmatrix} a_{11}^{mm} & \cdots & a_{1n}^{mm} \\ \vdots & & \vdots \\ a_{n1}^{mm} & \cdots & a_{nn}^{mm} \end{pmatrix} \end{bmatrix}, \quad Y = \begin{bmatrix} \begin{pmatrix} \sum_{k=1}^{m} y_1^{1k} \\ \vdots \\ \sum_{k=1}^{m} y_n^{1k} \end{pmatrix} \\ \vdots \\ \begin{pmatrix} \sum_{k=1}^{m} y_1^{mk} \\ \vdots \\ \sum_{k=1}^{m} y_n^{mk} \end{pmatrix} \end{bmatrix}.
$$

2.2　结构分解分析

基于投入产出技术的结构分解分析(structural decomposition analysis，SDA)方法已经成为国内外实证研究的重要工具。结构分解分析方法的基本思想是通过矩阵或代数变换，将某个经济系统中因变量总变动拆分为该因素各个组成部分的变动之和，以此测度单个自变量变动对因变量变动的贡献程度。经济系统中因变量的变动可以从时间和空间两个维度来考虑。从时间来看，采用某一个经济体两年及以上的时间序列投入产出表(消除通货膨胀后的不变价格)可以度量单个自变量随时间变化对因变量总的贡献程度；从空间来看，运用同一时间点上不同截面的投入产出表可以分析不同经济体某一经济变量的差异。就分析方法而言两者并无明显差异，因此后续均以时间序列为例介绍结构分解分析方法。

结构分解分析起源可以追溯到里昂惕夫 20 世纪四五十年代的工作[3]，随后许多学者采用该技术分析影响国内生产总值、就业、能源消费、污染排放等经济指标变动的贡献因素[4]。结构分解分析方法存在争议较多的地方在于分解的唯一性和变量的独立性，尤其是交互项的分解问题。除了传统的按照因素个数均分交互项的方法外，现有研究还提出按各因素贡献比例分解交互项的方法以及基于合作博弈夏普利(Shapley)值的结构分解分析加权平均分解法。

结构分解分析方法作为投入产出分析中的主流实证工具，被广泛用于宏观经济以及资源环境领域，其在具体应用时有以下优势：①该技术适用于比较静态分析，可以横向或纵向比较不同经济体或同一经济体在不同时间上的技术、结构等的差异，既可以反映过去变化，又可以用于未来预测。②基于投入产出分析的结构分解分析方法，一方面是建立在坚实的数据基础之上，可以直接捕捉区域及部门之间的联系；另一方面，相较于计量经济学方法的时间序列分析或面板数据分析需要多期数据，结构分解分析方法仅需要两个时间段的数据便可进行实证。但是，该方法也受限于投入产出表的编制更新。以中国为例，投入产出调查和编表工作每 5 年一次，因而在实证研究中往往会存在一定的滞后性。

下面的介绍首先从经典的投入产出模型出发，介绍结构分解分析的基本形式，在此基础上，以能源消费为例介绍结构分解分析在投入产出理论上的拓展。

2.2.1　基于两因素模型的结构分解分析方法原理介绍

考虑基础的投入产出模型 $\boldsymbol{X} = \boldsymbol{BY}$ ，其中， $\boldsymbol{X}$ 、 $\boldsymbol{B}$ 和 $\boldsymbol{Y}$ 分别表示总产出的列向量、里昂惕夫逆矩阵、最终需求列向量。用下标 0 和 1 分别表示基准和计算期，则两期的模型可以分别表示为

$$\boldsymbol{X}_0 = \boldsymbol{B}_0 \boldsymbol{Y}_0 , \quad \boldsymbol{X}_1 = \boldsymbol{B}_1 \boldsymbol{Y}_1 \tag{2-15}$$

为了定量测算不同因素变动对总产出的影响，总产出的变动（ $\Delta \boldsymbol{X}$ ）可以记为

$$\begin{aligned} \Delta \boldsymbol{X} &= \boldsymbol{X}_1 - \boldsymbol{X}_0 \\ &= \boldsymbol{B}_1 \boldsymbol{Y}_1 - \boldsymbol{B}_0 \boldsymbol{Y}_0 \end{aligned} \tag{2-16}$$

考虑到实际的经济含义，对式(2-16)有四种处理方法(表 2-3)，其中，

$$\Delta \boldsymbol{B} = \boldsymbol{B}_1 - \boldsymbol{B}_0 , \quad \Delta \boldsymbol{Y} = \boldsymbol{Y}_1 - \boldsymbol{Y}_0 \tag{2-17}$$

式(2-15)中 $\boldsymbol{X}_1 = \boldsymbol{B}_1 \boldsymbol{Y}_1$ 考虑的是固定里昂惕夫逆矩阵为计算期，最终需求向量为基准期；式(2-16)中 $\Delta \boldsymbol{X} = \boldsymbol{X}_1 - \boldsymbol{X}_0$ 考虑的是固定里昂惕夫逆矩阵为基准期，最终需求向量为计算期；式(2-16)中 $\boldsymbol{B}_1 \boldsymbol{Y}_1 - \boldsymbol{B}_0 \boldsymbol{Y}_0$ 考虑的是同时固定里昂惕夫逆矩阵和最终需求向量为基准期；式(2-17)则是 $\boldsymbol{X}_1 = \boldsymbol{B}_1 \boldsymbol{Y}_1$ 和 $\Delta \boldsymbol{X} = \boldsymbol{X}_1 - \boldsymbol{X}_0$ 两种极分解的平均值。每种拆分方法的经济含义均可表示为技术变动（ $\Delta \boldsymbol{B}$ ）对总产出的贡献以及最终需求变动（ $\Delta \boldsymbol{Y}$ ）对总产出的贡献，区别在于不同拆分方法的权重不同。

表 2-3　四种基础的结构分解分析方法

总变动	因素变动	权重设置
$\Delta \boldsymbol{X}$	$(\Delta \boldsymbol{B}) \boldsymbol{Y}_0 + \boldsymbol{B}_1 (\Delta \boldsymbol{Y})$ ①	第一项以基准期最终需求为权重 第二项以计算期经济技术为权重
$\Delta \boldsymbol{X}$	$(\Delta \boldsymbol{B}) \boldsymbol{Y}_1 + \boldsymbol{B}_0 (\Delta \boldsymbol{Y})$ ②	第一项以计算期最终需求为权重 第二项以基准期经济技术为权重
$\Delta \boldsymbol{X}$	$(\Delta \boldsymbol{B}) \boldsymbol{Y}_0 + \boldsymbol{B}_0 (\Delta \boldsymbol{Y}) + (\Delta \boldsymbol{B})(\Delta \boldsymbol{Y})$ ③	第一项以基准期最终需求为权重 第二项以基准期经济技术为权重 第三项表示经济技术和最终需求的交互效应
$\Delta \boldsymbol{X}$	$\frac{1}{2}(\Delta \boldsymbol{B})(\boldsymbol{Y}_0 + \boldsymbol{Y}_1) + \frac{1}{2}(\boldsymbol{Y}_0 + \boldsymbol{Y}_1)(\Delta \boldsymbol{Y})$ ④	第一项以基准期和计算期最终需求的平均值为权重 第二项以基准期和计算期经济技术的平均值为权重

在实际的结构分解分析方法应用研究中，两种极分解的平均值(表 2-3④)最常使用，因为该分解方法的不同权重之间具有可比性，也回避了难以解释的交互项的问题，尤其在多因素情形下处理相对简洁。其次，第三种分解方法也出现在实证研究中[5]，其中对交互项的处理通常是将其均分到各个因素上。虽然四种分解方法的各项结果具有不同的经济学含义，但就数值结果而言，实证表明各个算法的数值结果不存在巨大差异。

2.2.2　结构分解分析方法在环境领域的拓展应用

前述以二因素模型为例介绍了结构分解分析方法的基本原理。但在实际中纳入分析的影响因素的个数通常不会低于三个，甚至会达到十几个[6]。下面以能源消费为例，首先介

绍投入产出分析方法在能源领域的拓展，即通过引入能源强度指标将总产出和总能耗联系起来，再将最终需求矩阵变换拆分为不同的部分，构建出简单的五因素模型，最后具体介绍最常使用的两种分解方法(表 2-3③和表 2-3④)。

1. 投入产出分析方法在能源领域的拓展

在经济生产过程中伴随能源消耗，因此可以认为总产出决定总能耗，在此定义能源强度为 $e = E/\!/X$，e 表示能源强度列向量，$\hat{e}$ 则表示以 e 为对角线元素的对角矩阵，E 表示能源消耗总产出，$/\!/$ 定义为除法符号，表示 E 和 X 向量对应相除。则能耗的决定式为

$$E = \hat{e}X = \hat{e}BY \tag{2-18}$$

2. 对最终需求矩阵的分解

投入产出表中的第二象限反映的是不同部门最终产品的总产出(如果是多区域投入产出表则是不同地区不同部门的最终产品消费)，其用途可以是家庭消费、政府购买、资本形成以及出口。下面展示一个单区域投入产出表的第二象限的基本组成(表 2-4)。考虑 n 个部门 k 种最终需求的情形。

表 2-4　投入产出表第二象限简表

	最终消费				
	家庭消费	政府购买	…	净出口	合计
部门 1	y_{11}	y_{12}	…	y_{1k}	y_1
部门 2	y_{21}	y_{22}	…	y_{2k}	y_2
⋮	⋮	⋮	⋮	⋮	⋮
部门 n	y_{n1}	y_{n2}	…	y_{nk}	y_n
合计	t_1	t_2	…	t_k	y

对于某个时期，记总需求为 y，则有

$$y = \sum_{ij} y_{ij} \tag{2-19}$$

定义最终需求偏好矩阵为 M，其表达式为

$$M = \begin{pmatrix} \dfrac{y_{11}}{t_1} & \cdots & \dfrac{y_{1k}}{t_k} \\ \vdots & & \vdots \\ \dfrac{y_{n1}}{t_1} & \cdots & \dfrac{y_{nk}}{t_k} \end{pmatrix} \tag{2-20}$$

定义最终需求结构矩阵 D，其表达式为

$$D = \begin{pmatrix} \dfrac{t_1}{y} & \cdots & 0 \\ \vdots & & \vdots \\ 0 & \cdots & \dfrac{t_k}{y} \end{pmatrix} \tag{2-21}$$

这样，最终需求矩阵就可以分解为三个部分：最终需求总量、最终需求偏好以及最终需求结构，对于任一时期 t，最终需求矩阵可表示为

$$Y_t = y_t M_t D_t \tag{2-22}$$

代入式 (2-22) 得能耗的决定式：

$$E = \hat{e}X = \hat{e}ByMD \tag{2-23}$$

2.2.3　不同分解方法的应用

首先介绍对应表 2-3 中的③式分解方法。分解可以分为两步，首先在第一层级上进行分解分析，分解结果如下所示：

$$
\begin{aligned}
\Delta E &= E_1 - E_0 \\
&= \hat{e}_0 B_1 Y_1 - \hat{e}_0 B_0 Y_0 \\
&= \left\{ \Delta\hat{e}B_0 Y_0 + \frac{1}{2}\Delta\hat{e}(\Delta B Y_0 + B_0 \Delta Y) + \frac{1}{3}\Delta\hat{e}\Delta B\Delta Y \right\} \\
&\quad + \left\{ \hat{e}_0 \Delta B Y_0 + \frac{1}{2}(\hat{e}_0 \Delta B\Delta Y + \Delta\hat{e}\Delta B Y_0) + \frac{1}{3}\Delta\hat{e}\Delta B\Delta Y \right\} \\
&\quad + \left\{ \hat{e}_0 B_0 \Delta Y + \frac{1}{2}(\hat{e}_0 \Delta B + \Delta\hat{e}B)\Delta Y + \frac{1}{3}\Delta\hat{e}\Delta B\Delta Y \right\}
\end{aligned}
\tag{2-24}
$$

其中，$\left\{ \Delta\hat{e}B_0 Y_0 + \frac{1}{2}\Delta\hat{e}(\Delta B Y_0 + B_0 \Delta Y) + \frac{1}{3}\Delta\hat{e}\Delta B\Delta Y \right\}$ 为能源强度变动对总能耗变动的贡献效果；$\left\{ \hat{e}_0 \Delta B Y_0 + \frac{1}{2}(\hat{e}_0 \Delta B\Delta Y + \Delta\hat{e}\Delta B Y_0) + \frac{1}{3}\Delta\hat{e}\Delta B\Delta Y \right\}$ 为经济技术变动对总能耗变动的贡献效果；$\left\{ \hat{e}_0 B_0 \Delta Y + \frac{1}{2}(\hat{e}_0 \Delta B + \Delta\hat{e}B)\Delta Y + \frac{1}{3}\Delta\hat{e}\Delta B\Delta Y \right\}$ 为最终需求变动对总能耗变动的贡献效果。考虑对最终需求的变动进行进一步分解，同理可得

$$
\begin{aligned}
\Delta F &= Y_1 - Y_0 \\
&= y_1 M_1 D_1 - y_0 M_0 D_0 \\
&= \left\{ \Delta y M_0 D_0 + \frac{1}{2}\Delta y(\Delta M D_0 + M_0 \Delta D) + \frac{1}{3}\Delta y\Delta M\Delta D \right\} \\
&\quad + \left\{ y_0 \Delta M D_0 + \frac{1}{2}(y_0 \Delta M\Delta D + \Delta y\Delta M D_0) + \frac{1}{3}\Delta y\Delta M\Delta D \right\} \\
&\quad + \left\{ y_0 M_0 \Delta D + \frac{1}{2}(y_0 \Delta M + \Delta y M)\Delta D + \frac{1}{3}\Delta y\Delta M\Delta D \right\}
\end{aligned}
\tag{2-25}
$$

将式 (2-25) 的各项代回式 (2-24)，分别表示最终需求总量的变动、最终需求偏好的变动以及最终需求结构的变动。

其次，介绍极分解平均法。该方法对于多因素变动模型不存在唯一的分解方法，考虑到计算的简洁性，实证研究通常采用如下的极分解处理方法：

$$\Delta E = E_1 - E_0$$

$$= \hat{e}_1 B_1 y_1 M_1 D_1 - \hat{e}_0 B_0 y_0 M_0 D_0$$

$$= \frac{1}{2} \Delta \hat{e}(B_1 y_1 M_1 D_1 + B_0 y_0 M_0 D_0)$$

$$+ \frac{1}{2}(\hat{e}_1 \Delta B y_0 M_0 D_0 + \hat{e}_0 \Delta B y_1 M_1 D_1)$$

$$+ \frac{1}{2}(\hat{e}_1 B_1 \Delta y M_0 D_0 + \hat{e}_0 B_0 \Delta y M_1 D_1) \qquad (2\text{-}26)$$

$$+ \frac{1}{2}(\hat{e}_1 B_1 y_1 \Delta M D_0 + \hat{e}_0 B_0 y_0 \Delta M D_1)$$

$$+ \frac{1}{2}(\hat{e}_1 B_1 y_1 M_1 + \hat{e}_0 B_0 y_0 M_0)\Delta D$$

式中的各个相加项分别表示能源强度的变动、经济技术的变动、最终需求总量的变动、最终需求偏好的变动以及最终需求结构变动对总能耗变动的贡献程度。

2.3 结构路径模型

2.3.1 定义

里昂惕夫逆矩阵(Leontief inverse matrix)是对经济系统中产业直接消耗与间接消耗的完全消耗关系的反映。结构路径分析基于产业链视角,对里昂惕夫逆矩阵所反映的完全消耗关系进行分析,提取出导致经济系统环境压力的主要产业链路径[7]。在结构路径分析的初始研究中,往往以定性分析为主,即将消耗系数矩阵中的元素以 0 或 1 进行替换。随着结构路径理论和计算机技术的不断发展,传统定性分析已无法满足对产业链路径的进一步认识,故而结构路径分析开始进入定量分析阶段。

2.3.2 基本原理

结构路径分析的理论基础是泰勒展开式的幂级数近似。考虑矩阵乘积

$$(I - A)(I + A + A^2 + A^3 + \cdots + A^n) \qquad (2\text{-}27)$$

其中,$a_{ij} \geqslant 0, \sum_{i=1}^{n} a_{ij} < 1$。

式(2-27)中,对于方阵,A^2 表示 AA,$A^3 = AAA = AA^2$。对上式展开有

$$(I - A)(I + A + A^2 + A^3 + \cdots + A^n) = (I - A^{n+1}) \qquad (2\text{-}28)$$

对于任意矩阵 M,如果把每一列中的元素绝对值进行合计,那么最大的合计数称为 M 的范数,记为 $N(M)$。对于一对矩阵 A 和 B,它们是可相乘的,相乘为 AB。根据数学定理有 $N(A)N(B) \geqslant N(AB)$,用 A 替换 B,进一步有 $N(A)N(A) \geqslant N(A^2)$ 或者 $[N(A)]^2 \geqslant N(A^2)$。最终,类似地有 $[N(A)]^n \geqslant N(A^n)$。由于 $a_{ij} \geqslant 0, \sum_{i=1}^{n} a_{ij} < 1$,故而 A 矩阵

所有的列合计都小于 1，所以 $N(A)<1$ 且 $a_{ij}\leqslant N(A)$，非负矩阵中没有元素能够大于最大的列合计。

因此：① $N(A)<1$，随着 $n\to\infty$，$[N(A)]^n\to 0$，而这也意味着 $N(A^n)\to 0$。② A^n 中的所有元素一定趋近于 0，非负矩阵中，没有单个元素能够大于该矩阵的范数。

最终，随着 n 逐步增大，式中右端简化为 I，所以里昂惕夫逆矩阵为

$$L=(I-A)^{-1}=(I+A+A^2+A^3+\cdots) \tag{2-29}$$

进一步有

$$\begin{aligned} x&=(I-A)^{-1}y=(I+A+A^2+A^3+\cdots)y \\ &=y+Ay+A^2y+A^3y+\cdots \end{aligned} \tag{2-30}$$

2.4 生态网络分析

2.4.1 定义

生态网络分析(ecological network analysis，ENA)是一种剖析生态系统组成要素作用机理、从整体角度识别复杂系统内在规律的系统分析方法[8]。生态网络分析方法从系统结构与功能视角进行剖析，关注系统的整体特征，通过定量分析生态系统内部物质及能量流动过程，揭示系统中个体行为模式，阐明生态系统结构和功能。

生态网络源于生态环境学，旨在研究生态环境中的物种、物质与能源之间的网络关系，以保持物种多样性以及生态系统的可持续发展。1973 年 Hannon[9]基于投入产出模型，通过分析物质流动关系对生态系统中不同部门相互作用关系，构建基于输入和输出关系的生态系统模型。随后 Bodini 和 Bondavalli[10]通过对生态系统模型的流动关系和节点优化，使得网络系统中物质流、直接与间接作用能够核算量化。自此，生态网络研究应用范围不断扩大，逐渐超越生态学范畴，目前已应用于环境经济学、产业共生、生态经济等多个领域。

2.4.2 基本原理

从结构上分析，生态网络由节点与路径组成。生态网络分析中的节点，即为传输交换物质、能量和信息的介质，反映节点间交流关系的即为路径。根据研究系统外在表征和系统内在作用机理的原则，生态网络分析主要分为上升性分析和环境元分析。

1. 上升性分析

上升性分析(ascendency analysis)主要基于一系列分析指标对生态系统稳定性、系统总体发展程度以及资源在生态系统中的传递路径长度进行量化分析[11]。分析指标包括平均交互信息、系统稳定性、系统上升性、系统发展能力以及系统总开销等，具体如表 2-5 所示。目前该方法已广泛应用于水资源利用的可持续性、城市系统的可持续性、健康发展水平等相关研究[12,13]。上升性分析在评价系统整体特征方面具有一定优越性，但是该方法无法对网络的节点特征进行分析，而环境元分析则为有效解决该问题提供了参考。

表 2-5 上升性分析指标

指标	内涵	公式
平均交互信息	网络中物质或能量量子的平均相互限制程度	$\text{AMI} = k\sum_{i=1}^{n+2}\sum_{j=0}^{n}\left(\dfrac{f_{ij}}{T}\right)\log_2\left(\dfrac{f_{ij}T}{T_iT_j}\right)$
系统稳定性	系统抵抗外界干扰的能力	$H_R = -\sum_{j=0}^{n}\left(\dfrac{T_j}{T}\right)\log_2\left(\dfrac{T_j}{T}\right)$ $S_R = H_R - \text{AMI}$
系统上升性	定量化系统的规模和反馈	$A = \sum_{i=1}^{n+2}\sum_{j=0}^{n}f_{ij}\log_2\left(\dfrac{f_{ij}T}{T_iT_j}\right)$
系统发展能力	系统发展的最大潜力	$C = k\sum_{i=1}^{n+2}\sum_{j=0}^{n}(f_{ij})\log_2\left(\dfrac{f_{ij}}{T}\right)$
系统总开销	信息通过冗余性的连接在系统中的分布	$\varphi = \sum_{ij}f_{ij}\log_2\left[\dfrac{f_{ij}^2}{T_iT_j}\right]$

注：n 为生态网络模型中的节点数；T_i 表示输入节点 i 的流量之和；f_{ij} 为由节点 i 输入到节点 j 的物质或者能量流；T_j 表示输入节点 j 的流量之和；T 表示所有系统流量之和。

2. 环境元分析

环境元分析(network environ analysis)多用于分析系统内部结构特征和功能。环境元分析法基于投入产出分析，可突破传统数据限制，因此该方法目前被广泛运用于生态评价。环境元分析方法的基本假设前提是系统是稳态的，即系统中参与者的输入和输出资源量均一致[14]。表 2-6 说明了环境元分析方法的定义及基本计算公式。

表 2-6 环境元分析方法

指标	内涵	公式
总通量	网络系统的总通量	$\text{TST} = \sum_{i=1}^{n}(T_i)$
综合流量	资源在分室之间流动的数量	$\boldsymbol{N} = (\boldsymbol{I} - \boldsymbol{G})^{-1}$
综合效用	分析各分室间的生态互动关系	$\boldsymbol{O} = (\boldsymbol{I} - \boldsymbol{D})^{-1}$
共生综合指数	判断系统是否为共生系统	$M = \dfrac{S_+}{S_-}$

注：$\boldsymbol{G}$ 为流通强度矩阵；$\boldsymbol{D}$ 为直接效用矩阵；$S_+ = \sum_{ij}\max(\text{sign}(o_{ij}),0)$；$S_- = \sum_{ij}(-\min(\text{sign}(o_{ij}),0))$。

2.5 数据包络分析

2.5.1 定义

数据包络分析(data envelopment analysis，DEA)由 Charnes、Cooper 以及 Rhodes 三人于 20 世纪 70 年代末期提出[15]。DEA 是由运筹学、线性规划以及管理学等学科的交集形成。该方法是以相对性为基本前提，运用线性和非线性规划、半无限规划、多目标规划以及动态规划等规划方法，对决策单元(decision making unit，DMU)的相对有效性进行比较。如果决策单元位于生产前沿面上则可以判定为有效，否则无效。数据包络分析的比较对象可以包含多个输入和多个输出指标。在实际问题中一个决策单元通常由多个指标共同影响，因此该方法可有效降低由于相关指标不足造成的评价误差。

数据包络分析的提出为技术效率的测算提供了新的研究思路。技术效率是指一个生产单元的生产过程达到该行业技术水平的程度。技术效率反映的是一个生产单元技术水平的高低，因此称为"技术"效率。技术效率可以从投入和产出两个角度衡量，在投入既定的情况下，技术效率由产出最大化的程度来衡量；在产出既定的情况下，技术效率由投入最小化的程度来衡量。技术效率可以通过产出/投入的比值来定量测算，当生产过程仅涉及一种投入和一种产出时，可以计算各生产单元的产出/投入比值，即每消耗一个单位的投入所生产的产品数量，来反映各生产单元技术效率的高低。如果将各单元的产出/投入比值除以其中的最大值，就可以将产出/投入比值标准化为 0～1 的数值，这样可以更好地反映被评价单元与最优单元之间技术效率的差距。上述方法仅适用于单投入、单产出的情况，如果生产过程涉及的投入或产出不止一项，则无法直接计算单一的比值。在这种情况下，对各投入和产出指标赋予一定的权重，然后计算加权产出/加权投入的比值，可作为反映技术效率的指数。

如何确定反映各项投入和产出之间相对重要程度的权重系数？一种方法是采用固定权重，例如通过专家咨询或研讨等主观的形式确定各项指标的权重；另一种方法是通过数据本身获得投入和产出的权重，而这种方法就是数据包络分析。

2.5.2　基本模型

1. CCR 模型

DEA 将效率的测度对象称为决策单元(DMU)，要测量一组共 n 个 DMU 的技术效率，记为 $DMU_j (j=1,2,\cdots,n)$；每个 DMU 有 m 种投入，记为 $z_i (i=1,2,\cdots,m)$，投入的权重表示为 $g_i (i=1,2,\cdots,m)$；q 种产出，记为 $b_r (r=1,2,\cdots,q)$，产出的权重表示为 $h_r (r=1,2,\cdots,q)$。要测量的 DMU 为 DMU_k，其产出投入比表示为

$$c_k = \frac{h_1 b_{1k} + h_2 b_{2k} + \cdots + h_q b_{qk}}{g_1 z_{1k} + g_2 z_{2k} + \cdots + g_m z_{mk}} = \frac{\sum_{r=1}^{q} h_r b_{rk}}{\sum_{i=1}^{m} g_i z_{ik}} \quad (g \geqslant 0; h \geqslant 0) \tag{2-31}$$

将所有的 DMU 采用上述权重得出的效率值 θ_j 限定在[0，1]区间内，即

$$\frac{\sum_{r=1}^{q} h_r b_{rj}}{\sum_{i=1}^{m} g_i z_{ij}} \leqslant 1 \tag{2-32}$$

假设一项生产技术的规模收益不变，则在技术效率保持不变的条件下，如果一个 DMU

的投入变为原来的 t 倍，其产出也会相应变为原来的 t 倍。反过来说，如果被评价的第 k 个 DMU 的投入和产出都变为原来的 t 倍，在规模收益不变的假设下，其技术效率应保持不变。理论推导显示，CCR 模型（由 Charnes、Cooper 和 Rhodes 首次提出，故以三人姓的首字母命名）符合上述推论，是基于规模收益不变的模型。

基于规模收益不变的 CCR 线性规划模型表示如下：

$$
\begin{cases}
\max \dfrac{\sum\limits_{r=1}^{q} h_r b_{rk}}{\sum\limits_{i=1}^{m} g_i z_{ik}} \leqslant 1 \\[4mm]
\text{s.t.} \begin{cases} \dfrac{\sum\limits_{r=1}^{q} h_r b_{rj}}{\sum\limits_{i=1}^{m} g_i z_{ij}} \leqslant 1 \\[4mm] g \geqslant 0, \quad h \geqslant 0 \end{cases}
\end{cases}
\tag{2-33}
$$

2. BCC 模型

CCR 模型是基于规模收益不变的模型，即所有被评价 DMU 均处于最优生产规模阶段。但在实际生产中，许多生产单位并没有处于最优规模生产状态，因此 CCR 模型得出的技术效率包含了规模效率的成分。BCC 模型（由 Banker、Charnes 和 Cooper 在 CCR 模型基础上进行扩展得到）基于规模收益可变（variable returns to scale，VRS），得出的技术效率排除了规模的影响，称为纯技术效率（pure technical efficiency，PTE）。

BCC 模型是在 CCR 对偶模型的基础上增加了约束条件 $\sum\limits_{j=1}^{n} \lambda_j = 1(\lambda \geqslant 0)$ 构成的，其作用是使投影点的生产规模与被评价 DMU 的生产规模处于同一水平。BCC 模型表示如下：

$$
\begin{cases}
\min \theta \\
\text{s.t.} \begin{cases} \sum\limits_{j=1}^{n} \lambda_j z_{ij} \leqslant \theta z_{ik} \\[3mm] \sum\limits_{j=1}^{n} \lambda_j b_{rj} \geqslant b_{rk} \\[3mm] \sum\limits_{j=1}^{n} \lambda_j = 1 \\[3mm] \lambda \geqslant 0, i=1,2,\cdots,m; \quad r=1,2,\cdots,q; \quad j=1,2,\cdots,n \end{cases}
\end{cases}
\tag{2-34}
$$

BCC 模型可以求解规模收益可变（VRS）条件下的决策单元的技术效率，并且该模型也为求解规模效率提供了参考。如果生产技术规模收益是可变的，则采用规模收益不变（CRS 模型）得出的效率值（technical efficiency，TE）并非纯粹的技术效率，而是包含了规模效率的成分，为此，分析规模效率成为可能。对 VRS 生产技术而言，既然 VRS 模型得出的效率值才是技术效率（称为"纯技术效率"），那么通过比较计算 CRS 效率值和 VRS 效率值就可以分离出规模效率值（scale efficiency，SE），计算方法为 SE=TE/PTE。

2.6　空间效应分析

空间效应分析由于纳入了地理空间属性，因此在分析过程中考虑了地区异质性等特点，使得结果更具合理性和准确性，是目前研究空间外部性较为主流的方法。

空间效应分析主要步骤分为空间权重矩阵设定、空间数据探索分析、空间计量模型分析等。

2.6.1　空间权重矩阵设定

空间权重矩阵在空间溢出效应分析中极为重要。不同的空间权重矩阵设定对后续的空间相关性检验以及空间计量模型分析的估计和检验有很显著的影响。常用的空间权重矩阵包括 0-1 邻接矩阵、地理距离权重矩阵、经济距离权重矩阵等[16]。

空间权重矩阵 W 是一个 $n \times n$ 阶非负矩阵，衡量"邻居间的关系"。W 中的每一个元素 w_{ij} 表示第 i 行和第 j 列所代表的邻居间的关系，其中主对角线元素 $W_{ii} = 0$。

$$W = \begin{bmatrix} w_{11} & \cdots & w_{1n} \\ \vdots & & \vdots \\ w_{n1} & \cdots & w_{nn} \end{bmatrix} \tag{2-35}$$

为了后面计算需要，权重矩阵需要进行标准化处理，即通过空间滞后项来构造邻接值的加权平均，得到 $W = \begin{bmatrix} w^s_{11} & \cdots & w^s_{1n} \\ \vdots & & \vdots \\ w^s_{n1} & \cdots & w^s_{nn} \end{bmatrix}$。

1. 0-1 邻接矩阵

0-1 邻接矩阵根据研究对象的空间分布来设定权重矩阵，其判定标准：相邻对象之间权重取为 1，不相邻对象之间权重取为 0。

2. 地理距离权重矩阵

基于地理距离关系的权重矩阵既可以衡量相邻对象的相关关系，也能反映与非相邻对象随距离变化的关系。根据地理学第一定律，距离越近，其相关程度越高。而反映距离关系的权重可以用距离的倒数 $w_{ij} = \dfrac{1}{d_{ij}}$，或距离平方的倒数 $w_{ij} = \dfrac{1}{\left(d_{ij}\right)^2}$ 来构造权重矩阵。

3. 经济距离权重矩阵

经济距离权重矩阵一般采用两个地区的 GDP 之差的绝对值的倒数来设置。因此，两个地区的经济发展水平越接近，权重就越大；反之，两个地区的经济发展水平差距越大，其权重就越小。

当 $i \neq j$ 时， $w_{ij} = \dfrac{1}{\left|\overline{Y_i} - \overline{Y_j}\right|}$ 。

由于 $w_{ij} = w_{ji}$ ，说明两个地区相互的权重是相等的，但事实上，经济发展水平高对水平低的地区的影响一般要比经济发展水平低对水平高的地区的影响更大，至少是不相等的，所以这种差异并没有在此权重矩阵中表现出来。

2.6.2 空间数据探索分析

空间数据探索分析(exploratory spatial data analysis，ESDA)是利用统计学方法对空间数据进行关联测度，通过对研究对象的空间分布进行描述与可视化来表征空间集聚或空间分散的程度，并揭示研究对象之间的空间相互作用机制[17]。主要包括全局自相关分析和局部自相关分析等研究手段[18]。

目前，ESDA 方法已在涉及地理空间特征的很多领域被广泛应用，如犯罪学、流行病学、自然灾害和区域经济研究等。

1. 全局自相关分析

全局自相关分析指标用于探测整个研究区域的空间模式，使用单一值来反映该区域的自相关程度。衡量空间自相关的全局指标主要是全局莫兰 I 数(global Moran's I)和吉尔里 C 数(Geary C)。由于全局莫兰 I 数在空间权重矩阵的设置上比吉尔里 C 数有优势，目前大多数应用全局自相关技术的文献用的都是全局莫兰 I 数，本节只对全局莫兰 I 数做介绍。

全局莫兰 I 数是由澳大利亚统计学家帕特里克·莫兰(Patrick Moran)于 1948 年提出的，它反映的是空间邻接或邻近的区域单元属性值的相似程度[19]。全局莫兰 I 数计算公式如下[20]：

$$I = \frac{\sum_{i=1}^{n}\sum_{j \neq i}^{n} w_{ij}(y_i - \overline{y})(y_j - \overline{y})}{S^2 \sum_{i=1}^{n}\sum_{j \neq i}^{n} w_{ij}} \tag{2-36}$$

其中，I 表示莫兰 I 数；y_i 和 y_j 分别表示 i 区域和 j 区域的观测值；w_{ij} 表示权重矩阵，用来表示区域间的关系，主要有 0-1 矩阵、经济矩阵、反距离矩阵等，若采用 0-1 矩阵，当 i 区域和 j 区域相邻时，w_{ij} 值为 1，不相邻时 w_{ij} 值为 0；$\overline{y}$ 为所有区域观测值的均值，$S^2 = \dfrac{1}{n}\sum_{i=1}^{n}(y_i - \overline{y})^2$ 为方差。全局莫兰 I 数的值在 $[-1, 1]$，如果 $I > 0$，说明观测值存在空间正相关，I 越大，相关性越强；如果 $I < 0$，说明观测值存在空间负相关；如果 $I = 0$，说明观测值呈随机分布，不存在空间相关性。

2. 局部自相关分析

虽然全局莫兰 I 数能够检验研究区域内空间相关性是否存在，但仅能说明所有区域与周边地区之间空间差异的平均程度，不能表示出具体的空间聚集形式，为了全面反映区域空间差异的变化趋势和区域内个体与它周围个体的空间相关性，还需采用 ESDA 局部分析方法。目前主流采用的是美国亚利桑那州立大学吕克·安瑟兰(Luc Anselin)教授在 1995

年提出的局部莫兰 I 数(local Moran's I)。其计算公式如下[21]:

$$I_i = \frac{(y_i - \overline{y})}{S^2} \sum_{j \neq i}^{n} w_{ij}(y_j - \overline{y}) \tag{2-37}$$

同时,用莫兰散点图来将个体与其周围个体的空间相关性可视化。莫兰散点图被分成四个象限(图2-1),第一象限表示高-高聚集(高值被高值包围),第二象限表示低-高聚集(低值被高值包围),第三象限表示低-低聚集(低值被低值聚集),第四象限表示高-低聚集(高值被低值包围)。

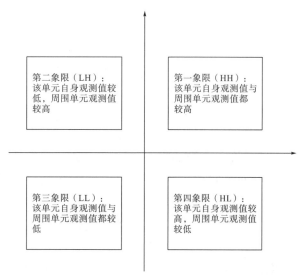

图 2-1　莫兰散点示意图

2.6.3　空间计量模型分析

通过莫兰 I 数检验确定了区域的空间相关性存在之后,便可考虑建立空间计量模型。

空间计量经济学是计量经济学的一个分支,研究的是如何在横截面数据和面板数据的回归模型中处理空间相互作用(空间自相关)和空间结构(空间不均匀性)结构分析。Anselin[22]对空间计量经济模型进行了系统描述,将传统计量经济学中忽略的空间因素加入模型中,利用空间数据的非均质性,建立了空间计量模型[23]。

在空间计量模型中,常见的有空间滞后回归模型、空间误差回归模型以及空间杜宾回归模型。借鉴安瑟兰(Anselin)、帕斯(Pace)和勒萨热(Lesage)的研究,初步设定如下空间计量模型。

1. 空间杜宾模型

空间杜宾模型(spatial Durbin model,SDM)的计算公式为

$$y = \rho Wy + X\beta + WX\gamma + \varepsilon, \varepsilon \sim N(0, \delta^2) \tag{2-38}$$

其中,W 为空间权重矩阵;ρ 为被解释变量的空间自回归系数;β 为解释变量的相关系数;γ 为解释变量的空间滞后项的系数,ε 为随机扰动项。

当无法拒绝零假设 $H_0: \theta = 0$ 时，空间杜宾模型可以退化为空间滞后模型；当无法拒绝零假设 $H_0: \theta + \rho\beta = 0$ 时，空间杜宾模型可以退化为空间误差模型。

2. 空间滞后模型

空间滞后模型（spatial lag model，SLM）又称空间自回归模型（spatial autoregressive model，SAR），其计算公式为

$$y = \rho Wy + X\beta + \varepsilon, \quad \varepsilon \sim N(0, \delta^2) \tag{2-39}$$

3. 空间误差模型

空间误差模型（spatial error model，SEM）的计算公式为

$$\begin{cases} y = X\beta + \mu \\ \mu = \lambda W\mu + \varepsilon, \quad \varepsilon \sim N(0, \delta^2) \end{cases} \tag{2-40}$$

其中，μ 为空间滞后因子的误差项。

空间面板模型的设定主要围绕 $H_0: \theta = 0$ 和 $H_0: \theta + \rho\beta = 0$ 展开，若两个零假设均被拒绝，则应选择 SDM，否则应当将模型退化成 SLM 或 SEM，选择的方法主要参照沃尔德（Wald）检验和似然比（likelihood ratio，LR）检验。

2.7   生命周期评价

生命周期评价是一种对产品、生产工艺及服务从"摇篮到坟墓"生命期过程的环境负荷和资源消耗进行评估的方法或工具。当从国家或区域社会的层次对产品生产进行考虑时，它也可以展示同类产品不同生产过程的能源和环境影响效果。生命周期评价的主要特点在于全面、系统地反映产品完整生命期过程的影响效果，而不仅仅局限于产品生产的单个阶段[24]。对于建筑产品，其生命周期如图 2-2 所示。

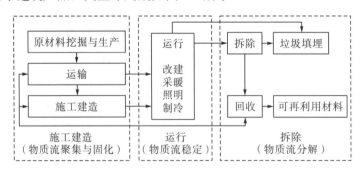

图 2-2   建筑产品生命周期

2.7.1   生命周期评价的理论框架

生命周期评价主要包括 4 个阶段：目的和范围的确定、生命周期清单分析、生命周期影响评价和结果释义。

(1)目的和范围的确定。涉及对研究目标、接受人群和系统边界的确定，以满足潜在应用的要求。根据研究目的的不同，生命周期评价可分为三类：概念的、初步的和全面的产品生命周期评价。

(2)生命周期清单分析(life cycle inventory，LCI)。涉及对每一个功能单元相关投入、产出数据的收集，这些数据主要是产品自身内部以及产品与外部自然环境系统间的物质流和能量流。该步骤包括对建筑系统物质和能量投入与产出的定量计算，所得出的结果将用于生命周期能源环境影响评估。当前，生命周期清单分析的方法主要有三类：过程生命周期清单分析、投入-产出生命周期清单分析和混合生命周期清单分析，而这三种清单分析方法也决定了生命周期评价的三种模型形式。

(3)生命周期影响评价(life cycle impact assessment，LCIA)。这个阶段主要对模型系统的潜在环境影响、资源使用和能源消耗情况进行评估和分析，说明各阶段对环境、能源影响的相对重要性以及每个生产阶段或产品每个组成部分的环境、能源影响量大小。主要包括三个要素：选择影响类型、将清单分析结果分配到影响类型中(分类)、对影响类型因子建立模型(特征化)。对清单分析结果的分类涉及将空气排放物、固体排放物和使用的资源分配到选择的影响类型中，如将大气排放物中所有能造成全球变暖的气体归为一类。特征化则是将同属一类的清单结果汇总到特征化因子的过程。特征化因子是引起某种环境影响变化的具体表现。如对温室效应，全球变暖潜力(global warming potential，GWP)通常作为该环境类型的特征化因子。同时，ISO 14042 标准中除上述三个必备要素外，还将归一化、分组、加权以及数据质量评价作为可选步骤。需要注意的是生命周期评价阶段存在主观性，主要表现为影响类型的选择和进行模式化及评价过程。因此在影响评估时，应尽量保证数据的准确性。

(4)结果释义。生命周期释义阶段是将清单分析和影响评估的结果形成结论与建议的过程。图 2-3 为 ISO 生命周期影响评价框架。

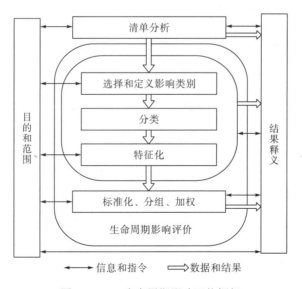

图 2-3　ISO 生命周期影响评价框架

2.7.2　生命周期评价模型

随着生命周期评价的发展,越来越多的学者尝试从不同角度对产品生命周期过程中所涉及的能源消耗和环境影响进行计量。根据对相关文献的综合回顾,生命周期评价模型可以划分为基于过程的生命周期评价模型、投入-产出生命周期评价模型和混合生命周期评价模型[25](表2-7)。

表 2-7　生命周期评价模型比较

名称	基本原理	适用对象	研究范围	优势
基于过程的生命周期评价模型	将产品的生产过程分解成不同阶段,研究每个阶段与外部环境的物质、能量交换和环境影响	案例研究	物化阶段、运行阶段与报废阶段	详尽划分产品生命期阶段,模型结果针对性强、精确度高,方便产品之间的比较
投入-产出生命周期评价模型	根据经济投入产出表来测算产品或服务的能源消耗和环境影响表现	宏观研究	物化阶段	有效地解决了过程生命周期评价中生产过程无限拓展的问题
混合生命周期评价模型	结合基于过程的生命周期评价模型和混合生命周期评价模型	宏观研究	物化阶段、运行阶段与报废阶段	减少过程分析中人为划定系统边界所产生的误差与干扰,实现在微观水平上对近似产品的比较

1. 基于过程的生命周期评价模型

基于过程的生命周期评价模型是生命周期评价模型的最初、最基本形式。它将拟研究产品的生产过程分解成不同阶段,研究每个阶段与外部环境的物质、能量交换和环境影响,最后将各阶段数据归纳汇总,得到该产品的能源消耗和环境污染总量,以及对经济、社会的总体影响表现。需要注意的是,产品的生产过程是一个无限向外拓展的过程,如在房屋的建造过程中,施工机械在施工活动中产生的各种能源消耗和环境影响处于建筑产品生产过程影响源的最底层,但施工机械本身的生产和制造对于建筑产品的成型与实现必不可少,因此也应被纳入建筑产品的生产过程中加以考虑。以此类推,施工机械生产所需设备的生产也属于建筑产品的生产过程,这便形成了一个无限向外拓展的关联树。Lenzen 和 Wood[26]指出,产品生产部门间的关系构成一个无限的树状图(图 2-4),但由于过程数据、研究时间和经费等条件的制约,过程生命周期评价只能就系统内有限环节在有限层次(经常为第一层)展开。因此在过程生命周期评价时,研究人员需要对产品的生产系统划定边界,以使研究范围明确、可行。

基于过程的生命周期评价模型的优点在于对产品生命期阶段的详尽划分,得到针对性强、精确度高的模型结果,同时方便产品之间的比较。由于建筑产品具有复杂性和独特性的特点,运用过程生命周期评价模型能够更准确地计算出建筑产品的能源和环境影响,但研究人员主观划分的系统边界往往干扰研究结果的客观性。同时,建筑产品是一个复杂的系统工程,所涉及的建筑材料、部品、运输车辆、施工机械等种类繁多,导致对相关数据的收集是一个费时费力的过程。此外,不同建筑产品在结构设计、材料选用、施工方法方面也不尽相同,对某一建筑产品的过程生命周期评价结果难以在其他建筑中推广和复制。

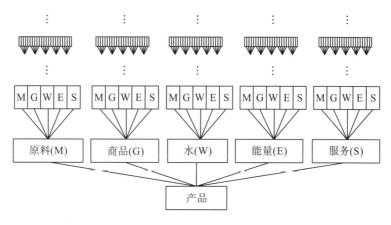

图 2-4 产品生产部门间关系树状图

2. 投入-产出生命周期评价模型

投入-产出生命周期评价是根据某一国家或地区的经济投入产出表来测算产品或服务的能源消耗和环境影响表现[27]。投入产出分析成功地量化了经济系统中产业部门间的关联互动效果，并因此成为分析产品或服务外部性的有效方法，如环境影响分析。投入-产出生命周期评价以国家或地区的经济系统作为研究边界，以系统内各产业部门间的关联互动关系为基础，有效地解决了过程生命周期评价中生产过程无限拓展的问题。

投入-产出生命周期评价模型主要包括三个要素：技术矩阵、卫星矩阵和总需求列向量。技术矩阵由投入产出表中的直接消耗系数组成，反映国民生产各部门之间的经济关系；卫星矩阵是各产业部门的能源消耗强度或环境污染强度，即产业部门单位经济产出的能源消耗量或环境污染量；总需求列向量为拟研究产品的经济价值量。

由于投入-产出生命周期模型借助公众数据，如产业部门的直接消耗系数、各产业部门的能耗量等，研究活动的时间和资金投入得以显著降低。此外，由于该模型的基础是产业部门间的经济关系，模型计算得出的产品或服务的能耗量和环境污染量反映了社会平均生产水平，因此模型结果具有普遍性。这一特点使得投入-产出生命周期模型在宏观研究中应用广泛，但不适用于个例研究。该模型的缺点在于产业部门的影响数据统计与投入产出表中各部门的经济数据统计在部门划分口径方面缺乏一致性，导致对部门数据进行汇总或拆分时产生误差。同时，对部门数据的拆分或汇总加入了研究人员的主观因素，影响模型的客观性和准确度。此外，由于投入产出表无法反映产品的运行与使用，该模型仅适用于对产品物化过程各种影响效果的计算，而非产品的整个生命周期。

3. 混合生命周期评价模型

混合生命周期评价模型不仅包括产品的物化过程，还可以覆盖产品的运行与报废阶段。运用混合生命周期评价模型，可以减少过程分析中人为划定系统边界所产生的误差与干扰，实现在微观水平上对近似产品的比较。通常情况下，混合生命周期评价模型包括如下三种形式[28]。

（1）层次化混合生命周期评价模型（tiered hybrid LCA）。对建筑产品而言，该模型的主要思想是在建筑的材料运输、施工、运行及拆除阶段运用过程生命周期评价模型。而对剩余的"上游"生命期阶段，如原材料挖掘和施工机械制造阶段，采用投入-产出生命周期评价模型加以分析，从而揭示建筑产品的全生命期影响表现。在运用该模型处理具体问题时需要注意以下两个方面：一是对两种模型在生命周期评价中结合点的选择尤为重要，即对哪些阶段采用投入-产出分析、哪些阶段采用过程分析；二是在投入-产出分析和过程分析相结合时，要避免对同一活动的重复计量。

（2）基于投入-产出的混合生命周期评价模型（input-output-based hybrid LCA）。根据产品具体的经济信息对投入产出表中现有部门进行拆分或添加新的部门，再将过程分析的数据应用到投入-产出系统中。乔希尔（Joshill）对该模型的研究机理和应用给予了较为完整和详细的论述。他将该模型细分为 6 类：①拟研究产品可被划分到现有投入产出表中的某个部门；②在现有投入产出表中无法找到与拟研究产品相对应的部门，此时需根据产品的生产情况，将其作为一个新的产业部门添加到投入产出表中进行计算；③现有产业部门口径过宽，需要对该部门进行拆分，对拟研究产品单独加以考虑；④根据拟研究产品较为详细的过程数据对多个产业部门进行拆分和添加；其余两类是在模型中分别嵌入拟研究产品的使用和报废阶段的过程数据。

（3）集成化混合生命周期评价模型（integrated hybrid LCA）。该模型的基本的思想是将产品的整个生命期过程用技术矩阵进行表达。Heijungs 和 Suh[29]对该模型的计算结构给予了详细说明。集成化混合生命周期评价模型的优点之一是通过建立统一的数学计算框架，避免了过程模型与投出-产出模型结合时的重复计算，同时保证了研究系统边界的全面性和完整性。该模型的不足是对数据的需求较大、研究时间较长、应用和操作相对复杂。

参考文献

[1] Leontief W. Environmental repercussions and the economic structure: an input-output approach[J]. The Review of Economics and Statistics, 1970, 52(3): 262-271.

[2] Hong J K, Li C Z, Shen Q, et al. An overview of the driving forces behind energy demand in China's construction industry: evidence from 1990 to 2012[J]. Renewable and Sustainable Energy Reviews, 2017, 73:85-94.

[3] Wassily W. Studies in the Structure of the American Economy[M]. Oxford:Oxford University Press,1953.

[4] Mi Z F, Meng J, Guan D B, et al. Chinese CO_2 emission flows have reversed since the global financial crisis[J]. Nature Communications, 2017, 8(1): 1712.

[5] Sun J W. Changes in energy consumption and energy intensity: a complete decomposition model[J]. Energy Economics, 1998, 20(1):85-100.

[6] Meng J, Yang H Z, Yi K, et al. The Slowdown in global air-pollutant emission growth and driving factors[J]. One Earth, 2019, 1(1): 138-148.

[7] Hong J K, Shen Q, Xue F. A multi-regional structural path analysis of the energy supply chain in China's construction industry[J]. Energy Policy, 2016, 92(C):56-68.

[8] Cole J, Lovett G, Findlay Stuart. Comparing Ecosystem Structures: the Chesapeake Bay and the Baltic Sea[M].

Berlin:Springer,1991.

[9] Hannon B. The structure of ecosystems[J]. Journal of Theoretical Biology,1973, 41(3): 535-546.

[10] Bodini A, Bondavalli C. Towards a sustainable use of water resources: a whole-ecosystem approach using network analysis[J]. International Journal of Environment and Pollution, 2002, 18(5):445-458.

[11] 穆献中，朱雪婷. 城市能源代谢生态网络分析研究进展[J]. 生态学报, 2019, 39(12): 4223-4232.

[12] 赵秋叶，施晓清. 城市产业生态网络特征与演进规律——以北京市为例[J]. 生态学报, 2017, 37(14): 4873-4882.

[13] 彭焜，朱鹤，王赛鸽，等. 基于系统投入产出和生态网络分析的能源-水耦合关系与协同管理研究——以湖北省为例[J]. 自然资源学报, 2018, 33(9): 1514-1528.

[14] 张妍，郑宏媚，陆韩静. 城市生态网络分析研究进展[J]. 生态学报, 2017, 37(12): 4258-4267.

[15] Charnes A, Cooper W W, Rhodes E. Measuring the efficiency of decision making units[J]. European Journal of Operational Research, 1979, 2(6): 429-444.

[16] 吴燕. 空间计量经济学模型及其应用[D]. 武汉:华中科技大学, 2017.

[17] 关伟，朱海飞. 基于 ESDA 的辽宁省县际经济差异时空分析[J]. 地理研究, 2011, 30(11): 2008-2016.

[18] 蒲英霞，葛莹，马荣华，等. 基于 ESDA 的区域经济空间差异分析——以江苏省为例[J]. 地理研究, 2005(6): 965-974.

[19] 张松林，张昆. 全局空间自相关 Moran 指数和 G 系数对比研究[J]. 中山大学学报(自然科学版), 2007, 46(4): 93-97.

[20] Moran P A P. The Interpretation of statistical maps[J]. Journal of the Royal Statistical Society: Series B (Methodological), 1948, 10(2): 243-251.

[21] Anselin L. Local indicators of spatial association—LISA[J]. Geographical Analysis, 1995, 27(2): 93-115.

[22] Anselin L. Spatial Econometrics: Methods and Models[M]. Berlin:Springer, 1988.

[23] 李婧，谭清美，白俊红. 中国区域创新生产的空间计量分析——基于静态与动态空间面板模型的实证研究[J]. 管理世界, 2010(7): 43-55.

[24] 常远，王要武. 基于经济投入-产出生命期评价模型的我国建筑物化能与大气影响分析[J]. 土木工程学报, 2011, 44(5): 136-143.

[25] Chang Y, Ries R J, Wang Y W. The quantification of the embodied impacts of construction projects on energy, environment, and society based on I-O LCA[J]. Energy Policy, 2011, 39(10): 6321-6330.

[26] Lenzen M, Wood R. An ecological footprint and a triple bottom line report of wollongong council for the 2001/02 financial year and the wollongong population for the 1998/99 financial year[D]. Australia: The University of Sydney, 2003.

[27] 龚志起. 建筑材料生命周期中物化环境状况的定量评价研究[D]. 北京:清华大学, 2004.

[28] Rowley H V, Lundie S, Peters G M. A hybrid life cycle assessment model for comparison with conventional methodologies in Australia[J]. International Journal of Life Cycle Assessment, 2009, 14(6): 508-516.

[29] Heijungs R, Suh S. The Computational Structure of Life Cycle Assessment[M]. Netherlands: Kluwer Academic, 2010.

第3章 全国建筑业物化能耗驱动机制
与变革规律研究

为保证建筑业可持续发展，研究建筑业能耗持续增长背后的驱动因素显得尤为重要。本章借助结构分解分析对1990～2012年中国建筑业能耗增长的主要驱动因素进行识别，探析我国建筑业发展规律及潜在障碍因素，以对未来发展趋势进行预测，并基于研究结果提出相关政策建议，为相关部门制定能源利用和环境发展等政策提供参考。

分解分析方法的基本原理是对驱动要素进行分解，通过研究各个子要素对研究对象的影响程度，得到各驱动要素的相对贡献率和作用机制。分解分析方法可从国家和行业层面量化各驱动要素对能耗的作用程度[1,2]，是研究能耗驱动机制的有效方法。基于分解理论，许多学者提出了不同的分析方法，其中指数分解分析(index decomposition analysis，IDA)和结构分解分析(structural decomposition analysis，SDA)最为常用[3]。与其他分析方法相比，指数分解分析对经济数据的要求相对较低。由于指数分解分析不借助投入产出表，无法对经济结构及其供应链的相关特征进行详细研究，因而该方法只能用于分析驱动要素对能耗的直接影响。

结构分解分析通过对整个经济部门进行投入产出分析，可量化各驱动因素的影响程度并弥补指数分解分析的不足。结构分解分析方法不但可以在部门层面上对隐含关系进行识别，而且能从生产和消费视角反映能源结构变化[4,5]，并可通过对直接相关要素进行拆分，评估不同要素的贡献程度。因此，通过结构分解分析和投入产出表研究中国环境、行业和城市问题的驱动要素[6,7]，对政策制定具有重要的指导意义[8]。考虑到数据的可获得性和信息的完整性，本章以结构分解分析模型为基础进行分解分析。

3.1 研 究 方 法

3.1.1 数据来源

本章采用的是1990～2012年投入产出表以及相应能耗数据。投入产出表来自历年《中国统计年鉴》，考虑到不同年份投入产出表部门划分的差异，将投入产出表统一划分为28个部门(附录A，表A3)；历年能耗数据来自《中国能源统计年鉴》。由于投入产出表和《中国能源统计年鉴》对经济部门的划分标准存在一定差异，前者的统计名目较为详细，而直接能源投入数据却较为笼统。为便于计算，依据各部门经济产出比对部门进行拆分，统一部门口径与数量。将能源划分为四类：煤、原油、天然气和其他(如核能、太阳能、风能、生物质能等)。为避免二次核算问题，剔除了全国能源平衡表中能源转换过程的能源消耗、中间消耗和洗选煤损耗。考虑到价格波动因素对投入产出表数据的影响，本章对 1990～2010 年的投入产出表进行了可比价处理。

3.1.2　计算方法

本节基于投入产出模型[9-11]：

$$F = C(I - U)^{-1} D \tag{3-1}$$

其中，C 是 4×28 的矩阵，表示所有产业部门的直接能源投入；I 是单位矩阵；U 是 28×28 的矩阵，表示投入产出表中的中间消耗系数；D 是建筑部门最终需求，本章仅对特定行业或部门进行核算；F 是目标环境影响，与建筑业最终需求向量 D 有关。

对式(3-1)进行拆分，可分解为：行业能源消费强度变化量(ΔC)，生产结构的变化量 $[\Delta (I - U)^{-1}]$，最终需求的变化量(ΔD)。其中，能源强度的变化量等于所有种类能源变化量之和。整体变化是由结构变化和能源效率提升共同作用的。因此，要衡量各要素影响程度和差异，借鉴 Wang 等[12]的分析方法，引入中间变量：

$$C^{t(t-1)} = C_{t-1} \frac{\sum_{i=1}^{n} C_{i(t-1)}}{\sum_{i=1}^{n} C_{it}}，\text{表示} i = 4 \text{中的一次能源} \tag{3-2}$$

式(3-2)中能源消费结构在第 $t-1$ 年是静态的，能耗总量是第 t 年，可表达为

$$\Delta C_{\text{v}} = C^t - C^{t(t-1)} \tag{3-3}$$

$$\Delta C_{\text{s}} = C^{t(t-1)} - C^t \tag{3-4}$$

式中，ΔC_{v} 表示能源消费总强度；ΔC_{s} 表示能源结构变化。最终需求的结构变化和对最终需求的影响为

$$D^{t(t-1)} = D_{t-1} \frac{\sum_{i=1}^{n} D_{i(t-1)}}{\sum_{i=1}^{n} D_{it}}，\quad i = \text{最终需求的类别} \tag{3-5}$$

$$\Delta D_{\text{v}} = D^t - D^{t(t-1)} \tag{3-6}$$

$$\Delta D_{\text{s}} = D^{t(t-1)} - D^t \tag{3-7}$$

式(3-5)表示基于 $t-1$ 年得到的最终需求结构，同时最终总的需求量与第 t 年的相等；ΔD_{v} 表示最终需求变化；ΔD_{s} 表示最终需求的结构变化。从第 0～t 年环境负荷变化量可表示为

$$\Delta F = \underbrace{E(\Delta C_{\text{s}})}_{E_1} + \underbrace{E(\Delta C_{\text{v}})}_{E_2} + \underbrace{E\left[\Delta (I - U)^{-1}\right]}_{E_3} + \underbrace{E(\Delta D_{\text{s}})}_{E_4} + \underbrace{E(\Delta D_{\text{v}})}_{E_5} + \Delta \varepsilon \tag{3-8}$$

式中，$E(\Delta)$ 表示总变化 ΔF 对单要素的影响程度。由于计算过程较复杂，需考虑计算中是否包含剩余项。

识别单要素对计算结果的影响需要考虑计算过程是否包括残差项。表 3-1 列举了四种典型的分解分析模型。其中，拉斯佩尔(Laspeyres)指数模型和帕舍(Paasche)指数模型在

计算单一要素对计算结果的影响时,是分别假设其余要素在初始年份和当前年份的数值不变。以上假设产生剩余项($\Delta\varepsilon$)的原因是混合效应中两个及以上要素同时变化。在分析剩余项对计算结果的影响时,若计算周期较短,剩余项的影响可以忽略,相关要素不受突发性变化的影响;然而,较大的剩余项会导致结果偏差较大,因此需要在计算过程中进行考虑。第四种模型可以对所有影响要素在初始年份或当前年份的影响进行评估。极分解通过结合 Laspeyres 指数模型和 Paasche 指数模型来消除残余项的影响,可有效解决分解结果不唯一的问题。

表 3-1　四种典型的结构分解模型

模型	包含剩余项		不包含剩余项	
	拉斯佩尔(Laspeyres)指数模型	帕舍(Paasche)指数模型	极分解	第四种模型
特征	根据初始年份估计（$t=0$）	根据当前年份估计（$t=1$）	依据 Laspeyres 和 Paasche 方法	根据计算所有一阶分解的平均值估计
E_1	$E_1 = \Delta C_v\left(I-U^0\right)^{-1}D^0 + \Delta\varepsilon$	$E_1 = \Delta C_v\left(I-U^t\right)^{-1}D^t + \Delta\varepsilon$	$E_1 = \dfrac{1}{2}\Delta C_v\left(I-U^t\right)^{-1}D^t + \dfrac{1}{2}\Delta C_v\left(I-U^0\right)^{-1}D^0$	$E_1 = \dfrac{1}{3!}\sum\limits_{i=1}^{3!}\left[\Delta C_v\left(I-U^T\right)^{-1}D^T\right]_i$
E_2	$E_2 = \Delta C_s\left(I-U^0\right)^{-1}D^0 + \Delta\varepsilon$	$E_2 = \Delta C_s\left(I-U^t\right)^{-1}D^t + \Delta\varepsilon$	$E_2 = \dfrac{1}{2}\Delta C_s\left(I-U^t\right)^{-1}D^t + \dfrac{1}{2}\Delta C_s\left(I-U^0\right)^{-1}D^0$	$E_2 = \dfrac{1}{3!}\sum\limits_{i=1}^{3!}\left[\Delta C_s\left(I-U^T\right)^{-1}D^T\right]_i$
E_3	$E_3 = C^0\left[\Delta\left(I-U\right)^{-1}\right]D^0 + \Delta\varepsilon$	$E_3 = C^t\left[\Delta\left(I-U\right)^{-1}\right]D^t + \Delta\varepsilon$	$E_3 = \dfrac{1}{2}C^0\left[\Delta\left(I-U\right)^{-1}\right]D^t + \dfrac{1}{2}C^t\left[\Delta\left(I-U\right)^{-1}\right]D^0$	$E_3 = \dfrac{1}{3!}\sum\limits_{i=1}^{3!}\left[C^T\left[\Delta\left(I-U\right)^{-1}\right]D^T\right]_i$
E_4	$E_4 = C^0\left(I-U^0\right)^{-1}\Delta D_v + \Delta\varepsilon$	$E_4 = C^t\left(I-U^t\right)^{-1}\Delta D_v + \Delta\varepsilon$	$E_4 = \dfrac{1}{2}C^0\left(I-U^0\right)^{-1}\Delta D_v + \dfrac{1}{2}C^t\left(I-U^t\right)^{-1}\Delta D_v$	$E_4 = \dfrac{1}{3!}\sum\limits_{i=1}^{3!}\left[C^T\left(I-U^T\right)^{-1}\Delta D_v\right]_i$
E_5	$E_5 = C^0\left(I-U^0\right)^{-1}\Delta D_s + \Delta\varepsilon$	$E_5 = C^t\left(I-U^t\right)^{-1}\Delta D_s + \Delta\varepsilon$	$E_5 = \dfrac{1}{2}C^0\left(I-U^0\right)^{-1}\Delta D_s + \dfrac{1}{2}C^t\left(I-U^t\right)^{-1}\Delta D_s$	$E_5 = \dfrac{1}{3!}\sum\limits_{i=1}^{3!}\left[C^T\left(I-U^T\right)^{-1}\Delta D_s\right]_i$

3.2　国家尺度建筑业物化能耗关键驱动因素分解与识别

下面对研究期间建筑业历年物化能耗的使用情况进行分析。由图 3-1 可知,1990～2012年建筑业能耗持续增长,其中,2005～2012 年增长迅速,因此研究施工过程中能耗的驱动因素十分重要。

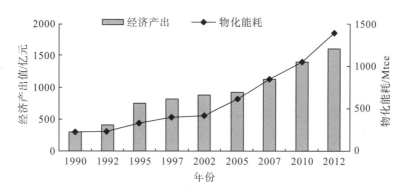

图 3-1　建筑业年产出值及能源使用

本章首先按照前文介绍的四种分解分析方法对建筑业能耗进行结构分解，分解结果见表 3-2。前两种方法在计算过程中均假设其他要素在基年或当前年份保持不变，因此计算结果可能存在较大误差，同时增加剩余项的不确定性；后两种方法的计算结果几乎相同，其中第三种方法，通过考虑基年或当前年份的影响，设置相同的权重，简化了计算过程，同时考虑驱动因素的混合效应消除了剩余项；最后一种方法是借助一阶分解，解决了非唯一性问题，然而，该方法计算过程较为复杂。综上所述，本章采用第三种方法分析不同时间段的隐藏驱动要素。

表 3-2　不同模型分解结果　　　　　（单位：Mtce）

指标	拉斯佩尔(Laspeyres)指数模型	帕舍(Paasche)指数模型	极分解	第四种模型
直接能源投入变化	-204.2	-1427.0	-815.6	-808.0
能源结构变化	129.9	913.9	522.0	517.1
生产结构变化	158.8	479.6	416.7	412.8
最终需求变化	1168.9	1212.3	1190.6	1179.5
最终需求结构变化	-209.1	-216.9	-213.0	-211.0
共计	1044.3	961.9	1100.6	1090.3

根据四种模型计算得到的能源增量值均约为 11 亿吨标准煤。结果表明，能源投入效率提高与最终需求增加之间存在抵消关系，能源和生产结构的变化对物化能耗增加具有正向影响，而最终需求结构的变动影响相对较小。

从生产视角看，能源强度效率的提升是降低建筑业物化能耗的唯一因素。以 1990 年为基准，能源强度效率的提升可降低 815.6Mtce（-369%），而能源和生产结构的变化将造成物化能耗增加 938.7Mtce（425%）。基于消费视角，由最终需求造成的能耗变动可根据投入产出表提供的类别分别核算。结果表明，中国的建筑业是一个典型的需求驱动型行业，1990～2012 年由于最终需求量增加，能耗增加了 1190.6Mtce（539%），其中，固定资本总额增加了 1131Mtce（512%），固定资本投资与建筑业本身，如基础设施建设、改造、翻新以及建筑业上下游产业（如房地产行业）均密切相关。相比之下，1990～2012 年通过优化最终需求结构，建筑业物化能耗降低了 213Mtce（96%）。综上所述，最终需求量和能源强度是影响建筑业物化能耗增长的主要因素，而能源、生产和最终需求的结构优化对建筑业物化能耗的影响相对较小。

3.3　国家尺度建筑业物化能耗驱动因素变革规律

3.3.1　不同驱动因素的能耗变动规律

图 3-2 和图 3-3 是 1990~2012 年 8 个时间段的能耗变动结果。从 20 世纪 90 年代开始，我国政府致力于经济发展与基础设施建设，并将建筑业作为中国经济增长的支柱性产业，该政策造成建筑业的最终需求和能源使用快速增长。根据研究结果，最终需求和能源结构的变化导致了物化能耗在 1990 年和 1992 年分别增加了 57.0%和 25.3%，然而能源强度降低，生产结构优化和最终需求结构的变化则使物化能耗降低了 73.7%（以 1990 年为基准）。总体而言，1990~1992 年，建筑业物化能耗增长了 8.7%。

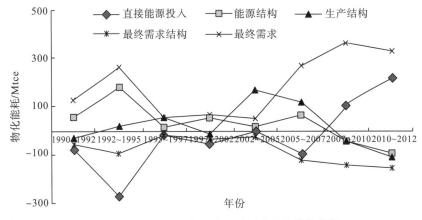

图 3-2　1990~2012 年五大驱动因素变化趋势分析

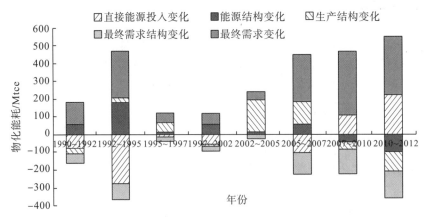

图 3-3　五大驱动因素在能源消费总量中的比例

驱动要素在 1990～1992 年和 1992～1995 年的变动趋势类似。其中,最终需求变化是最大的驱动要素,贡献了 161.7%(384Mtce)的物化能耗增长,其次是能源结构变化(105.1%)和生产结构变化(28.0%)。然而,在研究期间直接能源投入是最主要的节能要素,降低了 144.7%的物化能耗(343Mtce)。最终需求结构变化对建筑业物化能耗降低的促进作用最小,贡献了 64.0%(205.5Mtce)。

从 2000 年开始,由于房地产市场迅速发展,建筑业物化能耗急剧增加。2002～2005年,生产结构变化是建筑业物化能耗增长的主要驱动要素(40.6%),而最终需求(12.4%)和消费强度(0.1%)的影响程度相对最低。该研究期内建筑业物化能耗增加了 213Mtce(51.2%)。

为了降低城市化对环境的影响,我国政府出台了国民经济和社会发展第十个五年(2001～2005 年)和第十一个五年(2006～2010 年)规划纲要,以实现节能减排目标。例如,在"十一五"规划中就提出优化我国经济的能源消费结构,转变经济增长模式,从资源密集型方式向资源效率型方向发展,并提出要降低 20%的节能目标。倡导转变生产方式,促进能源密集型产业向能源效率性产业转变,从结构上实现能源节约。住房和城乡建设部也明确指出需在建筑材料生产过程中引入清洁能源技术,加大低能源消费材料在建设过程中的应用,以提升建筑业能源效率。以上政策实施效果显著。尽管从 2005～2007 年,最终需求和生产结构变化分别贡献了 43.9%和 19.2%的物化能耗增长,但是能源消费强度和最终需求成为节能降耗的主要驱动因素,降低了 36.4%的物化能耗。

2007～2012 年,政府在产业结构优化上成效显著。能源、生产和最终需求结构调整使每年能源增长量逐渐平稳,有效地降低了 31%的能源需求。该时期内,最终需求成为促进能耗增长的主要因素(占 36.9%),同时,产业结构优化的作用逐渐显现,表明相关能源政策的实施对产业和国家层面的节能减排具有一定效果,产业结构的优化可以促进建筑业能源节约。

通过对各驱动要素的对比分析可以发现,最终需求使得建筑业能源需求量持续上升。以"十二五"规划要求估算,我国城市化率每年增加 0.8%,"十二五"规划末期,我国城市化率将达到 51.5%的历史最高水平,届时将产生巨大的能源需求。提高能源消费强度对降低建筑业能耗具有显著效果,可抵消由最终需求增长造成的能源消耗增加量。根据各时间段能耗变化比例(图 3-4)可知,自 2002 年起我国能耗变化幅度较大,但从 2005 年开始年均增长比例却在下降。

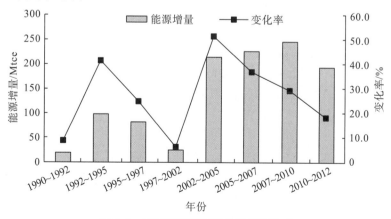

图 3-4 不同时期能源增量及其变化率

3.3.2　不同能源类型能耗变动规律

图 3-5 为 1990～2012 年建筑业不同类型能源消耗情况。其中煤炭占比最高，其次是原油及其他初级能源，说明建筑业是一个典型的化石能源消耗行业。在研究期间，煤炭消耗量总体呈下降的趋势，但从 2002 年开始出现大幅度增长，这是由于 2002 年开始，建筑业产值快速增长，能源消费量剧增。同时可以发现，煤炭消耗量在所有一次能源中的占比呈下降趋势，这与国家开展产业结构、能源结构的宏观优化密切相关。

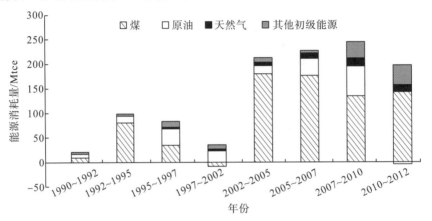

图 3-5　1990～2012 年不同类型能源消耗量

3.4　政　策　建　议

1990～2012 年，由于房地产市场的高速发展，建筑业的能耗呈显著增长趋势，同时高速的城市化进程和居民生活水平的提高，意味着建筑业物化能耗增长将持续较长时间。虽然能源强度的变化可有效降低建筑业物化能耗，但是仍不足以抵消由最终需求增长带来的能源需求，因此，制定更多有效政策以抵消能耗增长十分必要。

1990～2012 年生产结构的优化有效地提高了能源生产力，促进能源密集型向节能服务方向转型。1990～2012 年，服务业在国民经济中所占比重从 31.5%增长至 43.1%。

最终需求是我国建筑业物化能耗增长的主要驱动因素，投资驱动和住宅刚需是影响最终需求的主要因素。对建筑业最终需求量的预测十分困难，其原因如下：首先，人口增长呈现逐步放缓趋势，房地产市场的供应短缺将得到缓解。其次，自 2005 年开始国家实行了多番房地产市场宏观调控。再者，虽然我国总人口数量呈现出降低的趋势，但是随着城市化进程的加快，大量人口涌入城市，将蕴含巨大的居住需求，势必造成建筑业物化能耗增加。

建造阶段的生产活动是实现能源节约和可持续发展的重要因素。Hong 等[10]指出建造阶段的生产活动对污染物排放有直接影响，提升建造现场管理水平和劳动生产率对提高建设过程的能源效率作用显著，生产活动(如职工活动)在建筑物化阶段十分重要。根据本书研究结论，1990～2012 年，建筑业的人均能源消费量由 0.22 吨煤当量(tce)增加为 0.32 吨煤当量(tce)，因此提高建设过程中能源效率是降低建筑业物化能耗的有效方式。

1990~2012 年，虽然中国建筑业物化能耗一直呈增长趋势，但是不同的时间段主要的驱动要素却存在差异。研究期间，由于政府对能源结构的调整，建筑业能源消费结构得到进一步的优化。考虑到中国城市化率在未来将不断提升，政府制定的节能措施在注重结构优化和能源强度控制的同时，更应注重能源消费需求量。

(1)政府应该鼓励产业部门引进先进的生产技术。技术水平的提升可有效提高能源生产效率。考虑到建设相关部门对水泥和钢材等产品需求量巨大，建设活动与能源密集型部门关系密切，因此需要鼓励材料供应商使用能源效率型和高附加值的产品，以降低能源消费强度。例如，预制产品可促进建筑材料的标准化、模块化和组件化，有助于提高能源利用效率，增加建筑附加值。

(2)作为典型的化石能源消耗行业，建筑业应优化能源消费结构。根据研究结论，能源结构可有效降低能源消耗。考虑到建筑业对能源使用并不充分，政府应加快能源结构的优化，提升清洁能源使用比例，使用可更新能源和清洁能源代替传统的碳排放密集型能源，如页岩气。根据 Wang 等[12]的研究，页岩气将取代煤电，改变美国未来的能源结构。

(3)政府应加大产业结构更新力度，促进经济中心从制造业向服务业方向转型，调整产业链结构向可持续和高附加值方向发展。

参考文献

[1] Ang B W. Decomposition analysis for policymaking in energy: which is the preferred method?[J]. Energy Policy, 2004, 32(9): 1131-1139.

[2] Ang B W, Zhang F Q. A survey of index decomposition analysis in energy and environmental studies[J]. Energy, 2000, 25(12):1149-1176.

[3][1] Howarth R B, Schipper L, Duerr P A, et al. Manufacturing energy use in eight OECD countries: decomposing the impacts of changes in output, industry structure and energy intensity[J]. Energy Economics, 1991, 13(2):135-142.

[4][1] Chang Y F, Lin S J. Structural decomposition of industrial CO_2 emission in Taiwan: an input-output approach[J]. Energy Policy, 1998, 26(1):5-12.

[5] Wier M. Sources of changes in emissions from energy: a structural decomposition analysis[J]. Economic Systems Research, 1998, 10(2): 99-112.

[6] Guan D B, Hubacek K, Weber C L, et al. The drivers of Chinese CO_2 emissions from 1980 to 2030[J]. Global Environmental Change, 2008, 18(4): 626-634.

[7] Peters G P, Weber C L, Guan D B, et al. China's growing CO_2 emissions——a race between increasing consumption and efficiency gains[J]. Environmental Science and Technology, 2007, 41(17): 5939-5944.

[8] Cao S, Xie G, Zhen L. Total embodied energy requirements and its decomposition in China's agricultural sector[J]. Ecological Economics, 2010, 69(7): 1396-1404.

[9] Lu Y, Cui P, Li D. Carbon emissions and policies in China's building and construction industry: evidence from 1994 to 2012[J]. Building and Environment, 2016, 95:94-103.

[10] Hong J K, Shen Q, Xue F. A multi-regional structural path analysis of the energy supply chain in China's construction industry[J]. Energy Policy, 2016, 92:56-68.

[11] Liu B S, Wang X Q, Chen Y, et al. Market structure of China's construction industry based on the Panzar-Rosse model[J]. Construction Management and Economics, 2013, 31(7-9): 731-745.

[12] Wang Q, Chen X, Jha A N, et al. Natural gas from shale formation——the evolution, evidences and challenges of shale gas revolution in United States[J]. Renewable and Sustainable Energy Reviews, 2014, 30:1-28.

第4章 省级建筑业物化能耗时空分布与效率特征研究

能源问题引起了全世界的担忧,国际能源署(IEA)指出,2018年全世界一次能源供应总量为138.65亿吨标准煤,二氧化碳排放约为313.42亿吨,达到历史最高水平,其中,中国的一次能源消耗占1/5、碳排放占1/4[1]。根据政府间气候变化专门委员会(IPCC)报告,建筑业的能耗和二氧化碳排放量分别占全球总量的40%和25%[2]。因此,核算建筑业物化能耗及其相关的环境影响尤为必要[3]。

已有研究基于单区域投入产出(single region input-output,SRIO)和多区域投入产出(multiregional input-output,MRIO)模型分别对建筑业物化能耗进行核算。SRIO分析假设研究区域内部和外部的生产工艺水平相同,将供应链中复杂的内外部生产技术进行统一核算,能在一定程度上反映建筑业物化能耗状态,但却无法反映区域间的隐含关系和经济网络,也无法分析经济和生产结构的差异性[4-7]。MRIO模型在考虑了地区特征和部门差异性的基础上提高了计算结果的精度,现已广泛运用于国家和地区层面的能耗评估。同时,MRIO模型也被用于研究国际贸易中的能耗和碳排放[8-10],目前相关研究多局限于特定国家在国际贸易中的物化能耗和气体排放[11-16],大多只考虑了来自国家层面的环境影响,而忽略了内部地区差异所造成的环境影响;也有部分研究从地区和行业部门视角进行研究,但结合中国经济发展的研究较少。Liang等[17]运用MRIO模型和情景分析研究了中国能源需求和二氧化碳排放,得出能源使用和排放量与人口增长呈正相关。Meng等[18]认为贸易流的排放转移是造成区域排放和强度误差的主要原因,同时也是不公平排放政策实施的主要原因。Guo等[19]采用MRIO模型对中国各省的碳排放量进行研究,认为碳排放的转移趋势是从东部向中部。Liu等[20]使用指数分解分析方法,从地区和部门角度研究中国温室气体(greenhouse gas,GHG)排放,认为降低区域和行业间减排技术的差异十分重要。Su和Ang[21]通过构建混合区域模型来模拟碳排放交易,并指出可通过增加中国发达地区与落后地区的合作来减少碳排放。Zhou等[22]和Guo等[23]分别采用2002年的统计数据和2007年的投入产出表对城市的GHG排放进行研究。然而有关建筑业的相关研究却较少。Wang等[24,25]进行了一系列的中国建筑业可持续发展研究,包括节能法规制定和可持续设计方案的比较分析。在投入产出分析方面,Chang等[26-28]进行了一系列研究以探究中国建设项目的可持续性。除了量化能耗量,以上研究也通过运用SRIO模型来分析环境和社会影响。结合LCA和投入产出模型对建筑物生命周期内的能耗进行模拟得到,在建筑物的生命周期中,其物化能耗约占全球能耗的40%;同时由于其碳密集的特性,建筑业对全球环境造成了日益严重的负面影响[29]。

建筑业物化能耗可以反映其行业发展状况,而建筑业的投入产出效率可以反映其竞争力和经济发展程度[30]。已有研究通过不同方法来核算建筑业的投入产出效率[31],通常使用单因素分析来描述单个生态投入变量对经济产出的影响或非期望产出与期望产出之间的关系。然而,尽管单因素的相关初始指标很容易获取和计算,但这并不能充分反映不同关键投入(例如资本和劳动力)对建筑业总能源效率的联合影响[32],往往导致对评估过程中潜在技术效率本质的误解[33]。为了解决这一问题,采用 DEA 来处理建筑业效率评估中多因素的联合影响[34,35]。Hu 和 Liu[36]基于直接能耗数据,运用两阶段 DEA 方法测量了中国建筑业的效率。Hu 和 Wang[37]提出了全要素能源效率的概念——目标输入与实际输入之比,被大量研究用于量化能源效率[38]。表 4-1 总结了基于不同规模的能源效率研究,这些研究大多基于直接能耗数据进行效率评估,却很少同时基于直接和间接能耗数据,这种处理方式可能会忽视由建筑业上游供应链所引起的副产品效应。例如,全球化、经济一体化和产业专业化的加速会刺激全球供应链的形成,并不可避免地加剧产业层面的间接能源交互。多项研究表明,中国建筑业的交易过程迭代所引起的间接影响非常重要[39,40],而现场施工过程中直接使用的能源仅约占总能耗的 10%[39]。因此,探讨间接能源的传输效率对实现中国省级建筑业的节能目标至关重要[41]。此外,由于物化能效率对建筑业和其他行业的能源节约有着间接但强烈的影响[42],将物化能耗作为评估整体能源利用性能的关键指标,在建筑领域开展建筑物全生命周期物化能耗研究,对于能源节约有着深远的意义[43]。

表 4-1 使用 DEA 方法对能源相关效率进行分析的综述

文献	研究主题	形式	方法	范围	数据来源	研究时期
[34]	能源和 CO_2 排放	直接	DEA 非径向距离函数	全国	CSY CSA	1991～2010 年
[44]	能源	直接	DEA Malmquist 指数	全国	ABREE ABS	1990～2010 年
[45]	能源	直接	DEA	省级	CSY	2005～2009 年
[35]	能源	直接	DEA Malmquist 指数	省级	CESY	2004～2009 年
[46]	能源和碳排放	直接	DEA	省级	CSY CESY	1995～2012 年
[47]	能源	直接	SBM-DEA	省级	CSY CESY	1997～2011 年
[48]	能源	直接	三阶段 DEA	省级	CSY CCISY CESY	2003～2011 年
[49]	能源和 CO_2 排放	直接	内容相关 DEA	省级	CSY CESY CCSY	2005～2010 年
[50]	能源	直接	共同边界 DEA	省级	CESY CSY CSA CCISY	2000～2014 年
[51]	能源和碳排放	直接	两阶段 DEA	省级	CSY	1995～2015 年
[52]	成本环境效率	直接	DEA 物质平衡原则	省级	CESY CSY	2011～2015 年

文献	研究主题	形式	方法	范围	数据来源	研究时期
[53]	能源和碳排放	直接	DEA	城市	CSY CESY CCSY	2006～2010 年
[54]	能-水耦合	物化	DEA MRIO	省级	MRIO 表 CSY	2010 年

注：CSA 表示《中国统计摘要》，CESY 表示《中国能源统计年鉴》，CSY 表示《中国统计年鉴》，CCISY 表示《中国建筑业统计年鉴》，CCSY 表示《中国城市统计年鉴》，ABREE 表示澳大利亚资源和能源经济局，ABS 表示澳大利亚统计局，Malmquist（马姆奎斯特）指数是基于 DEA 提出的，被广泛用于金融、工业、医疗等部门生产效率的测算，SBM（slack-based model）表示基于松弛变量的模型。

中国是一个经济和资源分布不均衡的大国，这种不均衡导致区域的环境效率发展呈现出巨大差异[55]。随着经济的高速增长，中国面临各地区经济发展不平衡和资源禀赋差异大的困扰，具有高资本积累的区域将获得激发地区生产效率提高的技术优势，同时伴随着区域间的资源转移。与碳泄漏相似，这种跨区域的资源转移可能会对实际资源的利用效率产生负面影响[56]。总之，区域差异间接影响能源利用效率，且这种影响效应十分显著[43]，有必要进行多区域环境效率分析。此外，上游能源传输的复杂性也强调本地和进口能源的分配影响区域效率。由于国家对供给侧结构性改革的重视，地方政府面临的挑战主要在于结构优化如何减轻或消除不利的环境影响，而从区域层面的建筑业中进行能源结构效率的研究可以敦促地方政府有效升级产业结构。

能源与水之间错综复杂的联系对建筑业的发展也有重要影响[57]。水是发电、化石燃料开采以及其他类型能源生产的基本资源[58-61]，能源是淡水抽取、运输和废水处理过程中必不可少的资源[62-64]，供水与能源需求之间的矛盾阻碍着中国可持续发展的实现[65]。同时，水和能源是维持城市化和工业化必不可少的资源，特别是在混凝土和钢材的生产方面，水和能源是主要过程材料[66]。因此，对水-能耦合的深入研究可以为全国节水和能源安全提供协同效益[67]。其中，中国建筑业消耗了大量的资源，主要体现在其年度建筑面积约占世界新建建筑面积的一半[70]，CO_2 排放量约为全球建筑业排放量的 41%[71]。由于低效的生产和过时的技术，中国建筑业的整条供应链都存在大量的水和能源浪费问题[72]。最新研究表明，长期以来，中国建筑业单位经济产值的物化能耗一直位居世界第一[73]。因此，评估中国的水-能耦合状况，是实现中国建筑业资源节约的当务之急。目前，水-能耦合已在多个尺度上得到广泛研究。在国家层面，相关研究涵盖了大量国家，包括美国[74,75]、印度[76,77]、巴西[78]、澳大利亚[79]、沙特阿拉伯[80]、土耳其[81]、西班牙[82]和智利[83]，近年来，中国的水-能耦合也受到了特别的关注[84,85]；研究热点还包括不同决策者之间的利益权衡[86]、政策的溢出效应[87]和基于网络分析的要素和路径联系[88]。在区域层面，Wang 和 Chen[89]基于多区域投入产出（MRIO）和生态网络分析建立网络模型，研究了京津冀城市群的水-能耦合；Bartos 和 Chester[90]基于开发水-能耦合的空间显式模型，评估了亚利桑那州在 8 种情景下节水和节能的潜在共同效益，结果显示，节水政策显著影响能源消耗，反之亦然。在城市层面，Chen 和他的团队进行了一系列相关研究，主要通过考虑北京重要的行政和经济地位来研究城市尺度下的能-水耦合[91,92]；一些其他大都市，如天津[93]、纽约[94]和墨西哥[95]等的水-能耦合研究也已开展。除了分析水和能源消耗之间的相互联系之外,与能源相关的水[96,97]或与水相关的能源[98-101]也有研究。

近年来,越来越多的研究尝试从建筑物和建筑业的角度评估水资源的利用。例如,Meng 等[102]通过过程分析和投入产出的方法,为建筑物开发了系统的虚拟水核算框架,结果揭示了间接水资源的关键作用。基于完整的一手项目数据,Han 等[103]用 9 个子项目测量了北京某建筑物的虚拟水用量,结果显示,建筑材料的用水量超过了建筑物总用水量的3/4。还有研究进一步测算了诸如钢铁、水泥和玻璃等关键建筑材料的水足迹[104,105]。相比于与水相关的研究,近几十年来建筑业中的能源相关问题研究更为广泛。在国家层面,许多国家建筑业的能源使用和碳排放得到了系统研究,如中国[106]、澳大利亚[107]、美国[108]、英国[109]、土耳其[110]和爱尔兰[111],其中,中国的建筑业市场发展最快,也因此受到了最多的关注。Chang 和他的团队开展了一系列关于物化能量化的研究,通过 SRIO 模型探索中国建筑业的物化能耗[112-114];Hong 和他的团队以类似的方式从多区域角度研究了中国建筑业的物化能使用情况[115,116];在全球范围内,Liu 等[117]评估了全球建筑业的物化能耗,结果显示,中间需求引起的能耗约占总能耗的 90%;全球建筑活动所致的碳排放缓解关键路径也得到了一定的探索[118]。但是,由于水资源管理战略和能源节约政策之间有着不可避免的相互影响关系,如果忽略自然资源之间的相互交织关系而一味地单独量化某一自然资源可能会导致意想不到的风险。在产业(尤其是建筑业)层面,只有少量研究集中于虚拟水和物化能之间的耦合。由于建筑业是中国水和能源高消耗产业,很有必要对中国建筑业进行深入研究。

效率评估也是建筑业可持续发展中的一个新兴议题,一些学者运用 DEA 来分析中国建筑业的能效轨迹[119-121]。然而,当前有关效率评估的研究主要集中在直接能源的输入上,忽视了由上游供应链带来的间接效应,由此导致交易过程中的实际效率无法得到准确评估。但事实上,间接作用是造成中国经济对环境和资源消耗造成影响的主要因素[122]。

本章结合 MRIO 模型和 DEA 对中国省级建筑业物化能耗时空分布和效率特征,并通过检测整条供应链中的间接交互来实现对中国建筑业水-能耦合的研究。其贡献主要包括以下三方面。第一,在考虑地区多样性和技术差异性的基础上,可为政府制定合理的国家或区域层面的政策提供参考。第二,在考虑间接能源之间交互的基础上,可以全面了解实际能源效率和深入理解跨区域能源转移;在考虑区域差异的基础上,可以基于不同的区域建筑业能源利用效率,为政府制定分层的节能目标提供参考。第三,在考虑产业层面水-能耦合的基础上,可以帮助决策者制定自上而下的节能策略,促进减排政策的协同。

4.1　数据来源及处理

省级建筑业物化能耗时空分布研究选取 2007 年的 MRIO 表,该表包含中国 30 个省级行政范围(4 个直辖市,4 个自治区,22 个省)各 30 个部门的经济数据,由于数据的不可获得性，本书将不考虑西藏以及中国台湾、香港、澳门地区。2007 年的 MRIO 表是在非竞争性的进口条件下编制的，该假设可有效避免物化能在区际贸易中出现变异[123]；同时，进口商品已被核算在中国国际贸易的流动内。各地区部门的直接能源投入数据来源于各省市统计年鉴和《中国能源统计年鉴》中的地区能源平衡表。本章核算除能源使用总量外，还核算了煤、焦炭、原油、汽油、煤油、柴油、燃料油、天然气和电力 9 种能源。虽然 MRIO 表提供了详细的经济和贸易数据，但是按行业进行分类的直接能源使用数据却有限，同时，各省市统计年鉴的相关数据分类也存在差异。因此，本章借鉴 Guo 等[124]在部门能源消费统计缺乏的情况下所采用的方法进行核算。

省级建筑业物化能耗效率特征研究和省级建筑物化能-虚拟水耦合时空分布研究均选取 2010 年的 MRIO 表，该表由 30 个区域组成，包括 22 个省、4 个直辖市和 4 个自治区，每个区域包括 30 个部门。

其中，省级建筑业物化能耗效率特征研究中，每个省各部门的煤炭、原油和天然气等直接能源消耗数据均来自省统计年鉴和《中国能源统计年鉴》中的区域能源平衡表。为了避免数据合并过程中的重复计算，能源平衡表不包括一次能源转换为二次能源时的能耗以及能源转换过程中的损耗。鉴于部门分类结构不一致，需要对部门进行分类或聚合以实现双向匹配，按照 Hong 等[125]、Guo 和 Shen[126]提出的匹配准则，假定各部门的直接能源消耗与其经济产出成正比。对于产出类指标，可以从《中国建筑业统计年鉴》获得各地区建筑业的总产值和各省的新建建筑面积。有关国内生产总值(GDP)、城市化率和人口等社会经济统计信息，均摘自《中国统计年鉴》和第六次全国人口普查数据。

省级建筑物化能-虚拟水耦合时空分布研究中，主要通过以下步骤获取和估算部门的直接水消耗。首先，收集各省 2010 年的水资源公报，以获取第一产业、第二产业和第三产业的直接用水量数据。其次，参考 Huang 等[127]所提出的假设来计算省级部门的用水量数据。而直接能源消耗数据则摘自各省统计年鉴和《中国能源统计年鉴》中的区域能源平衡表。对于一部分省未发布数据，本书使用了与水数据合并类似的方法来计算各个部门的直接能耗。当地建筑业的年增加值和建筑面积数据取自 2011 年《中国建筑业统计年鉴》。表 4-2 是一些数据及其来源的详细信息。

表 4-2　数据类型及来源

方法	数据	来源
MRIO	MRIO 表	中国科学院
	部门直接水消耗	中国水利公报；各省水资源公报；中国环境年度统计报告
	部门直接能源消耗	省级统计年鉴；《中国能源统计年鉴》
DEA	年增加值 年竣工建筑面积	《中国建筑业统计年鉴》

4.2　省级建筑业物化能耗时空分布研究

4.2.1　研究方法

1. 方法

本节采取 MRIO 模型进行省级建筑业物化能耗的时空分布研究。

MRIO 模型采用自上而下的方式对环境影响进行评估，已被广泛运用于各行业。该模型基于投入产出分析方法对地区和部门的能源投入进行整合。根据模型可得出：

$$\sum_{k=1}^{m}\sum_{j=1}^{r}u_{ij}^{rk} + \sum_{k=1}^{m}y_i^{rk} = x_i^r \tag{4-1}$$

其中，x_i^r 表示 r 地区 i 部门的经济总投入，假设有 m 个地区，每个地区分别有 n 个部门；u_{ij}^{rk} 表示 r 地区 i 部门向 k 地区 j 部门的经济投入；y_i^{rk} 表示 r 地区 i 部门向 k 地区提供的最终使用量，包括最终消费（如城乡居民家庭、政府消费、固定资本和存量变化）、出口以及其他。

结合能源流，则 r 地区 i 部门的能源平衡可表示为

$$e_i^r x_i^r = \sum_{k=1}^{m}\sum_{j=1}^{n}e_j^k u_{ji}^{kr} + c_i^r \tag{4-2}$$

其中，e_i^r 表示由 r 地区 i 部门生产产品的物化能强度；e_j^k 表示 k 地区 j 部门生产产品的物化能强度；c_i^r 表示 r 地区 i 部门的直接能源消耗。

值得注意的是，$m \times n$ 的方程是在整个经济部门中建立的，因此可以引入向量和矩阵来简化数学表达式：

$$\boldsymbol{E}^{\mathrm{T}} = \begin{bmatrix} \begin{pmatrix} e_1^1 \\ \vdots \\ e_n^1 \end{pmatrix} \\ \vdots \\ \begin{pmatrix} e_1^m \\ \vdots \\ e_n^m \end{pmatrix} \end{bmatrix}, \boldsymbol{C}^{\mathrm{T}} = \begin{bmatrix} \begin{pmatrix} c_1^1 \\ \vdots \\ c_n^1 \end{pmatrix} \\ \vdots \\ \begin{pmatrix} c_1^m \\ \vdots \\ c_n^m \end{pmatrix} \end{bmatrix}, \boldsymbol{X} = \begin{bmatrix} x_1^1 & 0 & \cdots & 0 \\ 0 & x_2^1 & \cdots & 0 \\ \vdots & \vdots & & \vdots \\ 0 & 0 & \cdots & x_n^m \end{bmatrix},$$

$$\boldsymbol{U} = \begin{bmatrix} \begin{pmatrix} u_{11}^{11} & \cdots & u_{1n}^{11} \\ \vdots & \vdots & \vdots \\ u_{n1}^{11} & \vdots & u_{nn}^{11} \end{pmatrix} & \cdots & \begin{pmatrix} u_{11}^{1m} & \cdots & u_{1n}^{1m} \\ \vdots & & \vdots \\ u_{n1}^{1m} & \cdots & u_{nn}^{1m} \end{pmatrix} \\ \vdots & & \vdots \\ \begin{pmatrix} u_{11}^{m1} & \cdots & u_{1n}^{m1} \\ \vdots & & \vdots \\ u_{n1}^{m1} & \cdots & u_{nn}^{m1} \end{pmatrix} & \cdots & \begin{pmatrix} u_{11}^{mm} & \cdots & u_{1n}^{mm} \\ \vdots & & \vdots \\ u_{n1}^{mm} & \cdots & u_{nn}^{mm} \end{pmatrix} \end{bmatrix} \tag{4-3}$$

其中，E 和 C 分别表示 $m \times n$ 的物化能强度向量和直接能源消耗向量；E^{T} 和 C^{T} 分别表示 E 和 C 的转置；X 是 $m \times n$ 的对角矩阵，表示经济总投入矩阵；U 表示投入产出表的中间输入矩阵。E、X、U 和 C 的关系可以表示为

$$EX = EU + C \tag{4-4}$$

变形可得

$$E = C\left(X - U\right)^{-1} \tag{4-5}$$

2. 指标

通过式 (4-5) 可推导出物化能耗强度和最终需求的物化能耗。然而，由于本节研究对象为建筑业，因此还需要进行分类，以研究各省建筑业物化能耗强度和中间能源转化。本节给出以下指标来分析建筑业物化能耗。

(1) 物化能耗强度。物化能耗强度即建筑业单位货币价值的物化能耗，可用于量化整个建筑业供应链中的直接和间接能源投入。各省的建筑业物化能耗强度向量可通过向量 E 表示为 $E_c = [e_c^1, e_c^2, \cdots, e_c^m]$。

(2) 部门的物化能投入量。核算部门的物化能投入量，有助于了解不同部门之间的环境关联。部门 i 对建筑业的物化能投入量可表示为

$$\mathrm{EES}_i = \sum_{r=1}^{m} \sum_{k=1}^{m} e_i^k u_{ic}^{kr} \tag{4-6}$$

(3) 区域间进出口的物化能。可用于分析区域间贸易中的物化能使用量，有助于研究能源生产地区与消费地区的潜在关系，计算过程可表示为

$$\mathrm{IM}_c^r = \sum_{k \neq r}^{m} \sum_{i=1}^{n} e_i^k u_{ic}^{kr} \tag{4-7}$$

$$\mathrm{EX}_c^r = \sum_{k \neq r}^{m} \sum_{i=1}^{n} e_i^r u_{ic}^{rk} + \sum_{k \neq r}^{m} y_c^{rk} \tag{4-8}$$

其中，IM_c^r 表示其他地区到地区 r 建筑业的物化能进口量；EX_c^r 表示地区 r 建筑业到其他地区的物化能出口量；y_c^{rk} 表示地区 r 建筑业到地区 k 的能源最终使用量。

4.2.2 按地区建筑业物化能耗需求分布

图 4-1 为 2007 年中国 30 个省份的建筑业物化能耗。中国建筑业是典型的需求驱动型行业，固定资本形成总额在最终需求中的占比最高。2007 年中国建筑业物化能耗总量为 793.74Mtce，约占国家能源总消耗量的 29.6%，该结论与 Chang 等[128]的研究结论一致。在 30 个省份中，浙江 (R11) 建筑业物化能耗最高，为 57.91Mtce，其次是江苏 (R10) 和河南 (R16)，分别为 55.13Mtce 和 49.62Mtce。推动各省份建筑业物化能耗增长的原因不同。大规模的生产建设活动是造成浙江 (R11) 和江苏 (R10) 能耗增加的主要原因，施工过程的物化能耗强度对能耗的影响较低；能源密度高是造成河南 (R16) 建筑业物化能耗较高的主要原因；宁夏 (R29) 和山西 (R4) 的能源消耗量较低，但能源强度较高，这是因为施工和生产过程的效率较低。在中国，区域的划分一般基于地理关系[17,18]，而本节为区分各地区建筑

业的生产技术水平，采取以能源强度的标准进行划分。

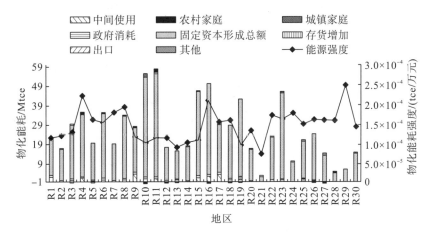

图 4-1　按需求类别划分的地区建筑业物化能耗

注：R1～R30 对应名称见附录 A 表 A1。

物化能耗强度与地理关系存在一定联系(表 4-3)。由于东部和南部沿海地区以及中部部分地区的经济发达和生产技术先进，这些地区的建筑业物化能耗水平相近；而东北、西部和其他中部地区，由于经济不发达且生产工艺效率低，其建筑业呈现能源密集型特征。

表 4-3　地区划分

序号	地区	物化能耗强度/ (tce/万元)	地理位置
1	海南(R21)，福建(R13)，广东(R19)	$\leq 1.0 \times 10^{-4}$	东部沿海地区
2	江西(R14)，山东(R15)，安徽(R12)，北京(R1)， 江苏(R10)，浙江(R11)，上海(R9)	$1.0 \times 10^{-4} \sim 1.2 \times 10^{-4}$	中东部沿海地区
3	天津(R2)，河北(R3)，广西(R20)	$1.2 \times 10^{-4} \sim 1.4 \times 10^{-4}$	—
4	新疆(R30)，云南(R25)，辽宁(R6)，湖北(R17)	$1.4 \times 10^{-4} \sim 1.6 \times 10^{-4}$	—
5	甘肃(R27)，湖南(R18)，青海(R28)，陕西(R26)， 内蒙古(R5)，四川(R23)，重庆(R22)，贵州(R24)	$1.6 \times 10^{-4} \sim 1.8 \times 10^{-4}$	西部地区
6	吉林(R7)，黑龙江(R8)	$1.8 \times 10^{-4} \sim 2.0 \times 10^{-4}$	东南地区
7	河南(R16)，山西(R4)，宁夏(R29)	$\geq 2.0 \times 10^{-4}$	中部地区

为反映各地区能源消耗水平，本节依据物化能耗强度和物化能耗将 30 个地区进一步分为 4 组(图 4-2)。位于右上象限的山西(R4)、辽宁(R6)、黑龙江(R8)、河南(R16)和四川(R23)的建设体量较大，并且表现出较高的物化能耗强度；位于左上象限的江苏(R10)、浙江(R11)、山东(R15)和广东(R19)大规模的建设活动是造成建筑业物化能耗较高的主要因素；位于右下象限的内蒙古(R5)、吉林(R7)、湖南(R18)、重庆(R22)、贵州(R24)、陕西(R26)、甘肃(R27)、青海(R28)和宁夏(R29)的物化能耗强度较高。

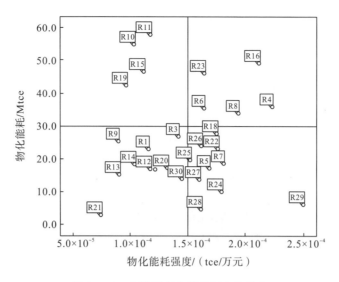

图 4-2　30 个地区在分类坐标中的分布

　　下面对各地区建筑业的 10 种能源进行研究，为避免由于计算不同类型能源相对百分比而产生的二次核算问题，本节将所有能源划分为 4 种类型(图 4-3)。在各地区一次能源使用比例中，煤炭在所有能源类型中占主导地位，分别占海南和山西能源使用比例的29.69%和72.03%；建筑业水泥和钢材的消耗量分别为934.51吨和224.79吨，分别占中国初级材料使用总量的73.76%和19.87%；作为生产水泥和钢铁的基本能源，煤炭和原油占总能耗的比例最高。中国建筑业典型的化石燃料能源化特征已造成了生态环境的严重破坏。

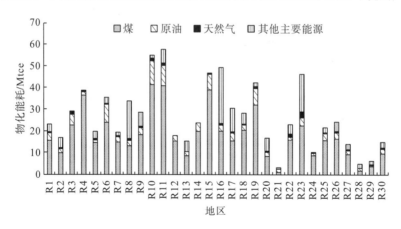

图 4-3　不同地区一次能源能耗

　　区域间进出口物化能耗如图 4-4 所示，浙江(R11)进出口物化能耗最高(24.38Mtce)，其次是江苏(R10，16.39Mtce)、北京(R1，15.24Mtce)和陕西(R26，13.31Mtce)；陕西是最大的能源出口地区(能源流出量为9.45Mtce)，其次为河南(R16，6.44Mtce)、湖南(R18，6.40Mtce)和四川(R23，4.90Mtce)；除河南(R16)和湖南(R18)以外，其余 28 个地区属于正向净能源使用地区，这表明其他地区向这些地区的建筑业输入经济及能源。通过对区域间进口能源的分析可知，区域间由于建筑活动所致的能源流动反映了能源各区域的集中分布情况。河北(R3)、河南(R16)、陕西(R26)和辽宁(R6)是中国建筑业的主要能源供应区域。河南的能源主要供应到长江三角洲地区[上海(R9)、江苏(R10)和浙江(R11)]，分别占各地区能源进口总量的 10.02%、14.74%、16.25%；河北是环渤海经济圈[北京(R1)和天津(R2)]的主要供应商，分别占进口能源总使用量的 64.50%和 43.26%；辽宁(R6)、吉林(R7)和黑龙江(R8)是东北地区主要的能源消费区域。

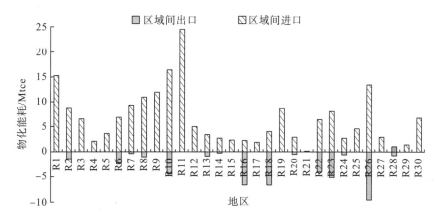

图 4-4　与建筑业有关的区域间进出口物化能耗

对能源空间分布的原因进行剖析可知，首先，由于资源的匮乏，东部沿海发达地区对中部和西部地区的自然资源和能源依赖程度较高，《中国统计年鉴》(2008)指出，作为主要的矿产资源(铁、钢、铝和水泥)地区，东部、中部和西部地区的有色金属、非有色金属、非金属分别占中国 2007 年总储存量的 20.92%、55.39%和 59.54%。因此，资源丰富地区为建筑业上游建设过程提供了大量的能源和资源。其次，由于材料运输的便宜性，能源供应区域和能源需求区域之间存在着密切的地理联系。由于中国建筑业的区域间进口方向为从中向东，其能源运输呈资源依赖型分布。

通过对物化能的区域间出口分析可知，各省份建筑业的能源出口量较为分散，能源流出形式主要为劳动力流动和服务供应。由于建筑业与劳动投入、咨询服务密切相关，咨询服务被认为是建筑业能源出口的主要载体。分析前四个建筑业能源出口地区发现，陕西(R26)、河南(R16)和四川(R23)是三个最大的劳动力输出地区。此外，江苏(R10)建筑业排名第一，这与当地施工企业数量和 2007 年年度地区收入有关，当地建筑业的蓬勃发展必然会对咨询服务有较大的需求。

4.2.3　不同部门建筑业物化能耗供给分布

本节基于 MRIO 模型分析了不同经济部门之间的关系，表 4-4 为各部门建筑能源使用量排序。可以发现：非金属矿物制品业(S13)，金属冶炼及压延加工业(S14)，交通运输、仓储和邮政业(S25)，化学工业(S12)，金属制品业(S15)，电气机械和器材制造业(S18)，通用和专用设备制造业(S16)，石油、煤炭及其他燃料加工业(S11)，其他服务业(S30)，电力、热力生产和供应业(S22)是与中国建筑业相关的重要经济生产部门。其中，非金属矿物制品业(S13)和金属冶炼及压延加工业(S14)的建筑生产活动消耗的煤炭、焦炭、原油、燃料油、天然气所产生的物化能耗最高,交通运输、仓储和邮政业(S25)是消耗汽油、煤油、柴油的主要行业。此外,服务业在建筑业的上游建设过程中也起着重要的作用,能源消耗主要包括劳动力、金融和房地产等相关活动。

表 4-4　按能源类别划分的能源供应排序

部门	能源	煤炭	焦炭	原油	汽油	煤油	柴油	燃料油	天然气	电力
S1	21	22	20	19	19	19	16	21	18	20
S2	16	13	17	23	21	21	18	24	22	19
S3	29	29	29	29	29	29	29	29	29	29
S4	30	30	30	30	30	30	30	30	30	30
S5	4	11	12	11	11	12	9	12	13	10
S6	27	26	28	25	25	27	25	28	26	26
S7	25	25	27	26	28	28	27	26	25	25
S8	23	24	25	22	22	23	22	19	24	23
S9	12	12	11	12	12	11	12	11	12	11
S10	19	20	19	24	24	22	24	20	23	21
S11	11	7	14	3	13	10	13	8	5	12
S12	3	4	6	5	6	8	6	4	3	3
S13	1	1	2	1	2	2	2	1	1	2
S14	2	2	1	2	3	3	3	2	2	1
S15	6	5	3	7	9	9	7	7	9	4
S16	8	8	5	9	8	7	8	9	10	7
S17	18	17	10	16	16	15	17	16	16	16
S18	7	6	4	6	5	5	5	6	8	5
S19	26	27	26	27	27	25	26	25	27	27
S20	28	28	24	28	26	26	28	27	28	28
S21	13	18	15	17	20	18	19	17	21	17
S22	9	3	13	10	15	14	11	5	6	6
S23	20	19	23	18	23	24	23	18	14	18
S24	15	15	9	15	14	16	14	14	19	14
S25	5	9	7	4	1	1	1	3	4	9
S26	14	14	16	13	7	4	10	13	11	13
S27	22	21	22	20	18	17	20	22	17	22
S28	17	16	18	14	10	13	15	15	15	15
S29	24	23	21	21	17	20	21	23	20	24
S30	10	10	8	8	4	6	4	10	7	8

注:S1~S30 部门名称见附录 A 表 A2。

4.2.4 建筑业物化能耗优化策略研究

考虑与建筑活动相关的特征对建筑业的物化能耗研究十分必要。为此，本节对比验证了本书所得结论与已有研究结论。图 4-5 为直接能源投入和物化能使用百分比。由图可知，建筑业的直接能源使用比例由 0.7%(R18 湖南)变化为 12.02%(R3 河北)。从全生命周期视角来看，建筑项目的直接能源投入主要包括现场电力使用以及建筑设备和运输车辆的能源消耗，间接能源使用与上游过程中的建筑材料生产运输有关。根据已有研究得知，基于过程的 LCA 方法的已有研究估算比例为 1.77%～11.49%[129-131]，而本节研究得出的比例与已有研究比例一致，这也证实了采用 MRIO 模型对行业或项目物化阶段能源进行评估的可行性。

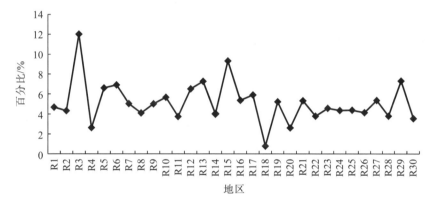

图 4-5　各地区直接能源投入和物化能使用百分比

了解建筑业跨区域贸易中的隐含关系和能量流动，对全面理解当前能源消费状况具有重要意义。根据上述分析结果，能源的流动方向是由中部地区向东部沿海地区；河南和河北是长江三角洲地区和环渤海经济圈的主要供应省份，从传统生产的角度来看，这些能源供应省份需要通过实施更严格的能源政策加以限制。然而，研究隐藏的能源流动关系可以从能源消耗角度进行政策制定，要求发达地区承担相应的责任，减少能源使用。

在考虑地区多样性和技术差异性的基础上，对建筑业物化能耗进行进一步分析。在地区一级，部分地区［如宁夏(R29)、山西(R4)和河南(R16)］需要转变生产方式，提高企业的技术水平和生产效率，降低能源消耗；其他地区［如江苏(R10)和浙江(R11)］需提高能源生产水平和优化产业结构，以缓解由于建设体量增长而带来的巨大压力。目前，化石能源消耗仍是主要的能源消费模式，该模式排放大量的温室气体导致严重的环境污染，因此，需要通过提高可更新能源(如天然气和电力)的使用率，以促进建筑业能源向可持续方向发展。在行业一级，非金属矿物制品业(S13)，金属冶炼及压延加工业(S14)，交通运输、仓储和邮政业(S25)是建筑三大能源供应行业，是典型的能源密集型行业，这些行业与上游的一些基本建设活动如钢铁、水泥的生产和材料的运输密切相关。因此，要降低建设活动的能源消耗，一方面需要加大环境友好型材料的使用，另一方面需进一步优化和升级全供应链中产业间的经济关系。

　　根据本节的研究结果,固定资本形成总额是造成建筑业最终需求能源量增长的主要原因。事实上,伴随着中国快速的城市化进程,固定资本投资与基础设施建设、维修、翻新以及房地产的开发密切相关。据预测,中国高速增长的城镇化率将产生巨大的能源需求。因此,考虑直接和间接能源投入以及区域和部门两级的相互关系,对制定合适的节能政策至关重要。下面主要从地区和部门两方面来进行建筑业物化能耗优化策略研究。

　　1. 地区优化策略

　　中国各地区可以制定不同的建筑节能策略(表 4-5),并基于上述区域的划分,根据各区域能耗状况实施相应政策(图 4-6)。

表 4-5　节能策略

依据	策略
能源强度	①采用先进的生产技术 ②减少能源密集型和高附加值产品在一次能源供应商中的使用 ③生产方式由粗放型向集约型转变 ④提高能源效率 ⑤加强施工技术创新(装配式施工)
能源消费结构	⑥提高可再生能源和清洁能源的比例 ⑦减少密集型能源使用 ⑧采用清洁煤炭技术
生产结构	⑨促进能源密集型产业向节能型轻工业转变 ⑩促进经济增长方式由资源密集型向资源节约型转变

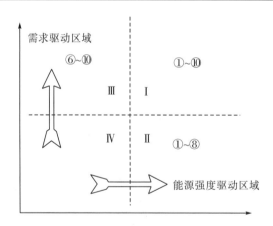

图 4-6　不同能源消费地区的政策建议

　　在图 4-6 的第 I 象限中,最终需求和能源消费强度的增加是各区域能源消费增长的主要因素。因此,不仅要提高能源效率,还需优化能源和生产结构,以抵消由最终需求快速增长带来的能源消费增量。考虑到可再生能源在建筑业中的应用仅占能源总量的 2%,因此优化能源消费结构对降低能耗有显著效果。通过提高可再生能源和清洁能源在建筑业中的占比(特别是对于可再生能源丰富地区)有助于抵消由城市化带来的能源需求快速增长。在第 II 象限中,高能源消费强度是主要驱动因素,而最终需求量增加的影响较小。因此,政府应加强高效技术的应用,鼓励施工技术的创新,例如,利用建筑工业化控制生产过程来减少对环境的负面影响。值得注意的是，住宅产业化是中国城市化发展的关键，目前已发布的在第十八次全国代表大会上的报告[132]、《国家新型城镇化规划(2014~2020 年)》[133]、绿色建筑发展规划等一系列国家指导方针和政策，均促进了建筑工业化在我国的发展。在第 III 象限中，最终需求量是导致区域能源消耗增长的主要因素。因此，地方政府的政策应着重优化能源和生产结构，以实现能源消耗增量与最终需求的平衡。

2. 经济部门优化策略

经济部门分析结果反映了中国建筑业化石燃料能源的使用特性。事实上，主要建筑材料(如水泥、钢、铝)与能源密集型行业[如非金属矿物制品业(S13)、金属冶炼及压延加工业(S14)]高度相关。从宏观上看，中央和地方政府应调整经济增长方式，促进生产结构从能源密集型产业向节能型产业的转变，实现结构节能；从微观上看，建筑材料的选择在节能减排中起着重要作用。因此，鼓励地方政府促进建筑业中低能耗和环保材料的使用有助于传统能源或资源消费方式向绿色的、非能源密集的方向发展。

4.3　省级建筑业物化能耗效率特征研究

4.3.1　研究方法

本节结合 MRIO 模型和 DEA 方法，对中国省级建筑业物化能耗进行评估。

MRIO 模型通过测量区域差异和技术差异来准确评估物化能耗的分布。多区域背景下投入产出分析中的基本经济平衡可表示为

$$X = (I - U)^{-1} Y \tag{4-9}$$

其中，X 是一个代表部门经济总量的向量；U 表示 $(m \times n) \times (m \times n)$ 维中间矩阵(m 和 n 分别代表每个区域的区域数和经济部门数)；Y 是 $(m \times n) \times 1$ 维的最终需求向量。

为了将经济相互关系与环境干预联系起来，定义直接能源强度矩阵 Z 为

$$Z = CX^{-1} \tag{4-10}$$

其中，C 是从国家或省统计年鉴中获得的直接能源消耗量矩阵，它是一个 3×900 规模的矩阵，包含了三种主要的能源消耗数据，即原煤、原油和天然气。

物化能强度矩阵 E 可以根据不同的能源获得：

$$E = Z(I - U)^{-1} \tag{4-11}$$

通过将商品向量 B 乘以物化能强度矩阵的转置矩阵，可以计算出部门物化能的向量为

$$M = BE^{T} \tag{4-12}$$

因此，可以从向量 M 中获得区域 r 中建筑行业的总物化能耗(η_{con}^{r})。此外，本书将部门物化清洁能源 M_{c} 和非清洁能源 M_{nc} 的向量表示为

$$M_{c} = T_{n} B E_{n}^{T} \tag{4-13}$$

$$M_{nc} = T_{rc} B E_{rc}^{T} + T_{co} B E_{co}^{T} \tag{4-14}$$

其中，E_n、E_{rc} 和 E_{co} 分别表示天然气、原煤和原油的内在物化能强度向量；T_n、T_{rc} 和 T_{co} 是可以将各种能源转换为标准煤当量的转换系数向量。类似地，可以从 M_c 和 M_{nc} 获得区域 r 中建筑行业的清洁能源消耗 (η_c^r) 和不清洁能源消耗 (η_{nc}^r)。

区域 r 的本地和非本地物化能输入可以计算为

$$\eta_l^r = \sum_{i=1}^{n} e_i^r u_{ic}^{rr} x_c^r \tag{4-15}$$

$$\eta_{nl}^r = \sum_{k=1}^{m} \sum_{i=1}^{n} e_i^k u_{ic}^{kr} x_c^r \tag{4-16}$$

其中，η_l^r 和 η_{nl}^r 分别表示本地和非本地的物化能使用量；e_i^r 代表区域 r 中部门 i 的物化能强度；u_{ic}^{kr} 表示区域 r 中建筑业与区域 k 中部门 i 的中间系数；x_c^r 表示区域 r 中建筑业的总经济产出。

随后，运用 DEA 来评估区域建筑行业的物化能效。由 Charnes 和 Cooper[134]开发的 DEA 模型是一种非参数数学过程，该过程基于总产出与投入之比，根据一系列相似的决策单元(decision making units，DMU)，利用线性统计技术来评估相对效率；并通过评估 DMU 的效率以开发出将系统中的各种输入和输出包裹起来的非参数最优边界[135,136]。在规模收益不变的前提下，DEA 的基本公式可以表示为

$$\text{s.t.} \begin{cases} \min \theta \\ \begin{cases} \sum_{j=1}^{m} x_{jr} \lambda_j + s^- = \theta x_0, r = 1,2,\cdots,z \\ \sum_{j=1}^{m} y_{jw} \lambda_j - s^+ = y_0 \\ \lambda_j \geqslant 0, j = 1,2,\cdots,n \\ s^+ \geqslant 0, s^- \geqslant 0 \end{cases} \end{cases} \tag{4-17}$$

其中，m 是 DMU 的数量；x_{jr} 是 DMU j 的第 r 个输入；y_{jw} 是 DMU j 的第 w 个输出；λ_j 是非负乘数向量；s^- 是一个松弛变量；s^+ 是残差变量，是综合效率指数。使用约束 $\sum_{j=1}^{m} \lambda_j = 1$，该方程式被转换成可变规模收益(VRS)模型[137]，可以表示为

$$\text{s.t.} \begin{cases} \min \theta \\ \begin{cases} \sum_{j=1}^{m} x_{jr} \lambda_j + s^- = \theta x_0, r = 1,2,\cdots,z \\ \sum_{j=1}^{m} y_{jw} \lambda_j - s^+ = y_0 \\ \sum_{j=1}^{m} \lambda_j = 1 \\ \lambda_j \geqslant 0, j = 1,2,\cdots,n, \ \ s^+ \geqslant 0, s^- \geqslant 0 \end{cases} \end{cases} \tag{4-18}$$

规模效率(SE, θ_{SE})可以表示为 $\theta_{SE} = \theta / \alpha$，用来判断 DMU 是否达到其最佳尺寸。其中，$\alpha$ 是纯技术效率(PTE)，它以 DMU 的形式显示了当前生产技术下投入品的利用状况[138]。

4.3.2　省级建筑业物化能耗效率情景构建

在本节中，选取煤、原油和天然气来进一步分析区域层面的能耗表现[139]。根据 Iftikhar 等[140]的观点，投入指标有非能源指标和能源指标。类似地，本节将总物化能耗分为不同类别，分别从整体能源性能、能源分配和能源结构方面来研究效率。表 4-6 列出了所有的情景信息以及相应的输入和输出变量。具体来说，情景 1 使用建筑部门的总物化能耗 (η^r_{con}) 作为唯一的输入指标来描述每个区域的整体能耗表现。为了区分跨区域能源传输对效率的影响，情景 2 通过本地能源使用量 (η^r_l) 和非本地能源使用量 (η^r_{nl}) 来描述本地和非本地能源分配对区域效率的影响。为了研究结构优化对效率的影响，开发情景 3 以描述清洁能源的利用如何提高结构效率。在这种情景下，以清洁能源使用量 (η^r_c) 和不清洁能源使用量 (η^r_{nc}) 作为输入指标。输出变量包括反映建筑业产出表现的基本指标，如省级建筑部门总产值和新建建筑面积。为了确保情景之间的可比性，所有情景均使用相同的输出变量。

表 4-6　三种情景的基本情况

情景	测试目的	输入	输出
情景 1	整体能源表现	总物化能使用量 (η^r_{con})	省级建筑部门总产值
情景 2	能源分配	本地能源使用量 (η^r_l) 非本地能源使用量 (η^r_{nl})	新建建筑面积
情景 3	能源结构	清洁能源使用量 (η^r_c) 非清洁能源使用量 (η^r_{nc})	

4.3.3　省级建筑业物化能耗效率情景分析

表 4-7 列出了省级建筑业物化能耗分布。山东、江苏和广东等发达的沿海地区，由于其大规模的建设活动和城市化进程，在能源消耗方面位列前茅。这与这些地区省级建筑业的年度经济产出高度相关。大多省级建筑业在能源消耗行为上表现出典型的自给自足特征，即本地能源消耗占总能源消耗总量的 60% 以上。相比之下，清洁能源所占的比例相对较小，这表明清洁生产的推进仍较落后。

表 4-7　省级建筑业物化能使用情况　　　　　　（单位：10⁴tce）

区位	地区名称	总量	本地	进口	不清洁	清洁
	北京	3368.1	788.6	2579.5	3187.1	181.0
	天津	2452.4	1212.3	1240.1	2330.6	121.9
东部	河北	5401.6	3990.0	1411.6	5272.8	128.8
	辽宁	5468.9	4007.4	1461.5	5303.3	165.6
	上海	3264.0	1045.3	2218.6	3111.8	152.1

区位	地区名称	总量	本地	进口	不清洁	清洁
东部	江苏	6805.5	3242.6	3563.0	6477.2	328.3
	浙江	5716.5	2056.2	3660.3	5469.4	247.1
	福建	2450.8	1655.2	795.6	2290.2	160.5
	山东	7750.0	6443.2	1306.8	7574.9	175.0
	广东	6316.6	3674.3	2642.3	6071.4	245.2
	海南	451.0	364.0	87.0	299.5	151.4
中部	山西	3821.3	3432.9	388.5	3778.8	42.5
	吉林	2475.5	967.6	1507.9	2399.9	75.6
	黑龙江	2197.0	1116.1	1081.0	2111.4	85.6
	安徽	3364.2	1806.0	1558.2	3270.3	93.8
	江西	2106.8	1694.6	412.2	2058.0	48.8
	河南	3809.1	3171.5	637.7	3689.8	119.3
	湖北	4848.0	4128.5	719.6	4704.5	143.5
	湖南	4359.5	3339.4	1020.1	4221.4	138.2
西部	内蒙古	3824.9	2959.8	865.1	3718.4	106.5
	广西	2754.3	2088.6	665.7	2688.9	65.4
	重庆	2888.3	1866.9	1021.4	2611.4	276.9
	四川	4891.0	4249.7	641.3	4067.6	823.4
	贵州	1899.1	1455.2	443.8	1873.4	25.7
	云南	3472.2	2505.7	966.5	3391.0	81.3
	陕西	3255.0	1473.2	1781.8	3066.1	188.9
	甘肃	2023.1	1477.6	545.5	1878.0	145.1
	青海	717.9	600.1	117.7	606.8	111.1
	宁夏	1192.0	873.5	318.5	1161.1	30.9
	新疆	2419.1	1519.8	899.3	2089.3	329.8

注：tce 表示吨标准煤。

　　表 4-8 从总体能源使用、能源分配和能源结构的角度总结了省级建筑部门的效率表现。表 4-9 提供了 30 个地区 2010 年的社会经济相关信息。总体而言，能源效率从东向西递减，这与省级社会经济表现一致。Wang 等[45]通过研究各部门的区域效率因子，揭示了部门和区域之间效率的空间异质性，总体效率趋势呈现出省级效率较低但相对稳定的模式。也就是说，约有 80%的区域的能源效率低于 0.5，这表明中国大多数省级建筑行业都处于低效率状态。相比之下，就本地建筑业的总体能源使用效率而言，浙江、江苏和福建等高度发达地区位列前茅。总体能源使用效率表现的排名与区域经济发展水平高度相关，即效率从东部到中部再到西部依次递减，宁夏是能效表现最差的区域。Meng 等[46]曾指出 2009 年省级经济体的能源效率也呈现出类似的从东向西的下降趋势。但是可以发现，全经济区域的能源效率相对高于省级建筑部门的总体能源使用效率，尤其是在西部地区。这

一发现表明，建筑业的发展仍然落后于当地的社会经济发展。值得注意的是，尽管重庆和四川位于西部地区，但其区域总体能源使用效率却远高于周边地区，因为它们既是国家"西部大开发"战略的重点地区，也是中央战略的重点地区。该战略始于 2000 年，并于 2004 年得到了国务院的进一步推进。"西部大开发"战略旨在利用东部沿海地区的剩余经济能力来改善西部地区的社会经济发展。基于此背景，重庆和四川的经济得以高速发展。在能源分配效率方面，江苏、浙江、福建、河南和四川是 DEA 有效的，这表明这些地区的建筑部门有效利用了国内外能源；云南、宁夏和新疆的能源分配效率在所有省份中较低，分别为 0.236、0.207 和 0.218。显然，发达地区的建筑业呈现出较高的能源分配效率，其中大部分位于中国东部，这一事实强调了发达地区有效的局部和非局部能源利用。在区域建筑部门的结构效率方面，各区域的平均值较低且区域之间存在较大差距，这表明仍有大量空间来升级能源结构并进一步提高能效。海南、甘肃和青海的结构效率相对较低，分别为 0.211、0.198 和 0.210，这主要是这些区域的组织弱化所致，因此，想要得到相同水平的产出，则需要消耗更多的能源。总体而言，区域建筑部门之间的结构效率分布不均。

表 4-8   中国省级部门的整体能源、能源分配和能源结构效率

区位	地区名称	OEE	EAE	ESE
东部	北京	0.426	0.655	0.431
	天津	0.306	0.314	0.308
	河北	0.241	0.421	0.437
	辽宁	0.449	0.561	0.641
	上海	0.443	0.498	0.445
	江苏	0.984	1.000	0.989
	浙江	1.000	1.000	1.000
	福建	0.885	1.000	0.906
	山东	0.394	0.765	0.755
	广东	0.374	0.402	0.417
	海南	0.147	0.382	0.211
	平均	0.513	0.636	0.595
中部	山西	0.220	0.554	0.856
	吉林	0.264	0.265	0.373
	黑龙江	0.573	0.592	0.635
	安徽	0.504	0.529	0.782
	江西	0.345	0.775	0.644
	河南	0.654	1.000	0.902
	湖北	0.393	0.767	0.574
	湖南	0.333	0.667	0.454
	平均	0.411	0.644	0.653

区位	地区名称	OEE	EAE	ESE
	内蒙古	0.212	0.286	0.328
	广西	0.205	0.400	0.373
	重庆	0.545	0.606	0.577
	四川	0.414	1.000	0.476
	贵州	0.158	0.319	0.506
西部	云南	0.174	0.236	0.322
	陕西	0.462	0.468	0.470
	甘肃	0.192	0.243	0.198
	青海	0.186	0.290	0.210
	宁夏	0.149	0.207	0.249
	新疆	0.198	0.218	0.219
	平均	0.263	0.388	0.357

注：OEE 表示整体能源效率，EAE 表示能源分配效率，ESE 表示能源结构效率。

表 4-9 中国 30 个地区的社会经济信息

区位	地区名称	GDP/亿元	城市化率/%	人口/百万人
	北京	14114	86.0	19.6
	天津	9224	79.6	13.0
	河北	20394	43.9	71.9
	辽宁	18457	62.1	43.7
	上海	17166	89.3	23.0
东部	江苏	41425	60.2	78.7
	浙江	27722	61.6	54.5
	福建	14737	57.1	36.9
	山东	39170	49.7	95.9
	广东	46013	66.2	104.4
	海南	2065	49.8	8.7
	平均	22772	64.1	50.0
	山西	9201	48.1	35.7
	吉林	8668	53.4	27.5
	黑龙江	10369	55.6	38.3
	安徽	12359	43.0	59.6
中部	江西	9451	44.1	44.6
	河南	23092	38.5	94.1
	湖北	15968	49.7	57.3
	湖南	16038	43.3	65.7
	平均	13143	47.0	52.9

续表

区位	地区名称	GDP/亿元	城市化率/%	人口/百万人
	内蒙古	11672	55.5	24.7
	广西	9570	40.0	46.1
	重庆	7926	53.0	28.8
	四川	17185	40.2	80.4
	贵州	4602	33.8	34.8
西部	云南	7224	34.7	46.0
	陕西	10123	45.8	37.4
	甘肃	4121	36.0	25.6
	青海	1350	44.7	5.6
	宁夏	1690	47.9	6.3
	新疆	5437	43.0	21.9
平均		7355	43.1	32.5

　　图 4-7 给出了效率评价中各个输入指标的效率表现。江苏、浙江、福建、河南和四川在所有的效率表现中都遥遥领先于其他地区。相比之下，福建建筑业的清洁能源使用效率低下是总体能源效率提升的主要障碍。类似地，与其他效率措施相比，海南、重庆和四川的本地建筑部门在清洁能源使用方面的效率普遍较低。北京建筑业以本地能源的高效利用为特征，反映了其高度发达的经济。然而，根据 Hong 等[141]的观点，由于北京依赖河北的能源供应，其非本地能源利用效率类似于河北。

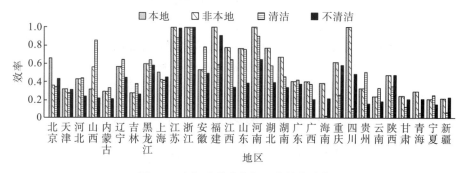

图 4-7　省级建筑业各投入变量的效率

　　图 4-8 从纯技术效率(pure technical efficiency，PTE)和规模效率(scale efficiency，SE)角度显示了总体能源效率的区域分布。根据区域的表现，可以将所有区域分为 4 类。显然，就 PTE 和 SE 而言，江苏、浙江和福建位列前茅。地区 SE 值高于 PTE 值，且大约 50%的省级建筑部门其 SE 值高于 0.8，但整体技术水平仍旧落后。主要原因是我国快速的城市化进程，建筑业的规模化生产在一定程度上实现了能源输入的规模效应，但是其技术进步仍相对滞后。因此，过分强调城市化率和规模效应可能会产生挤出效应，阻碍技术创新的发展，从而限制整体能源效率的提高。西部的 4 个地区(贵州、甘肃、青海和宁夏)由于PTE 和 SE 较低而被确定为建筑业能源效率最落后地区。

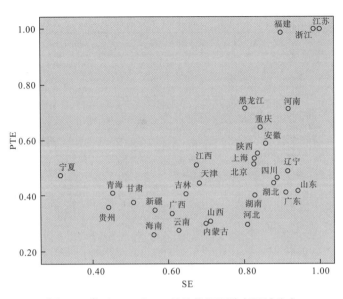

图 4-8　基于 PTE 和 SE 的总体能源效率区域分布

　　江苏、浙江、福建和河南在能源分配效率的技术和规模方面都表现出了有效性
(图 4-9)。这一发现表明，这些地区的建筑施工过程已经完全实现了技术改进和规模回报。
此外，区域能源分配的 PTE 和 SE 大小主要取决于省级建筑部门的经济产出。例如，就当
地建筑业的经济产出而言，江苏和浙江位列前茅，同时这两个地区在技术和规模方面也都
具有很高的效率。此外，北京是一个高度发达地区，由于建筑活动规模的限制，其 PTE
高而 SE 低。实际上，在长期快速的城市化进程之后，北京市中心的住房市场和基础设施
建设已接近饱和，这种情况导致了新建区域的数量较少，因此，在北京很难实现规模建设。
通常，具有较高建筑活动量的区域也具有较高的 SE 值，因此，本节研究推断，中国区域
建筑业的能源使用模式具有自给自足的特征，且当地的能源利用率直接影响了 SE 水平。
相比之下，建筑活动规模较小的发展中地区的特点是 PTE 和 SE 较低。

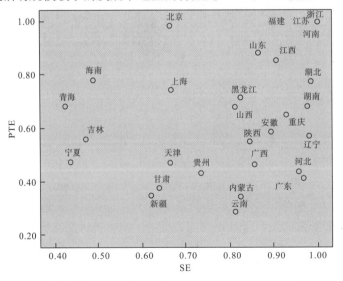

图 4-9　基于 PTE 和 SE 的能源分配效率区域分布

　　图 4-10 给出了各区域结构效率的 PTE 和 SE。结果表明,浙江和福建在技术和规模方面属于效率前沿地区;江西和贵州的技术效率很高,但这些地区的规模回报尚未完全形成;重庆和四川在"西部大开发"战略下进行了大量的建设,从而实现了规模化建设,但这两个省份的技术发展都相对落后,其特征是 PTE 值相对于全国平均水平而言较低,这种离散的分布显示了技术和规模在能源结构效率上的巨大差异。总而言之,发达的沿海地区实现了较高的 PTE 值,而资源丰富地区的 SE 值则位列前茅。

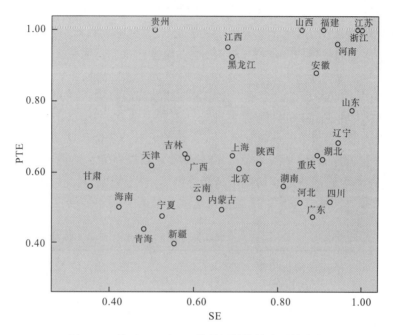

图 4-10　基于 PTE 和 SE 的能源结构效率区域分布

　　总体而言,中国建筑业的整体能源效率仍可以大大提高。跨区域的能源分配比能源结构调整更有效,因为区域间贸易的快速发展增强了能源的有效分配,以市场为导向的经济优化了资源的空间分配。相反,由于建筑领域缺乏促进清洁生产过程的强制性手段,导致它对非清洁能源和清洁能源的利用效率仍然低下。从空间的角度看,东部地区的本地建筑业具有较高的能源效率,因为这些地区处于经济发展的最前沿。对于中西部地区,由于快速的城市化进程提供了有利的环境,规模效应是促进整体能源效率提升的短期积极策略,可最大限度地扩大规模回报。但是,这种以需求为导向的改进是不可持续的,因为其效率的实现是以资源为代价的。

4.3.4　省级建筑业物化能耗节能潜力研究

　　区域建筑部门的能源效率分布具有明显的空间差异。因此,针对不同的地区需要采取特定的策略。首先,东部地区应利用其空间优势,通过结合需求和技术驱动的方法来加速当地经济结构的转型和升级。鉴于东部地区建筑业的 PTE 和 SE 表现良好,这些策略应以目标为导向,以惩罚为基础。因此,地方政府应加强其在目标设定方面的政治权力,建立建筑业能源效率低下行为的系统惩罚机制。中部地区应该实现增长方式从需求驱动和大众消费向技术驱动和高效建设的转变,而开发高附加值和高科技的建筑产品对于实现最佳效率和可持续建筑至关重要。此外,鉴于其能源密集型的生产结构,中部地区应通过改善与第三产业的共享模式来优化经济结构。对于地处内陆、技术相对落后、施工工艺粗放的西部地区,地方政府应加强先进技术的实施,避免与区域发展相关的"低端锁定"效应。

为了将本节研究结果与建造实践联系起来并深入探讨相应的政策建议,本节通过 DEA 最佳效率推演各个地区的能源表现,并以此计算 2010~2015 年的年度节能率。然后,将计算出的减排率与中央政府"十二五"规划中发布的强制型目标进行比较(表 4-10),进而明确国家自上而下的目标的合理性。总体而言,地区建筑部门比整个区域经济面临着更大的节能压力,特别是对于中西部资源丰富的地区(如山西、内蒙古、吉林、贵州、云南、甘肃和宁夏)。从能源分配的角度看,由于区域建筑部门自给自足的特征,当地能源使用的年度节能率高于能源进口的节能率。此外,根据表 4-10 的结果,区域非清洁能源的使用面临着更大的减排挑战。一方面,由于大多数地区目前仍以化石能源消费为主,迫切需要减少非清洁能源的使用;另一方面,由于建筑业以煤炭为主的特点,发展一些创新适用的技术(即在不阻碍经济增长情况下减轻环境影响)很有前景,例如,碳捕集与封存是消除碳排放的有效方法,并且可以在一定程度上维持一次能源供应[142]。

表 4-10　"十二五"规划和设计情景之间减排率的比较(%)

区位	地区名称	总能源	能源分配		能源结构		"十二五"期间的 ECTRS		
			本地	进口	不清洁	清洁	A	B	C
东部	北京	17	0	0	17	19	6	18	17
	天津	23	20	20	21	21	5	19	18
	河北	27	25	25	26	17	6	18	17
	辽宁	18	17	17	16	5	5	18	17
	上海	17	4	4	16	16	12	19	18
	江苏	2	1	1	2	2	43	19	18
	浙江	0	0	0	0	0	15	19	18
	福建	0	0	0	0	0	20	18	16
	山东	24	23	23	22	8	5	18	17
	广东	21	19	19	19	17	20	20	18
	海南	33	20	20	28	56	12	11	10
中部	山西	39	33	8	37	19	3	17	16
	吉林	39	31	31	37	23	10	17	16
	黑龙江	28	20	11	27	13	—	16	16
	安徽	18	16	16	16	8	6	17	16
	江西	21	13	13	20	10	10	17	16
	河南	14	3	3	12	7	5	17	16
	湖北	14	8	8	12	5	18	17	16
	湖南	17	9	9	16	12	11	17	16

续表

区位	地区名称	总能源	能源分配		能源结构		"十二五"期间的 ECTRS		
			本地	进口	不清洁	清洁	A	B	C
西部	内蒙古	37	29	23	35	30	5	16	15
	广西	25	18	18	25	15	20	16	15
	重庆	14	11	11	14	21	13	17	16
	四川	12	0	0	10	29	32	18	16
	贵州	37	27	20	37	21	—	16	15
	云南	32	27	27	31	22	30	17	15
	陕西	20	20	20	19	19	10	17	16
	甘肃	33	31	31	33	35	—	16	15
	青海	30	26	26	29	41	40	10	10
	宁夏	46	40	30	45	40	8	16	15
	新疆	29	26	26	28	40	—	11	10

注：A 表示一次能源使用中非化石能源的占比；B 表示总二氧化碳排放的减排率；C 表示人均 GDP 能耗减排率；ECTRS 是国家节能目标责任制。

为了进一步探讨各地区在节能中的作用和地位，本节根据基于 DEA 获得的减排率与国家节能目标责任制(ECTRS)之间的一致性，将所有地区分为 4 类(表 4-11)。结果表明，大多数地区建筑部门面临的节能减排挑战要高于"十二五"规划设定的目标。江苏、浙江、福建、河南、湖北、重庆和四川的节能表现均超出了区域预期，因此降低了调查期内区域层面的节能压力。这表明，由于这些地区的本地建筑业的节能情况较佳，因此它们可以在区域节能方面获得效率优势。此外，约一半的区域与预设目标高度一致，或在较小程度上与预设目标保持一致，这表明 ECTRS 在考虑区域节能异质性方面的有效性。相比之下，与国家责任制设定的目标相比，有 14 个地区在节能方面需要做出更大的努力，其中大多数是中西部典型的资源丰富地区。由于物化能的核算包括对直接和间接能源消耗的全面量化，在效率评估中应考虑由能源转移所引起的泄漏效应。因此，能源掠夺行为(例如，资源丰富地区为发达地区提供材料、产品和服务)可能会由于其落后和过时的技术而加剧发展中地区的能源低效使用情况。

表 4-11　基于与 ECTRS 目标一致性的区域划分

一致性	地区	
	优于目标	劣于目标
高度一致		北京，辽宁，上海，湖南
一致	河南，湖北，重庆，四川	天津，安徽，江西，广东，陕西
不一致		河北，黑龙江，山东，广西
高度不一致	江苏，浙江，福建	陕西，内蒙古，吉林，海南，贵州，云南，甘肃，青海，宁夏，新疆

下面探讨区域建筑行业面临高节能压力时的重点方向。表 4-12 显示，由于不同区域

的能源消耗特性不同,当地建筑部门采取的节能策略不同。除了要实现整体节能之外,河北、吉林、山东、广西和云南还应加大力度降低化石能源的消耗,而山西、内蒙古、黑龙江、贵州和宁夏则应同时优化当地能源利用并减少化石能源的使用。

表 4-12　典型省级建筑业节能的重点方向

地区	整体能源表现	本地能源减少	化石能源减少
河北(R3)	√		√
山西(R4)	√	√	√
内蒙古(R5)	√	√	√
吉林(R7)	√		√
黑龙江(R8)	√	√	√
山东(R15)	√		√
广西(R20)	√		√
海南(R21)	√		
贵州(R24)	√	√	√
云南(R25)	√		√
甘肃(R27)	√		
青海(R28)	√		
宁夏(R29)	√	√	√
新疆(R30)	√		

表 4-13 从制度、技术和管理方面提供了相应的节能措施。为了应对能源密集型问题并提高效率,政府应实施强制性措施和市场驱动战略。在过去,经济的发展是以牺牲生态资源和自然环境为代价。为了扭转这种局面,中央政府应控制经济的增长速度,将增长方式从以经济发展为主转变为以经济—环境—社会协调发展为主的模式。由于建筑部门的能耗供应链覆盖整个经济体,因此区域建筑业节能目标的实现是经济体内各个生产部门共同行动作用的结果。除了从需求上限制建筑活动的数量,还必须从生产的角度努力降低能源强度、升级经济结构。清洁生产结构可通过促进第三产业的发展,减少能源密集型工业的比例来实现。

表 4-13　从制度、技术和管理方面的节能策略

维度	整体能源表现	本地能源减少	化石能源减少
制度方面	放慢经济增长速度; 通过将责任从地方政府转移到特定企业来详细说明目标责任制; 鼓励从整个社会的多种来源进行节能投资; 协调节能领域的创新	将中央政策的实施与地方干部的职业发展联系起来; 将完成国家节能目标与地方财政奖金挂钩; 对能源服务企业实施减免税; 通过经济手段和强制性标准遏制高耗能和产能过剩行业的发展	为新能源技术提供财税支持; 补贴节能产品
技术方面	推进技术开发以提高能源效率; 优先发展高科技和节能产业	加快地方节能技术的发展及其转化和应用; 建立节能试点项目	提高清洁煤利用率; 发展低碳技术

维度	整体能源表现	本地能源减少	化石能源减少
管理方面	通过改善与第三产业的共享，将当前的制造业转变为服务型经济；发展循环经济；通过升级产业结构发展清洁经济；通过限制高耗能企业的贷款增加来建立绿色资本市场；发布区域建筑部门节能的强制性目标	节能装置的研究与开发；对节能产品的补贴	通过实施能源合同管理改善可再生能源的共享；开发用于建筑材料的绿色标签系统

为了进一步提高能源分配效率，应采取区域间合作和产业共生的方式，最大限度减少区域间能源传输过程中的额外资源投入和无谓损失。一方面，区域协调可以促进知识传播和最佳策略的共享，加强这种协作有益于实现与建筑物相关的生产要素的高效移动。例如，山西和黑龙江面临着区域间能源分配的巨大压力，特别是在本地能源供应方面，因此采取自上而下的强制型政策工具有助于破解省级政府间的区域保护主义，避免过度的资源竞争。另一方面，产业共生强调了产业的比较优势，可以在全供应链中共享相互的优势和资源；由于空间和产业之间的紧密联系，交易成本和运输损失将被最小化，在这种情况下，本地和进口能源供应商可以从产业集聚中获得效率收益。

为了提高能源结构效率，地方政府应采取清洁能源发展战略。西部地区更应提升一次能源使用中非化石能源的比例。结合地理条件，西部地区大多位于太阳能充足的高原地区，因此，太阳能是一种有前途的清洁能源，可以减少这些地区建筑业中化石燃料的使用。同时，太阳能光伏（photovoltaics，PV）系统应在建筑设计中普及，并为建筑中光伏系统的安装和发电提供财政补贴和税收豁免。Smith[143]指出，住宅太阳能光伏发电装置应长期免费资助。另一个清洁生产和节能策略是场外建设（off site construction，OSC），这是一种可提高生产率的创新建筑技术[144]。一方面，场外工厂化制造为批量生产提供了条件，有利于实现规模效应；另一方面，与传统的现场施工方法相比，装配式建筑可以提高技术效率。

除行政法规外，市场化是提高能源效率的有效方法。根据以往的经验，行政控制的积极作用被过分强调，而"隐形之手"的重要性却在建筑领域的节能中被忽略了。因此，应建立自下而上的市场导向机制，加强能源服务企业在促进能源节约方面的联动与参与。

4.4　省级建筑业物化能-虚拟水耦合时空分布研究

4.4.1　研究方法

本节采用 MRIO 分析和 DEA 方法，对全产业供应链中省级建筑业的水-能耦合进行系统研究。

1. 水-能流量核算

本节参考 4.2.1 节中物化能耗的计算方法和指标，采用 MRIO 模型核算全供应链中建筑部门的虚拟水量和物化能耗。具体计算步骤参见 4.2.1 节。

2. 效率评估

DEA 是定量化多因素效率基准的前沿方法，已被广泛应用于建筑业的效率评估中[145-147]。最常用的两种 DEA 模型分别是 CCR 和 BCC。与规模报酬率不变的 CCR 模型相比，BCC 模型更适合于消除规模因素的影响，将技术效率(technical efficiency，TE)分为纯技术效率(PTE)和规模效率(SE)并满足 TE＝PTE*SE。图 4-11 为 TE 的分解和测量。

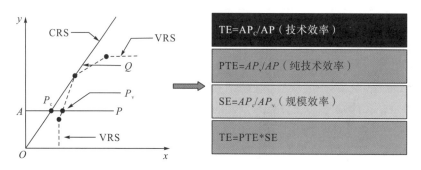

图 4-11 效率的分解和测量

CCR 可表示为

$$\begin{cases} \min\theta \\ \text{s.t.} \begin{cases} \sum_{j=1}^{n} z_j\lambda_j + S^- = \theta Z_k \\ \sum_{j=1}^{n} b_j\lambda_j - S^+ = B_k \\ S^+\geqslant 0, S^-\geqslant 0, \lambda_j\geqslant 0, j=1,2,\cdots,n \end{cases} \end{cases} \tag{4-19}$$

其中，θ 是区域 k 中建筑业的效率；z_j 和 b_j 分别表示区域 j 的输入和输出向量；λ_j 表示区域 j 的权重；S^- 和 S^+ 分别表示输入和输出松弛变量。通过将约束 $\sum_{j=1}^{n}\lambda_j=1$ 加到 CCR 来建立 BCC。这可以表示为

$$\begin{cases} \min\theta \\ \text{s.t.} \begin{cases} \sum_{j=1}^{n} z_j\lambda_j + S^- = \theta Z_k \\ \sum_{j=1}^{n} b_j\lambda_j - S^+ = B_k \\ \sum_{j=1}^{n}\lambda_j = 1 \\ S^+\geqslant 0, S^-\geqslant 0, \lambda_j\geqslant 0, j=1,2,\cdots,n \end{cases} \end{cases} \tag{4-20}$$

为了建立 DEA 模型，每个省份的建筑业都被视为决策单元。由于此研究从全供应链的角度分析建筑业中水-能耦合的总效率，因此选择虚拟水和物化能作为输入指标。根据

建筑业的特点，选择完成的年建筑面积和建筑业的增加值(被广泛用来表示产业水平的实体和经济产出)作为产出指标[48,147]。

4.4.2　不同地区建筑能-水消耗分布研究

图 4-12 中，中国建筑业年虚拟水消耗总量为 54.0Gt，相当于年用水总量的 8.97%。江苏(R10)和广东(R19)的建筑业虚拟用水量相对较多，分别为 5.0Gt 和 4.8Gt，其次是湖北(R17)、湖南(R18)和浙江(R11)，分别为 3.4Gt、3.0Gt 和 2.8Gt，用水量最多的省份位于主要的城市群长江三角洲和珠江三角洲。相比之下，青海(R28)、宁夏(R29)、海南(R21)、天津(R2)和山西(R4)的建筑业虚拟用水量最少，为 0.4～0.8Gt。中国虚拟水消耗量从东向西呈下降趋势，虚拟水强度在不同地区也有所不同，贵州(R24)、广西(R20)和湖北(R17)的虚拟水强度略低于其周边地区。

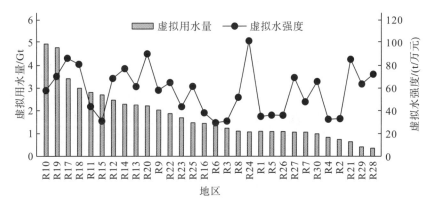

图 4-12　省级建筑业的虚拟水表现

图 4-13 中，建筑业的物化能耗总计 9.049 亿吨标准煤，约占中国总能耗的 27.20%。山东(R15)、辽宁(R6)、广东(R19)、江苏(R10)和浙江(R11)的建筑业物化能耗最大，分别为 71.3Mtce、70.3Mtce、60.8Mtce、52.0Mtce 和 44.7 Mtce。这些省都是发达的沿海地区，具有较大规模的建设活动。相比之下，海南(R21)、青海(R28)和宁夏(R29)的建筑业物化能耗分别为 4.3Mtce、7.1Mtce 和 10.9Mtce。同时，东部地区的物化能耗大于中西部地区，这与虚拟用水量的分布是一致的。建筑业物化能强度呈现波动趋势，西部地区[如贵州(R24)、云南(R25)、宁夏(R29)和新疆(R30)]和北部部分地区[如内蒙古(R5)和辽宁(R6)]的物化能耗强度较高。

图 4-14 为省级建筑业中虚拟水和物化能区域间进口情况。图 4-14(a)显示，江苏(R10)、浙江(R11)、广东(R19)、上海(R9)和北京(R1)的建筑业从其他省份进口的虚拟水最多。这 5 个地区的用水结构具有两个明显的特点：江苏(R10)、浙江(R11)和广东(R19)的本地建筑业虚拟用水特征是自给自足，仅从其他地区进口少量水(15.0%～28.7%)；相比之下，北京(R1)和上海(R9)是典型的进口导向型水资源消耗地区，进口水占主导地位，分别占供水量的 54.8%和 38.0%。最关键的建筑业进口水流包括从安徽(R12)到江苏(R10)

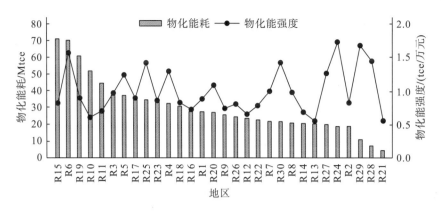

图 4-13　省级建筑业的物化能消耗

和从河北（R3）到北京（R1），总量分别为 0.22Gt 和 0.17Gt。这一发现与集聚经济体中的掠夺关系高度相关，江苏（R10）在长三角地区处于最高地位等级，而北京（R1）在京津冀集聚中处于优先地位。根据图 4-14（b）浙江（R11）的本地建筑业所需的物化能进口量为 21.9 Mtce，其次是北京（R1）、江苏（R10）和上海（R9），分别为 21.1Mtce、18.9Mtce 和 15.3Mtce。类似于虚拟水的消耗结构，北京（R1）和上海（R9）是进口依赖型地区，进口的能源占两个地区总物化能耗的 75.0% 以上。对北京的进口能源流进行仔细分析，发现最大的能源流入来自河北（R3），流量为 12.8Mtce，相当于北京（R1）建筑业物化能耗的一半，这种能源依赖关系对于北京（R1）的经济发展至关重要。作为全国建筑活动的主要能源供应者，河北（R3）和河南（R16）的能源出口量约占全国能源进口总量的 40%，并通过区域间贸易与浙江（R11）、北京（R1）、江苏（R10）和上海（R9）的建筑业产生重要联系。

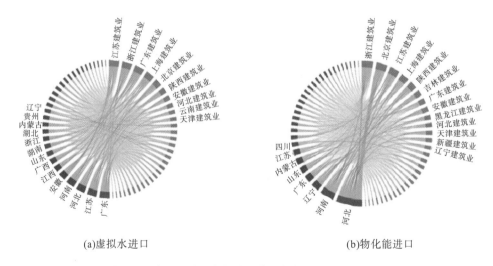

　　(a)虚拟水进口　　　　　　　　　　　　　　　(b)物化能进口

图 4-14　省级建筑业虚拟水和物化能的区域间进口贸易

　　图 4-15 为省级建筑业中虚拟水和物化能区域间出口情况。图 4-15（a）显示，湖南（R18）、江苏（R10）、上海（R9）、重庆（R22）和四川（R23）是虚拟水出口的主要地区，总量为 2.2 Gt，占中国区域间建筑业用水总出口量的 77.1%。除湖南（R18）、重庆（R22），四川

（R23）、河南（R16）和青海（R28）外，大多数省级建筑业都是虚拟水的净进口者。图 4-15（b）
显示，上海（R9）、湖南（R18）、江苏（R10）、四川（R23）和重庆（R22）的建筑业向其他地区
输出了大量的物化能，共约 40.8 Mtce（占中国省级建筑业能源出口总量的 73.0%）。水和能
源的主要接收方包括内蒙古（R5）、河北（R3）、广东（R19）、陕西（R26）和湖南（R18），能
源流动的主要载体为服务贸易（如建筑公司提供的劳务和咨询服务）。总而言之，中国建筑
行业虚拟水与物化能消耗的区域交互特征具有较大相似性。

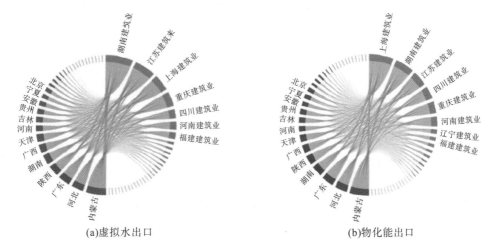

图 4-15　省级建筑业虚拟水和物化能的区域间出口贸易

图 4-16 为由建筑活动所引起的虚拟水耗和物化能耗的净交易情况。对于虚拟水耗和
物化能耗，16 个省份被确定为净进口者，14 个省份为净出口者。大部分虚拟水耗和物化
能耗的净进口者位于发达的沿海地区，其中北京（R1）、上海（R9）和浙江（R11）是进口量最
大的三个地区。在出口者中，河南（16）是最大的水供应者，其次是河北（R3）和江西（R14）。
如本节内容所示，随着经济发展的进程，水资源和能源从内陆地区向沿海地区转移的趋势
十分明显。

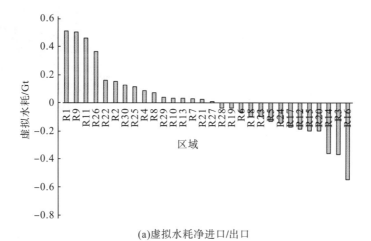

(a)虚拟水耗净进口/出口

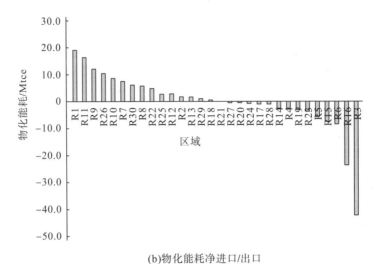

(b)物化能耗净进口/出口

图 4-16　省级建筑业虚拟水耗和物化能耗的区域间净进口、出口贸易

4.4.3　不同部门建筑能-水供给分布研究

部门的虚拟水消耗量比部门的物化能输入量分布更均匀(图 4-17)。具体来说,S13(非金属矿物制品业)和 S14(金属冶炼及压延加工业)是中国建筑业最大的虚拟水和物化能消耗供应者。S13 分别占虚拟用水量的 23%和物化能耗的 38%。因此,该部门是建筑业虚拟水和物化能消耗的主要驱动力。在第三产业中,S25(交通运输、仓储和邮政业)向建筑业出口了较多的资源,占虚拟水的 4%和物化能的 5%。究其原因,主要是 S25 作为建筑业的上游供应链部门,主导了建筑材料和设备运输、仓储以及其他服务。

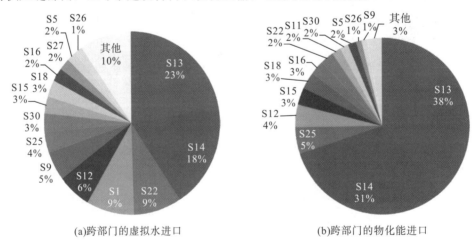

(a)跨部门的虚拟水进口　　　　　　　　　(b)跨部门的物化能进口

图 4-17　省级建筑业虚拟水和物化能的部门间贸易

4.4.4　建筑业物化能-虚拟水耦合效率研究

图 4-18 和图 4-19 为省级建筑业水-能耦合消耗量和强度分布。图 4-18 中的拟合斜率表明,中国各省份的水资源消耗形势比其建筑业能源消耗形势更为严峻。在所有省份中,

广东(R19)和江苏(R10)在虚拟水和物化能消耗方面位列前茅,这主要是由于其大规模的
建设活动。虚拟水和物化能耗呈现出离散分布。进一步分析发现,西部地区[贵州(R24)、
甘肃(R27)、青海(R28)和新疆(R30)]由于落后的经济发展水平和较低的生产技术,其建
造过程消耗了较多的能源和水;相比之下,北部地区[辽宁(R6)、山西(R4)和内蒙古(R5)]
在物化能强度方面面临着极大的挑战,这是因为北部大多数地区都是矿产资源丰富的省
份,有着丰富的建造原料,如原油、原煤和金属矿物;相反,中部地区[江西(R14)、湖
北(R17)和湖南(R18)]的虚拟水使用强度则相对较低。

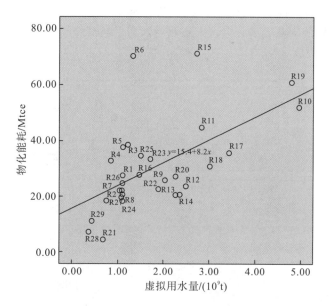

图 4-18　虚拟水和物化能消耗的省级分布

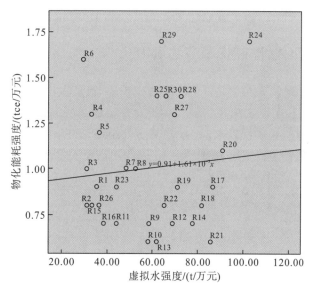

图 4-19　虚拟水和物化能耗强度的省级分布

根据计算结果可以发现，各省建筑业水-能耦合总效率普遍偏低，约半数地区的得分低于 0.5，这表明中国大多数省级建筑部门的用水和能源效率很低。浙江(R11)和江苏(R10)是 DEA 有效的两个主要地区，其次是辽宁(R6)、河南(R16)和福建(R13)，每个地区的总效率都高于 0.8。水-能耦合效率的空间分布与水-能消耗分布类似，总效率的排名与区域经济发展水平高度相关。

本节从技术和规模方面进一步研究了非 DEA 有效区域(图 4-20)。辽宁(R6)、青海(R28)和海南(R21)在技术上有效，而山东(R15)和辽宁(R6)的建筑业规模效应最高。总体而言，规模效应高于技术效应(其中多于 50%的省级建筑业 PTE 超过 0.7)。因此，中国大部分地区的规模效应都较高，但技术却相对落后。由于快速的城市化进程，中国的建筑施工过程依靠大量的能源输入来实现规模生产，但在技术方面却相对落后。

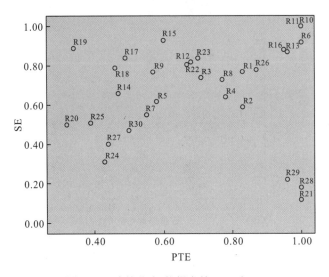

图 4-20   建筑业水-能耦合的 PTE 和 SE

4.4.5   耦合视角下的水-能资源节约潜力

经济全球化和蓬勃发展的国际贸易正在重塑全球生产活动和相关的资源流网络[148,149]。作为资源和劳动密集型产业，建筑业在全球经济体系中占有重要地位[150]。特别是从中国加入世界贸易组织以来，由于世界贸易组织允许以较低的价格进口建筑材料，水和能源的跨尺度流动变得更加复杂[151,152]。因此，需要更多地关注如何缓解在多尺度下复杂供应链中水和能源的短缺问题。

1. 从区域角度讨论水-能资源节约潜力

图 4-21 显示，江苏(R10)和浙江(R11)已达到 DEA 效率的前沿。在虚拟水节约方面，广东(R19)建筑业的节水潜力最大，无效用水约 33 亿吨，其次是湖北(R17)、湖南(R18)、江西(R14)和广西(R20)。这 5 个地区对节水有着至关重要的作用，因为它们在中国建筑业节水总量中的占比为 42.1%。在物化能节约方面，辽宁(R6)的节能潜力巨大(51.1 Mtce)，其次是山东(R15)、广东(R19)、内蒙古(R5)和云南(R25)。值得注意的是，广东(R19)同

时面临较大的虚拟水和物化能的节约目标。此外，图 4-14(a)和 4-14(b)显示，广东(R19)建筑业除了具有较大的资源消耗量之外，该地区还是供应链上的主要资源进口者。这种低效资源利用行为是本地和非本地资源共同作用的结果。因此，广东应在资源的交易过程中采取更为严格的政策手段以提升资源利用效率。

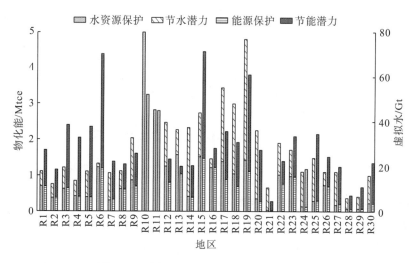

图 4-21　建筑业虚拟水和物化能的节约潜力

2. 从效率角度讨论水-能资源节约潜力

在以往的研究中，通常选择直接水和直接能源的消耗数据作为输入指标，以评估特定领域的效率。为了揭示间接影响的重要性，本书对中国省级建筑业中水-能耦合的总效率和直接效率进行了比较分析(图 4-22)。结果显示，总效率的平均值低于直接效率的平均值，表明以往的研究高估了建筑业的效率。在直接效率评估中，六个地区[北京(R1)、黑龙

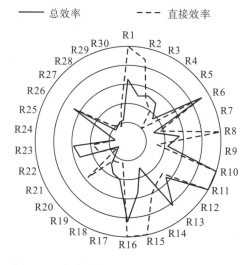

图 4-22　水-能消耗的总效率和直接效率比较

江(R8)、浙江(R11)、江苏(R10)、山东(R15)和河南(R16)]的建筑业是 DEA 有效的,其值为 1。然而在考虑供应链的间接影响之后,北京(R1)、山东(R15)和黑龙江(R8)的建筑业资源利用效率受到大量由其他省份流入的水和能源的负面影响,使得其总效率降低。此外,对上游供应链资源贸易的忽略也可能造成对效率的低估。例如,通过区域内和区域间贸易过程中的互动,福建(R13)和四川(R23)建筑业的能-水总效率得以提升。直接效率和间接效率之间的差距证实了由于贸易过程所产生的间接效应在中国现代经济中的重要意义[39,115,153]。

从空间角度看,贸易效率的重要性强调了区域一体化对实现资源匮乏地区平衡充分发展的必要性。区域间贸易结构优化可以节省资源,中央政府推出的政策工具是实现这一目标的基础[154],尤其是在地方政府有贸易保护动机时更为重要。经济一体化的发展促进了要素的流通,建筑相关生产要素的分配显著提高了资源效率[92]。同时,经济一体化可以刺激产业专业化的形成,这有利于减轻生产过程中的资源损失[155]。为优化贸易结构,应通过减税或其他经济手段鼓励进口低密集型资源产品[149]。由于发达地区需要从其他地区进口大量资源,因此应制定较为完善的材料采购制度[156];同时,需要重点关注水-能效率相对较低地区的资源节约型技术发展[151]。

从部门角度看,应加强对其他经济部门(尤其是建筑产品和服务的主要供应者)的管理。一方面,鉴于建筑业与整体经济的多重复杂联系,提高建筑业的效率需要整个经济体各个生产部门的共同努力;另一方面,如本节所示,建筑业高度依赖与矿物和金属生产相关的行业。因此,实施清洁生产技术并加快上游供应链资源消耗密集型部门的技术进步,是提高水-能效率的重要手段。

参考文献

[1] IEA. Key world energy statistics [R]. France: International Energy Agency, 2011.

[2] Meyer L. Climate Change 2007: Mitigation. Contribution of Working Group III to the Fourth Assessment Report of the Intergovernmental Panel on Climate Change[M].Cambridge:Cambridge University Press,2007.

[3] Chen Z M, Chen G Q. Demand-driven energy requirement of world economy 2007: a multi-region input-output network simulation[J]. Communications in Nonlinear Science and Numerical Simulation, 2013, 18(7): 1757-1774.

[4] Wiedmann T, Lenzen M, Turner K, et al. Examining the global environmental impact of regional consumption activities - part 2: review of input-output models for the assessment of environmental impacts embodied in trade[J]. Ecological Economics, 2007, 61(1): 15-26.

[5] Wiedmann T. A review of recent multi-region input-output models used for consumption-based emission and resource accounting[J]. Ecological Economics, 2009, 69(2): 211-222.

[6] Peters G P, Hertwich E G. Pollution embodied in trade: the norwegian case[J]. Global Environmental Change-Human and Policy Dimensions, 2006, 16(4): 379-387.

[7] Peters G P, Hertwich E G. The importance of imports for household environmental impacts[J]. Journal of Industrial Ecology, 2006, 10(3): 89-109.

[8] Chen Z M, Chen G Q. An overview of energy consumption of the globalized world economy[J]. Energy Policy, 2011, 39(10):

5920-5928.

[9] Chen G Q, Chen Z M. Greenhouse gas emissions and natural resources use by the world economy: ecological input-output modeling[J]. Ecological Modelling, 2011, 222(14): 2362-2376.

[10] Hertwich E G, Peters G P. Carbon footprint of nations: a global, trade-linked analysis[J]. Environmental Science and Technology, 2009, 43(16): 6414-6420.

[11] Weber C L, Peters G P, Guan D B, et al. The contribution of Chinese exports to climate change[J]. Energy Policy, 2008, 36(9): 3572-3577.

[12] Lenzen M, Dey C, Foran B. Energy requirements of Sydney households[J]. Ecological Economics, 2004, 49(3): 375-399.

[13] Maenpaa M, Siikavirta H. Greenhouse gases embodied in the international trade and final consumption of Finland: an input-output analysis[J]. Energy Policy, 2007, 35(1): 128-143.

[14] McGregor P G, Swales J K, Turner K. The CO_2 'trade balance' between Scotland and the rest of the UK: performing a multi-region environmental input-output analysis with limited data[J]. Ecological Economics, 2008, 66(4): 662-673.

[15] Nijdam D S, Wilting H C, Goedkoop M J, et al. Environmental load from Dutch private consumption-how much damage takes place abroad?[J]. Journal of Industrial Ecology, 2005, 9(1-2): 147-168.

[16] Weber C L, Matthews H S. Embodied environmental emissions in US international trade, 1997—2004[J]. Environmental Science and Technology, 2007, 41(14): 4875-4881.

[17] Liang Q M, Fan Y, Wei Y M. Multi-regional input-output model for regional energy requirements and CO_2 emissions in China[J]. Energy Policy, 2007, 35(3): 1685-1700.

[18] Meng L, Guo J, Chai J, et al. China's regional CO_2 emissions: characteristics, inter-regional transfer and emission reduction policies[J]. Energy Policy, 2011, 39(10): 6136-6144.

[19] Guo J, Zhang Z G, Meng L. China's provincial CO_2 emissions embodied in international and interprovincial trade[J]. Energy Policy, 2012, 42:486-497.

[20] Liu Z, Geng Y, Lindner S, et al. Uncovering China's greenhouse gas emission from regional and sectoral perspectives[J]. Energy, 2012, 45(1): 1059-1068.

[21] Su B, Ang B W. Input-output analysis of CO_2 emissions embodied in trade: a multi-region model for China[J]. Applied Energy, 2014, 114: 377-384.

[22] Zhou S Y, Chen H, Li S C. Resources use and greenhouse gas emissions in urban economy: ecological input-output modeling for Beijing 2002[J]. Communications in Nonlinear Science and Numerical Simulation, 2010, 15(10): 3201-3231.

[23] Guo S, Shao L, Chen H, et al. Inventory and input-output analysis of CO_2 emissions by fossil fuel consumption in Beijing 2007[J]. Ecological Informatics, 2012, 12:93-100.

[24] Wang N N, Chang Y C, Dauber V. Carbon print studies for the energy conservation regulations of the UK and China[J]. Energy and Buildings, 2010, 42(5): 695-698.

[25] Wang N N, Chang Y C, Nunn C. Lifecycle assessment for sustainable design options of a commercial building in Shanghai[J]. Building and Environment, 2010, 45(6): 1415-1421.

[26] Chang Y, Ries R J, Wang Y W. The embodied energy and environmental emissions of construction projects in China: an economic input-output LCA model[J]. Energy Policy, 2010, 38(11SI): 6597-6603.

[27] Chang Y, Ries R J, Wang Y W. The quantification of the embodied impacts of construction projects on energy, environment, and society based on I-O LCA[J]. Energy Policy, 2011, 39(10): 6321-6330.

[28] Chang Y, Ries R J, Wang Y W. Life-cycle energy of residential buildings in China[J]. Energy Policy, 2013, 62:656-664.

[29] Li J, Colombier M. Managing carbon emissions in China through building energy efficiency[J]. Journal of Environmental Management, 2009, 90(8): 2436-2447.

[30] Nazarko J, Chodakowska E A. Labour efficiency in construction industry in europe based on frontier methods: data envelopment analysis and stochastic frontier analysis[J]. Journal of Civil Engineering and Management, 2017, 23(6): 787-795.

[31] Ballesteros-Perez P, Alexis R C Y, Hughes W, et al. Weather-wise: a weather-aware planning tool for improving construction productivity and dealing with claims[J]. Automation in Construction, 2017, 84(12):81-95.

[32] Yue S J, Yang Y, Pu Z N. Total-factor ecology efficiency of regions in China[J]. Ecological Indicators, 2017, 73:284-292.

[33] Wilson B, Trieu L H, Bowen B. Energy efficiency trends in Australia[J]. Energy Policy, 1994, 22(4): 287-295.

[34] Lin B Q, Liu H X. CO_2 mitigation potential in China's building construction industry: a comparison of energy performance[J]. Building and Environment, 2015, 94(1): 239-251.

[35] Xue X L, Wu H Q, Zhang X L, et al. Measuring energy consumption efficiency of the construction industry: the case of China[J]. Journal of Cleaner Production, 2015, 107:509-515.

[36] Hu X, Liu C. Measuring efficiency, effectiveness and overall performance in the Chinese construction industry[J]. Engineering Construction and Architectural Management, 2018, 25(6): 780-797.

[37] Hu J L, Wang S C. Total-factor energy efficiency of regions in China[J]. Energy Policy, 2006, 34(17): 3206-3217.

[38] Zhou D Q, Wu F, Zhou X, et al. Output-specific energy efficiency assessment: a data envelopment analysis approach[J]. Applied Energy, 2016, 177:117-126.

[39] Hong J K, Shen Q, Xue F. A multi-regional structural path analysis of the energy supply chain in China's construction industry[J]. Energy Policy, 2016, 92:56-68.

[40] Liu Z, Geng Y, Lindner S, et al. Embodied energy use in China's industrial sectors[J]. Energy Policy, 2012, 49:751-758.

[41] Sartori I, Hestnes A G. Energy use in the life cycle of conventional and low-energy buildings: a review article[J]. Energy and Buildings, 2007, 39(3): 249-257.

[42] Liu G, Xu K, Zhang X, et al. Factors influencing the service lifespan of buildings: an improved hedonic model[J]. Habitat International, 2014, 43:274-282.

[43] Dixit M K. Life cycle embodied energy analysis of residential buildings: a review of literature to investigate embodied energy parameters[J]. Renewable and Sustainable Energy Reviews, 2017, 79:390-413.

[44] Hu X, Liu C. Energy productivity and total-factor productivity in the Australian construction industry[J]. Architectural Science Review, 2016, 59(5): 432-444.

[45] Wang Z H, Zeng H L, Wei Y M, et al. Regional total factor energy efficiency: an empirical analysis of industrial sector in China[J]. Applied Energy, 2012, 97(SI): 115-123.

[46] Meng F, Su B, Thomson E, et al. Measuring China's regional energy and carbon emission efficiency with DEA models: a survey[J]. Applied Energy, 2016, 183:1-21.

[47] Du H, Matisoff D C, Wang Y, et al. Understanding drivers of energy efficiency changes in China[J]. Applied Energy, 2016, 184:1196-1206.

[48] Chen Y, Liu B, Shen Y, et al. The energy efficiency of China's regional construction industry based on the three-stage DEA model and the DEA-DA model[J]. Ksce Journal of Civil Engineering, 2016, 20(1): 34-47.

[49] Wu J, Zhu Q, Liang L. CO_2 emissions and energy intensity reduction allocation over provincial industrial sectors in China[J].

Applied Energy, 2016, 166(15):282-291.

[50] Feng C, Wang M. The economy-wide energy efficiency in China's regional building industry[J]. Energy, 2017, 141:1869-1879.

[51] Zhang G, Lin B. Impact of structure on unified efficiency for Chinese service sector-A two-stage analysis[J]. Applied Energy, 2018, 231(1):876-886.

[52] Xian Y, Yang K, Wang K, et al. Cost-environment efficiency analysis of construction industry in China: a materials balance approach[R]. CEEP-BIT Working Papers, 2019.

[53] Wang K, Wei Y M. China's regional industrial energy efficiency and carbon emissions abatement costs[J]. Applied Energy, 2014, 130:617-631.

[54] Hong J K, Zhong X, Guo S, et al. Water-energy nexus and its efficiency in China's construction industry: evidence from province-level data[J]. Sustainable Cities and Society, 2019, 48:101557.

[55] Yang G, Li W, Wang J, et al. A comparative study on the influential factors of China's provincial energy intensity[J]. Energy Policy, 2016, 88(1):74-85.

[56] Tao C, Cui L. Impact of environmental regulation on total-factor energy efficiency from the perspective of energy consumption structure[J]. International Energy Journal, 2018, 18(1):1-10.

[57] Wu X D, Chen G Q. Energy and water nexus in power generation: the surprisingly high amount of industrial water use induced by solar power infrastructure in China[J]. Applied Energy, 2017, 195:125-136.

[58] Liu L, Hejazi M, Patel P, et al. Water demands for electricity generation in the US: modeling different scenarios for the water-energy nexus[J]. Technological Forecasting and Social Change, 2015, 94:318-334.

[59] Tan C, Zhi Q. The energy-water nexus: a literature review of the dependence of energy on water[J]. Energy Procedia, 2016, 88:277-284.

[60] Wang S, Cao T, Chen B. Water-energy nexus in China's electric power system[J]. Energy Procedia, 2017, 105:3972-3977.

[61] Yan J, Chen B. Energy-water nexus of wind power generation systems[J]. Applied Energy, 2016, 169(1):1-13.

[62] Hana K, Chen W. Changes in energy and carbon intensity in Seoul's water sector[J]. Sustainable Cities and Society, 2018, 41:749-759.

[63] Li W, Li L, Qiu G. Energy consumption and economic cost of typical wastewater treatment systems in Shenzhen, China[J]. Journal of Cleaner Production, 2017, 163:374-378.

[64] Plappally A K, Hlv J. Energy requirements for water production, treatment, end use, reclamation, and disposal[J]. Renewable and Sustainable Energy Reviews, 2012, 16(7): 4818-4848.

[65] Nazemi A, Madani K. Urban water security: emerging discussion and remaining challenges[J]. Sustainable Cities and Society, 2018, 41:925-928.

[66] Kahrl F, Roland-Holst D. China's water-energy nexus[J]. Water Policy, 2008, 101:51-65.

[67] Hussey K, Pittock J. The energy-water nexus: managing the links between energy and water for a sustainable future[J]. Ecology And Society, 2012, 17(311):344-350.

[68] Davies P J, Emmitt S, Firth S K. Delivering improved initial embodied energy efficiency during construction[J]. Sustainable Cities and Society, 2015, 14(1):267-279.

[69] Jing M, Chen G Q, Ling S, et al. Virtual water accounting for building: case study for e-town, Beijing[J]. Journal of Cleaner Production, 2014, 68(4):7-15.

[70] Liang S, Zhang T. Interactions of energy technology development and new energy exploitation with water technology

development in China[J]. Energy, 2011, 36(12):6960-6966.

[71] Huang L, Krigsvoll G, Johansen F, et al. Carbon emission of global construction sector[J]. Renewable and Sustainable Energy Reviews, 2017,19:1906-1916.

[72] Xue X, Wu H, Zhang X, et al. Measuring energy consumption efficiency of the construction industry: the case of China[J]. Journal of Cleaner Production, 2015, 107(16):509-515.

[73] Liu B, Wang D, Xu Y, et al. Embodied energy consumption of the construction industry and its international trade using multi-regional input-output analysis[J]. Energy and Buildings, 2018, 173:489-501.

[74] Ackerman F, Fisher J. Is there a water-energy nexus in electricity generation? Long-term scenarios for the western United States[J]. Energy Policy, 2013, 59(8):235-241.

[75] Webber M E, Hafemeister D, Kammen D, et al. The nexus of energy and water in the United States[J].American Institute of Physics, 2011,35:84-106.

[76] Malik R P S. Water-energy nexus in resource-poor economies: the Indian experience[J]. International Journal of Water Resources Development, 2002, 18(1): 47-58.

[77] Shah T, Giordano M, Mukherji A. Political economy of the energy-groundwater nexus in India: exploring issues and assessing policy options[J]. Hydrogeology Journal, 2012, 20(5): 995-1006.

[78] Vieira A S, Ghisi E. Water-energy nexus in low-income houses in Brazil: the influence of integrated on-site water and sewage management strategies on the energy consumption of water and sewerage services[J]. Journal of Cleaner Production, 2016, 133:145-162.

[79] Talebpour M R, Sahin O, Siems R, et al. Water and energy nexus of residential rainwater tanks at an end use level: case of Australia[J]. Energy and Buildings, 2014, 80:195-207.

[80] Rambo K A, Warsinger D M, Shanbhogue S J, et al. Water-energy nexus in Saudi Arabia[J]. Energy Procedia, 2017, 105:3837-3843.

[81] Eren A. Transformation of the water-energy nexus in Turkey: re-imagining hydroelectricity infrastructure[J]. Energy Research & Social Science, 2018, 41: 22-31.

[82] Hardy L, Garrido A, Juana L. Evaluation of Spain's water-energy nexus[J]. International Journal of Water Resources Development, 2012, 28: 151-170.

[83] Vergara A, Bravo D R, Undurraga G S D, et al. The water-energy nexus in Chile: a description of the regulatory framework for hydroelectricity[J]. Journal of Energy and Natural Resources Law, 2017, 35(4):463-483.

[84] Gu A, Teng F, Wang Y. China energy-water nexus: assessing the water-saving synergy effects of energy-saving policies during the eleventh five-year plan[J]. Energy Conversion and Management, 2014, 85:630-637.

[85] Kahrl F, Roland-Holst D. China's water-energy nexus[J]. Water Policy, 2008, 101:51-65.

[86] Zhang X D, Vesselinov V V. Energy-water nexus: balancing the tradeoffs between two-level decision makers[J]. Applied Energy, 2016, 183:77-87.

[87] Zhou Y, Li H, Wang K, et al. China's energy-water nexus: spillover effects of energy and water policy[J]. Global Environmental Change-Human and Policy Dimensions, 2016, 4:92-100.

[88] Duan C, Chen B. Energy-water nexus of international energy trade of China[J]. Applied Energy, 2017, 194:725-734.

[89] Wang S, Chen B. Energy-water nexus of urban agglomeration based on multiregional input-output tables and ecological network analysis: a case study of the Beijing-Tianjin-Hebei region[J]. Applied Energy, 2016, 178:773-783.

[90] Bartos M D, Chester M V. The conservation nexus: valuing interdependent water and energy savings in arizona[J]. Environmental Science and Technology, 2014, 48(4): 2139-2149.

[91] Chen S, Chen B. Urban energy-water nexus: a network perspective[J]. Applied Energy, 2016, 184:905-914.

[92] Fang D, Chen B. Linkage analysis for the water-energy nexus of city[J]. Applied Energy, 2017, 189:770-779.

[93] Jiang S, Wang J H, Zhao Y, et al. Residential water and energy nexus for conservation and management: a case study of Tianjin[J]. International Journal of Hydrogen Energy, 2016, 41(35): 15919-15929.

[94] Engstrom R E, Howells M, Destouni G, et al. Connecting the resource nexus to basic urban service provision-with a focus on water-energy interactions in NewYork city[J]. Sustainable Cities and Society, 2017, 31:83-94.

[95] Moredia-Valek A, Sunik J, Gr A A S. The urban water-energy nexus: understanding and quantifying the water-energy nexus in México city[C].Dresden Nexus Conference 2017, 2017.

[96] Li W J, Li LJ, Qiu G Y. Energy consumption and economic cost of typical wastewater treatment systems in Shenzhen, China[J]. Journal of Cleaner Production, 2017, 163:374-378.

[97] Vilanova M N, Balestieri J P. Exploring the water-energy nexus in Brazil: the electricity use forwater supply[J]. Energy, 2015, 85(6):415-432.

[98] Li X, Feng K, Siu Y L, et al. Energy-water nexus of wind power in China: the balancing act between CO_2 emissions and water consumption[J]. Energy Policy, 2012, 45:440-448.

[99] Qin Y, Curmi E, Kopec G M, et al. China's energy-water nexus-assessment of the energy sector's compliance with the "3 Red Lines" industrial water policy[J]. Energy Policy, 2015, 82:131-143.

[100] Shang Y, Hei PP, Lu S, et al. China's energy-water nexus: assessing water conservation synergies of the total coal consumption cap strategy until 2050[J]. Applied Energy, 2018, 210:643-660.

[101] Tang X, Jin Y, Feng C, et al. Optimizing the energy and water conservation synergy in China: 2007—2012[J]. Journal of Cleaner Production, 2018, 175:8-17.

[102] Meng J, Chen G Q, Shao L, et al. Virtual water accounting for building: case study for e-town, Beijing[J]. Journal of Cleaner Production, 2014,25: 68, 7-15.

[103] Han MY, Chen G Q, Meng J, et al. Virtual water accounting for a building construction engineering project with nine sub-projects: a case in e-town, Beijing[J]. Journal of Cleaner Production, 2016, 112(5): 4691-4700.

[104] Gerbens-Leenes P W, Hoekstra A Y, Bosman R. The blue and grey water footprint of construction materials: steel, cement and glass[J]. Water Resources and Industry, 2018, 19:1-12.

[105] Hosseinian S M, Nezamoleslami R. Water footprint and virtual water assessment in cement industry: a case study in Iran[J]. Journal of Cleaner Production, 2018, 172:2454-2463.

[106] Zhang P, You J, Jia G, et al. Estimation of carbon efficiency decomposition in materials and potential material savings for China's construction industry[J]. Resources Policy, 2018, 59: 148-159.

[107] Yu M, Wiedmann T, Crawford R, et al. The carbon footprint of Australia's construction sector[J]. Procedia Engineering, 2017, 23:211-220.

[108] Lu Y, Zhu X, Cui Q. Effectiveness and equity implications of carbon policies in the United States construction industry[J]. Building and Environment, 2012, 49:259-269.

[109] Alwan Z, Jones P, Holgate P. Strategic sustainable development in the UK construction industry, through the framework for strategic sustainable development, using Building Information Modelling[J]. Journal of Cleaner Production, 2017, 140: 349-358.

[110] Akan M O A, Dhavale D G, Sarkis J. Greenhouse gas emissions in the construction industry: an analysis and evaluation of a concrete supply chain[J]. Journal of Cleaner Production, 2017, 167:1195-1207.

[111] Acquaye A A, Duffy A P. Input-output analysis of irish construction sector greenhouse gas emissions[J]. Building and Environment, 2010, 45(3): 784-791.

[112] Chang Y, Ries R J, Wang Y. The embodied energy and environmental emissions of construction projects in China: an economic input-output LCA model[J]. Energy Policy, 2010, 38(11SI): 6597-6603.

[113] Chang Y, Ries R J, Wang Y. The quantification of the embodied impacts of construction projects on energy, environment, and society based on I-O LCA[J]. Energy Policy, 2011, 39(10): 6321-6330.

[114] Chang Y, Ries R J, Man Q, et al. Disaggregated I-O LCA model for building product chain energy quantification: a case from China[J]. Energy and Buildings, 2014, 72:212-221.

[115] Hong J K, Shen G Q, Guo S, et al. Energy use embodied in China's construction industry: a multi-regional input-output analysis[J]. Renewable and Sustainable Energy Reviews, 2016, 53:1303-1312.

[116] Hong J K, Shen Q, Xue F. A multi-regional structural path analysis of the energy supply chain in China's construction industry[J]. Energy Policy, 2016, 92:56-68.

[117] Liu B, Wang D, Xu Y, et al. Embodied energy consumption of the construction industry and its international trade using multi-regional input-output analysis[J]. Energy and Buildings, 2018, 173:489-501.

[118] Huang L, Krigsvoll G, Johansen F, et al. Carbon emission of global construction sector[J]. Renewable and Sustainable Energy Reviews, 2018, 81(2): 1906-1916.

[119] Chen Y, Liu B, Shen Y, et al. The energy efficiency of China's regional construction industry based on the three-stage DEA model and the DEA-DA model[J]. Ksce Journal of Civil Engineering, 2016, 20(1): 34-47.

[120] Xue X, Shen Q, Wang Y, et al. Measuring the productivity of the construction industry in China by using DEA-based Malmquist productivity indices[J]. Journal of Construction Engineering and Management, 2008, 134(1): 64-71.

[121] Xue, Wu H, Zhang X, et al. Measuring energy consumption efficiency of the construction industry: the case of China[J]. Journal of Cleaner Production, 2015, 107:509-515.

[122] Liu Z, Geng Y, Lindner S, et al. Embodied energy use in China's industrial sectors[J]. Energy Policy, 2012, 49:751-758.

[123] Zhang B, Chen Z M, Xia X H, et al. The impact of domestic trade on China's regional energy uses: a multi-regional input-output modeling[J]. Energy Policy, 2013, 63:1169-1181.

[124] Guo J, Zhang Z, Meng L. China's provincial CO_2 emissions embodied in international and interprovincial trade[J]. Energy Policy, 2012, 42:486-497.

[125] Hong J K, Shen G Q, Guo S, et al. Energy use embodied in China's construction industry: a multi-regional input-output analysis[J]. Renewable and Sustainable Energy Reviews, 2016, 53:1303-1312.

[126] Guo S, Shen G Q. Multiregional input-output model for China's farm land and water use[J]. Environmental Science and Technology, 2015, 49(1): 403-414.

[127] Huang Y, Lei Y, Wu S. Virtual water embodied in the export from various provinces of China using multi-regional input-output analysis.[J]. Water Policy, 2017, 19(2): 197-215.

[128] Chang Y, Ries R J, Wang Y. The embodied energy and environmental emissions of construction projects in China: an economic input-output LCA model[J]. Energy Policy, 2010, 38(11): 6597-6603.

[129] Scheuer C, Keoleian G A, Reppe P. Life cycle energy and environmental performance of a new university building: modeling

challenges and design implications[J]. Energy and Buildings, 2003, 35(10): 1049-1064.

[130] Kua H W, Wong C L. Analysing the life cycle greenhouse gas emission and energy consumption of a multi-storied commercial building in Singapore from an extended system boundary perspective[J]. Energy and Buildings, 2012, 51:6-14.

[131] Wu H, Yuan Z, Zhang L, et al. Life cycle energy consumption and CO_2 emission of an office building in China[J]. International Journal of Life Cycle Assessment, 2012, 17(2): 264.

[132] 胡锦涛. 坚定不移沿着中国特色社会主义道路前进为全面建成小康社会而奋斗——在中国共产党第十八次全国代表大会上的报告[J]. 北京支部生活, 2012(22): 4-17.

[133] 陈仁泽. 新型城镇化，到底什么样? [N]. 人民日报, 2014-03-31.

[134] Charnes A, Cooper W W, Rhodes E. Measuring efficiency of decision-making units[J]. European Journal of Operational Research, 1978, 2(6): 429-444.

[135] Yang W C, Lee Y M, Hu J L. Urban sustainability assessment of Taiwan based on data envelopment analysis[J]. Renewable and Sustainable Energy Reviews, 2016, 61:341-353.

[136] Wu Y, Que W, Liu Y, et al. Efficiency estimation of urban metabolism via emergy, DEA of time-series[J]. Ecological Indicators, 2018, 85:276-284.

[137] Banker R D, Charnes A, Cooper W W. Some models for estimating technical and scale inefficiencies in data envelopment analysis[J]. Management Science, 1984, 30(9):1078-1092.

[138] Yan J. Spatiotemporal analysis for investment efficiency of China's rural water conservancy based on DEA model and Malmquist productivity index model[J]. Sustainable Computing: Informatics and Systems, 2019, 21:56-71.

[139] Wang K, Wei Y M, Zhang X. A comparative analysis of China's regional energy and emission performance: which is the better way to deal with undesirable outputs?[J]. Energy Policy, 2012, 46:574-584.

[140] Iftikhar Y, Wang Z, Zhang B, et al. Energy and CO_2 emissions efficiency of major economies: a network DEA approach[J]. Energy, 2018, 147:197-207.

[141] Hong J K, Shen Q, Xue F. A multi-regional structural path analysis of the energy supply chain in China's construction industry[J]. Energy Policy, 2016, 92:56-68.

[142] Yuan J, Xu Y, Zhang X, et al. China's 2020 clean energy target: consistency, pathways and policy implications[J]. Energy Policy, 2014, 65:692-700.

[143] Smith H J. The pace of clean energy development[J]. Science, 2017, 355(6328): 921-922.

[144] Zhu H, Hong J K, Shen G Q, et al. The exploration of the life-cycle energy saving potential for using prefabrication in residential buildings in China[J]. Energy and Buildings, 2018, 166:561-570.

[145] Crawford P, Vogl B. Measuring productivity in the construction industry[J]. Building Research and Information, 2006, 34(3): 208-219.

[146] Wang E, Shen Z, Alp N, et al. Benchmarking energy performance of residential buildings using two-stage multifactor data envelopment analysis with degree-day based simple-normalization approach[J]. Energy Conversion and Management, 2015, 106:530-542.

[147] Xue X, Shen Q, Wang Y, et al. Measuring the productivity of the construction industry in China by using DEA-based malmquist productivity indices[J]. Journal of Construction Engineering and Management, 2008, 134(1): 64-71.

[148] Meng J, Mi Z, Guan D, et al. The rise of South-South trade and its effect on global CO_2 emissions[J]. Nature Communications, 2018, 9(1):1871.

[149] Chen B, Yang Q, Zhou S, et al. Urban economy's carbon flow through external trade: spatial-temporal evolution for Macao[J]. Energy Policy, 2017, 110:69-78.

[150] Li Y L, Han M Y, Liu S Y, et al. Energy consumption and greenhouse gas emissions by buildings: a multi-scale perspective[J]. Building and Environment, 2019, 151:240-250.

[151] Li Y, Han M. Embodied water demands, transfers and imbalance of China's mega-cities[J]. Journal of Cleaner Production, 2018, 172:1336-1345.

[152] Wu X D, Chen G Q. Energy and water nexus in power generation: the surprisingly high amount of industrial water use induced by solar power infrastructure in China[J]. Applied Energy, 2017, 195:125-136.

[153] Liu Z, Geng Y, Lindner S, et al. Embodied energy use in China's industrial sectors[J]. Energy Policy, 2012, 49:751-758.

[154] Grossman G M, Helpman E. Globalization and growth[J]. American Economic Review, 2015, 105(5): 100-104.

[155] Hong J K, Tang M, Wu Z, et al. The evolution of patterns within embodied energy flows in the Chinese economy: a multi-regional-based complex network approach[J]. Sustainable Cities and Society, 2019, 47:101500.

[156] Hossain M U, Sohail A, Ng S T. Developing a GHG-based methodological approach to support the sourcing of sustainable construction materials and products[J]. Resources Conservation and Recycling, 2019, 145:160-169.

第5章 省级建筑业物化能耗空间关联与溢出效应研究

5.1 研究背景及概述

联合国政府间气候变化专门委员会第一次到第五次报告证实了日益严峻的全球气候变化形势。《巴黎协定》中各缔约国承诺将加强应对全球气候变化挑战，确保全球平均气温较工业化前水平控制在升高 2℃之内，并力争将升温控制在 1.5℃之内。然而，根据国际能源署估算[1]，2017 年中国碳排放量约占全球碳排放量的 28.2%，相当于欧盟与美国碳排放量的总和，且中国碳排放至今尚未达到峰值。因此，作为世界最大的碳排放国家与世界第二大经济体，中国为应对气候变化制定了一系列政策。国际层面，中国以《中美气候变化联合声明》[2]为蓝本，提出了《中国国家自主贡献》[3]：争取在 2030 年左右实现碳排放峰值。国内层面，"十三五"国民经济和社会发展五年计划明确规定单位 GDP 二氧化碳排放约束性指标。《"十三五"控制温室气体排放工作方案》[4]中强调要推动中国二氧化碳排放 2030 年达峰并争取尽早达峰。

作为全球最大的发展中国家与第二大经济体，随着城镇化进程的稳步推进，我国的建筑业能源需求快速增长，建材生产行业规模迅猛扩张，导致建筑物化生产排放的二氧化碳排放量迅速增长。大量研究表明，中国建筑业是能源密集型行业，是我国二氧化碳排放增长的主要贡献者。作为全球能源消耗和二氧化碳排放的主要贡献者，建筑业正在引起越来越多的关注。在建材生产、建筑施工、运营、维护和拆除阶段，建筑业所消费的一次能源总量占全球能源消费总量的 40%以上，人类和经济活动排放的全球温室气体约占30%[5]。发达国家的建筑运行能耗通常占其全国能源消费总量的20%~40%[6]。然而，现有研究多以碎片化的方式核算建筑业能耗，部分研究框架不包括建筑运行阶段的能源消费，有些则忽视建材生产及运输阶段所包含的能源消耗。已有研究表明：建筑业的能源消费量约占全国能源消费总量的30%，其中一半的能源消费来源于建材物化生产过程[7,8]。此外，中国东部沿海地区与西部内陆地区经济发展的不平衡，导致这些地区在建筑材料生产、运输、施工等方面可能存在差异。因此，建筑全生命周期能耗模拟可能在区域尺度上存在较大差异。尽管区域建筑业在国家节能减排工作中发挥着重要作用，但是在区域尺度上的相关研究还很少。同时，由于中国经济的迅猛发展和城镇化进程的不断推进，建筑业的经济活力将会持续。相比于通过控制经济增长来减少二氧化碳排放，加强建筑业的技术创新是减少二氧化碳排放更为合理的途径。

针对建筑业物化能耗，目前研究多局限国家层面的产业环境影响，而忽略了由于区域异质性造成的环境影响。已有部分文献从地区和行业的视角进行研究，但结合中国经济发展的研究相对较少[9]。Guo 等[10]采用多区域投入产出模型来量化能源消费,以模拟国家尺度能源流动的基本情况。Su 和 Ang[11]开发了一个混合多区域模型,从区域视角对能源流动进行模拟。Chen 和 Chen[12]在区域层面构建混合网络模型来追踪京津冀地区的区域间能源流动;在城市层面通过能流分析、投入产出分析和生态网络分析量化北京市的能源消费,从不同角度提供了对可持续能源使用的认识。但鲜有研究从系统视角对物化能流动进行空间分析。多区域分析的相关研究主要集中在能源分布的量化上,而忽视了不同区域之间的内在联系,这可能导致对能源结构空间效应和能源传递相互作用关系认识缺失。因此,除了对区域间能源流动进行定量评估外,还应考察各区域在能源总体利用中的作用、地位以及能源流动的结构性特征。在建筑业碳排放方面,现有研究通常采用结构分解分析(strultural decomposition analysis,SDA)、指数分解分析(index decomposition analysis,IDA)和空间计量模型来探究建筑业碳排放的影响机理。SDA 方法主要是基于投入产出数据分解影响能源消费或碳排放的因素,而 IDA 方法主要基于时间序列数据将碳排放的变化分解为不同的驱动因素,因而更适用于评估其影响因素的时间变化趋势。这两种方法在揭示空间性方面存在不足,未能探索地理相邻区域的空间依赖性。空间计量模型被广泛用于考察碳排放的时间和空间特征[13,14]。现有研究通常采用空间计量模型来考察二氧化碳排放与其驱动因素之间的复杂关系。例如,Wu 等[15]利用能源技术专利来表征技术进步,并应用空间滞后模型(spatial lag model,SLM)探讨其对二氧化碳减排的积极影响。此外,Long 等[16]利用空间面板数据揭示了能源效率和技术创新对碳生产率的积极影响。Cheng 等[17,18]使用空间计量模型来探究技术进步对碳排放的影响。综上可知,许多学者已通过空间计量模型探究建筑业碳排放的驱动因素,但是,鲜有研究关注建筑业技术创新与二氧化碳排放之间的关系。

因此,有必要构建一个具有区域特征的网络模型来量化不同区域之间的相互关系,并通过引入区域特征和部门细节,以获取环境相互作用的特征,进而对跨区域能源传输进行量化,以探究能流网络的空间格局。同时,基于空间计量模型从时空角度考察技术创新对行业层面建筑业碳排放的驱动作用,以探究建筑业二氧化碳排放的溢出效应。

本章的贡献主要包括以下两个方面:一是对省级建筑业物化能耗进行空间关联分析。通过耦合多区域投入产出模型与生态网络分析模型,探究中国建筑业物化能消费的空间分布和空间关系,揭示建筑业能流的空间特征,为决策者制定合理的节能目标责任体系提供参考;二是对省级建筑碳排放空间溢出效应进行研究。基于 2000～2015 年中国 30 个省份的面板数据,识别我国建筑二氧化碳排放的空间分布特征。同时,采用空间计量模型探究建筑碳排放的空间溢出效应和驱动创新因素。从时空角度建立建筑碳排放数据库,有助于系统理解建筑碳排放变化的轨迹,同时为政府确定省级建筑减排基准提供决策参考。

5.2　数据来源与说明

建筑业物化能空间关联分析主要来自两类数据：一是多区域投入产出(MRIO)表。本书使用中国科学院编制的 2010 年度 MRIO 表，此表由 30 个地区组成，包括 22 个省、4 个直辖市和 4 个自治区，每个地区有 30 个部门。附录 A 表 A1 和表 A2 提供了详细的部门信息；二是区域尺度的部门直接能源消费数据。本书从中国能源统计年鉴和省级统计年鉴中收集了能源消费总量、煤炭、原油和天然气 4 类数据。为避免数据合并过程中的重复计算，采用国家能源平衡表，剔除一次能源转化为二次能源的能耗和能源转换过程中的损失。为实现结构的一致性，通过对经济部门能源使用的等比例假设，将统计数据映射到 MRIO 表中，避免 MRIO 表和地区统计口径在部门划分上的冲突。

对于省级建筑业碳排放空间溢出效应的研究，主要涉及以下两类数据。

一是省级建筑业二氧化碳排放总量及其核算过程中所涉及的相关数据，本书遵循"谁消耗谁负责"的原则，建筑业碳排放的责任来自建材生产、电力生产和热力生产，均应分配给消费地区，而不是生产地区[19]。此外，建筑业碳排放总量包括施工建造阶段所产生的直接排放量和物化生产阶段所产生的间接排放量。因此，直接碳排放主要来自 17 种矿物燃料(附录 B 表 B1)，间接排放主要来自电力、热力和 5 种主要建材(如钢、水泥、玻璃、木材和铝)的使用(附录 B 表 B2、表 B3)。本章研究的时间跨度是 2000～2015 年中国省级建筑业碳排放。建筑业碳排放可使用式(5-1)核算：

$$CCE = CCE_{dir} + CCE_{ind}$$
$$= \sum_{i=1}^{17} C_i \times NCV_i \times CC_i \times O_i \times 44/12 + C_h \times \alpha_h + C_e \times \alpha_e + \sum_{m=1}^{5} C_m \times \alpha_m \times (1 - \beta_m) \tag{5-1}$$

式中，CCE_{dir} 和 CCE_{ind} 分别表示建筑业直接碳排放和建筑业间接碳排放；i 表示能源类型；m 表示建筑材料的种类；C_i、C_h、C_e 和 C_m 分别表示化石材料、热力、电力和建筑材料的消耗量；NCV_i 表示净热值；CC_i 表示含碳量；O_i 表示氧化率；$44/12$ 为二氧化碳与碳的分子量比；α_h、α_e 和 α_m 为碳排放因子；β_m 表示建筑材料的回收利用系数。17 种化石燃料、电力、热力的消费数据来源于《中国能源统计年鉴》，5 种主要建筑材料的消费数据来源于《中国建筑统计年鉴》，直接排放系数由 Shan 等[20]和中国碳排放数据库(China emission accounts and datasets，CEADs)提供。电力转换系数参照《省级温室气体清单编制指南》，该指南将中国电网划分为华北、东北、华东、华中、西北、华南和海南。建筑材料排放系数和回收利用系数参照 Zhang 等[21]的相关研究。附录 B 表 B1～表 B4 中列出了二氧化碳排放系数。

二是建筑业技术创新测度所涉及的相关数据(表 5-1、表 5-2)。如表 5-1 所示，与创新相关的指标为建筑业总产值、年末自有施工机械设备净值、建筑业劳动生产率、建筑业技术装备率、建筑业技术改造投入、建筑业技术人员比例、高技术产业专利申请数、建筑利润总额。

表 5-1　省级建筑业碳排放空间溢出效应研究数据来源

维度	变量	全称	数据来源	参考文献
被解释变量	CCE	建筑业二氧化碳排放	本书计算	[22-24]
经济发展	CGDP	建筑业总产值	中国建筑业统计年鉴	[25]
	ME	年末自有施工机械设备净值	中国建筑业统计年鉴	[26]
创新绩效	LP	建筑业劳动生产率	中国建筑业统计年鉴	[27-30]
	TE	建筑业技术装备率	中国建筑业统计年鉴	[31,32]
创新投资	TR	建筑业技术改造投入	中国高技术产业统计年鉴	[31]
	TP	建筑业技术人员比例	中国科技统计年鉴	[33,34]
产出	PA	高技术产业专利申请数	中国高技术产业统计年鉴	[33-36]
	PR	建筑业利润总额	中国建筑业统计年鉴	[37]

表 5-2　变量的统计描述

维度	变量	单位	均值	标准差	最小值	最大值	观测值
被解释变量	CCE	10^4 吨	2448	3663	47	36558	480
经济发展	CGDP	10^2 百万元	932	1038	27	6601	480
	ME	10^2 百万元	117	136	2	1553	480
创新绩效	LP	元/人	34532	19148	10998	107462	480
	TE	元/人	12417	9993	728	154930	480
创新投资	TR	10^4 元	80673	139661	0	1225605	480
	TP	百分比	0.12	0.07	0.01	0.64	480
产出	PA	个	2029	6048	0	58119	480
	PR	10^2 百万元	87	131	-5	985.39	480

5.3　省级建筑业物化能耗空间关联分析

　　本章通过耦合多区域投入产出模型和生态网络模型探究省级建筑业物化能的空间分布特征和空间联系。在多区域投入产出表中，国民经济由 30 个地区(省、自治区与直辖市，研究数据不含西藏和港澳台)组成，每个地区有 30 个经济部门。为说明一般情况，假设存在 m 个区域，每个区域有 n 个部门。中间使用矩阵(u_{ij}^{rk})表示区域间的部门交易，以货币形式体现。最终使用矩阵(y_i^{rk})表示最终使用的货币价值。因此，总产出(x_i^r)可表示为

$$x_i^r = \sum_{k=1}^{m}\sum_{j=1}^{n} u_{ij}^{rk} + \sum_{k=1}^{m} y_i^{rk} \qquad (5-2)$$

通过在式 (5-3) 中定义中间系数矩阵 (M)，式 (5-2) 中的生产平衡可以用矩阵形式表示为

$$M_{(m \times n) \times (m \times n)} = U \cdot X^{-1} \tag{5-3}$$

$$X = (I - M)^{-1} Y \tag{5-4}$$

式中，U 为 $(m \times n) \times (m \times n)$ 维的中间矩阵；X 为 $(m \times n) \times 1$ 维的总产出向量；I 为单位矩阵；Y 为 $(m \times n) \times 1$ 维的最终使用向量。

为将价值量与环境作用联系起来，环境影响向量 $F_{1 \times (m \times n)}$（例如，本章为直接能源强度向量）可定义为

$$F_{1 \times (m \times n)} = C \cdot X^{-1} \tag{5-5}$$

式中，C 为 $1 \times (m \times n)$ 维的部门直接能源强度向量。各部门直接能源投入数据可从省级统计年鉴和《中国统计年鉴》获取。因此，整个经济体的物化能矩阵 (E) 可计算为

$$E_{(m \times n) \times (m \times n)} = F(I - M)^{-1} Y \tag{5-6}$$

为识别特定地区对中国建筑业总物化能耗的相对重要性，可进行如下贡献分析：

$$W^r = \frac{\displaystyle\sum_{k=1}^{m} E^{rk}}{\displaystyle\sum_{r=1}^{m} \sum_{k=1}^{m} E^{rk}} \tag{5-7}$$

式中，W^r 表示 r 区域对中国建筑业的相对贡献；E^{rk} 表示 r 区域所有经济部门对 k 区域建筑业的能源贡献。E^{rk} 可以表示为

$$E^{rk} = \sum_{i=1}^{n} e_{ic}^{rk} \tag{5-8}$$

式中，e_{ic}^{rk} 表示 r 区域 i 部门到 k 区域建筑部门的物化能流。上述分析结果有助于决策者了解来自不同地区的建筑业物化能耗贡献率。同时，这些区域还可以刻画其在能流生态系统中的营养层级，以表征各区域在中国建筑业能流网络中的地位和作用。

根据 ENA（ecological network analysis，生态网络分析），可通过 MRIO 方法计算整个网络内的直接能流，为

$$P = \left(p_{ij}^{rk} \right) = F \cdot U \tag{5-9}$$

式中，p_{ij}^{rk} 表示从 r 区域 i 部门到 k 区域 j 部门的直接能流。为探究由省级建筑行业引起的区域间能源流动，本书在区域层面整合了建筑行业的能源流动：

$$w^{rk} = \sum_{i=1}^{n} p_{ic}^{rk} \tag{5-10}$$

$$w^{kl} = \sum_{j=1}^{n} p_{cj}^{kl} \tag{5-11}$$

式中，w^{rk} 表示 r 区域对 k 区域建筑业的能源投入；w^{kl} 表示 k 区域建筑业对 l 区域的能源投入；p_{ic}^{rk} 表示 r 区域 i 部门向 k 区域建筑业的直接能源转移；p_{cj}^{kl} 表示 k 区域建筑部门向 l 区域 j 部门的直接能源转移。因此，区域间能流矩阵可以定义为 $\boldsymbol{W}_R = \boldsymbol{W}_{RC}\boldsymbol{W}_{CR}$，$\boldsymbol{W}_{RC} = \left\{w^{rk}\right\}_{m \times m}$ 和 $\boldsymbol{W}_{CR} = \left\{w^{kl}\right\}_{m \times m}$。同样，为探究由省级建筑部门引起的部门间能源流动，在部门一级整合了能源流动：

$$w_{ic} = \sum_{r=1}^{m} p_{ic}^{rk} \tag{5-12}$$

$$w_{cj} = \sum_{l=1}^{m} p_{cj}^{kl} \tag{5-13}$$

式中，w_{ic} 表示从 i 部门到 k 区域建筑业的能流；w_{cj} 表示从 k 区域建筑部门到 j 部门的能流。因此，部门间能流矩阵可以通过 $\boldsymbol{W}_S = \boldsymbol{W}_{SC}\boldsymbol{W}_{CS}$ 计算，其中 $\boldsymbol{W}_{SC} = \left\{w_{ic}\right\}_{n \times m}$，$\boldsymbol{W}_{CS} = \left\{w_{cj}\right\}_{m \times n}$。

相应地，w_R 和 w_S 可分别表示由省级建筑业带动的区域和部门间的能源流动。因此，基于 MRIO 构建的整个网络可以简化为基于区域的网络和基于部门的网络。在网络中，直接能流是路径，区域或部门是节点。为确定网络节点之间的功能关系，可使用效用分析来量化各节点与其他节点能流传递时发生的交互效应。

Lu 等[38]基于网络中节点间的功能关系构建了直接效用矩阵。例如，基于区域的直接效用可表示为

$$d^{rk} = \frac{w_R^{rk} - w_R^{kr}}{\sum\limits_{r=1}^{m} w_R^{rk} + c^k} \tag{5-14}$$

式中，$\sum\limits_{r=1}^{m} w_R^{rk}$ 表示 k 区域能源投入的总和；c^k 表示 k 区域的边界输入，等于 k 区域的直接能源消费量；d^{rk} 表示从 r 区域到 k 区域的特定能流的直接效用。

与 Leontief 生产模型类似，整体效用强度矩阵可计算如下：

$$\boldsymbol{O} = (o^{rk}) = (\boldsymbol{I} - \boldsymbol{D})^{-1} = \boldsymbol{D}^0 + \boldsymbol{D}^1 + \boldsymbol{D}^2 + \boldsymbol{D}^3 + \cdots \tag{5-15}$$

式中，$\boldsymbol{O}$ 表示能流在整合层次上的效用，包括自反馈效应（$\boldsymbol{D}^0$）、直接效应（$\boldsymbol{D}^1$）和无限间接效应（$\boldsymbol{D}^2 + \boldsymbol{D}^3 + \cdots$）的效用。因此，矩阵（$\boldsymbol{O}$）反映了任何一对区域之间的交互模式和功能关系。

矩阵中每个元素的符号表示一对节点之间的交互模式和功能关系。每个元素的值代表能源交易的效用强度。根据 Zhang 等[39]基于自然生态系统中生物的相似性，有三种类型的关系。符号（+，–）和（–，+）代表了来自不同方向的利用关系，在这种关系中，掠夺者获得利益，而被掠夺者则受到这种功能关系的负面影响；符号（–，–）表示竞争关系；符号（+，+）表示互惠关系，其中两个节点都可以从这种功能关系中获益。

本书还定义了一个互惠指数，用于探究整个网络的整体关系和属性。互惠指数可定义为

$$H = \frac{\sum_{rk} \max\left(\mathrm{sign}(o^{rk}),0\right)}{\sum_{rk}(-\min(\mathrm{sign}(o^{rk}),0))} \tag{5-16}$$

在给定功能关系和效用模式的基础上，可识别建筑活动引起的物化能利用的空间关系，为我国建筑业能流系统的配置与优化提供了潜在的方向。

5.3.1　省级建筑业物化能耗空间分布

表 5-3 为不同类型一次能源的物化能耗贡献水平。为从空间视角考察中国建筑业的总体能源分布，将所有区域合并为三大区域(中国东部、中部和西部地区)。河北(R3)、河南(R16)和山西(R4)是提供原煤的主要地区，河北(R3)、辽宁(R6)和陕西(R26)是提供原油的主要地区。因此，迫切需要在上述主要化石能源供应地区实施清洁生产技术，以减轻化石燃料消耗对环境的不利影响。此外，新疆(R30)、四川(R23)和陕西(R26)是中国建筑业所消耗天然气的主要供应地区，这与中国天然气储量的分布密切相关，因为这三个省份约占国家已知天然气储量的80%。此外，原煤的消费结构呈现典型的倒金字塔结构，其中东部地区所占比例最大，其次是中西部地区。同样，原油的消费分布也呈不规则的倒金字塔状，东部地区消耗最多(70.2%)，其次是西部和中部地区。相比之下，天然气的结构类似于一个不规则的金字塔，消费最多的是西部地区，其次是东部和中部地区。原煤作为一种典型的化石燃料，在中国建筑业能源消费中占主导地位，这势必对环境造成不利影响，并对应对全球气候变化行动提出挑战。因此，从能源流动的角度探究中国建筑业二氧化碳排放减排对应对全球气候变化挑战，意义重大。

表 5-3　区域不同类型一次能源消费的消费占比(%)

区位	地区	原煤	原油	天然气
	北京(R1)	0.2	0.0	2.2
	天津(R2)	0.6	1.1	2.2
	河北(R3)	23.7	39.1	2.4
	辽宁(R6)	2.6	23.6	1.5
	上海(R9)	0.4	0.1	1.6
东部	江苏(R10)	1.9	0.2	3.1
	浙江(R11)	1.4	0.0	1.3
	福建(R13)	0.8	0.1	1.7
	山东(R15)	4.7	5.0	2.8
	广东(R19)	1.7	0.3	2.4
	海南(R21)	0.2	0.8	3.7
	总计	38.2	70.3	24.9
	山西(R4)	9.8	0.0	2.4
中部	吉林(R7)	1.1	0.8	1.4
	黑龙江(R8)	4.9	0.7	5.0

续表

区位	地区	原煤	原油	天然气
中部	安徽(R12)	2.4	0.0	0.7
	江西(R14)	1.4	0.0	0.3
	河南(R16)	10.6	0.6	3.5
	湖北(R17)	2.1	0.3	1.4
	湖南(R18)	2.0	0.5	0.7
总计		34.3	2.9	15.4
西部	内蒙古(R5)	6.9	0.4	5.6
	广西(R20)	1.5	0.0	0.1
	重庆(R22)	1.4	0.0	5.0
	四川(R23)	2.2	0.0	14.3
	贵州(R24)	3.8	0.0	0.5
	云南(R25)	2.8	0.0	0.4
	陕西(R26)	2.3	14.4	7.8
	甘肃(R27)	1.6	1.4	2.1
	青海(R28)	0.4	0.0	4.1
	宁夏(R29)	3.3	0.0	1.8
	新疆(R30)	1.3	10.7	17.8
总计		27.5	26.9	59.5

中国建筑业物化能的区域间交易净额如图 5-1 所示。共有 16 个地区被确定为建筑业物化能净进口地区，而 14 个地区被确定为建筑业物化能净出口地区。北京(R1)是物化能进口最多的地区，净能源流入量为 1930 万吨标准煤，其次是浙江(R11)和上海(R9)。大部分的物化能进口地区均位于沿海地区。河北(R3)是最大的物化能净出口地区，出口量为 4230 万吨标准煤，其次是河南(R16)和辽宁(R6)。

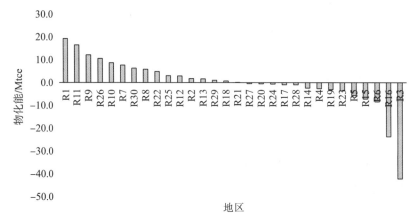

图 5-1　建筑业物化能交易净额地区

5.3.2　省级建筑业物化能耗空间关联分析

基于区域间的物化能流，可通过网络效用分析，得到区域间整体效用强度矩阵，其系数的符号和数值可以用来探索不同地区建筑业的物化能耗间的功能关系和交互模式，如图 5-2(a) 所示。从总效用强度矩阵可以看出，负值占主导地位，表明当前中国建筑业的能流网络处于非活跃状态。图 5-2(b) 中的相互关系矩阵显示，在所有 435 对区域组合中存在三种类型的功能关系。排除自身作用后，这些关系如下：利用关系，对应区域的效用符号为 (+, -) 或 (-, +)；竞争关系，其中符号表示为 (-, -)；互惠关系，符号表示为 (+, +)。在所有的功能关系对中，利用关系是最常见的 (301)，其次是竞争关系 (132) 和互惠关系 (2)。中国建筑业的互惠指数为 0.71，小于 1。考虑到多区域投入产出分析的结构，无论连接强度如何，任何一对区域之间都存在一定的功能关系。为深入了解具有最实质性联系的地区，本书使用 0.01 的效用强度阈值来排除具有弱联系的区域组合，以聚焦于不同地区之间最本质的功能关系。在这种情况下，共提取了 120 对功能关系，其中利用关系占功能关系总数的 78.3%，其次是竞争关系 (21.7%)。

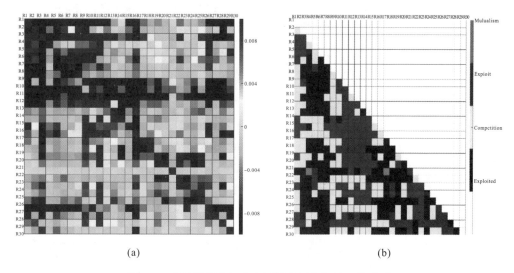

图 5-2　总效用强度矩阵和不同地区之间的函数关系

根据一个地区在一种功能关系中所起的具体作用，所有省份可分为 6 类，包括关键区域、枢纽区域、强势区域、弱势区域、寄生区域和宿主区域。本书中，关键区域被定义为区域同时具备掠夺者、被掠夺者和竞争角色；枢纽区域既可以充当能流的提供者，也可以作为能流的接收者，表现出能流交换的特征；强势区域则是同时扮演掠夺者和竞争者的角色，而弱势区域则与其他区域存在着被利用和竞争关系；寄生区域和宿主区域在能流交互系统中仅有单一的角色 (如掠夺者或被掠夺者)。表 5-4 根据区域的类型和角色总结了这些区域。

表 5-4　中国建筑业能流网络中 30 个区域的角色和作用

角色	作用	地区
掠夺者，被掠夺者，竞争者	关键区域	天津 (R2)
		江苏 (R10)
		安徽 (R12)
		山东 (R15)
		宁夏 (R29)
掠夺者，被掠夺者	枢纽区域	内蒙古 (R5)
		辽宁 (R6)
		湖北 (R17)
掠夺者，被掠夺者	枢纽区域	湖南 (R18)
		广东 (R19)
		云南 (R25)
掠夺者，竞争者	强势区域	北京 (R1)
		吉林 (R7)
		黑龙江 (R8)
		上海 (R9)
		浙江 (R11)
		陕西 (R26)
		新疆 (R30)
被掠夺者，竞争者	弱势区域	河北 (R3)
		河南 (R16)
		山西 (R4)
掠夺者	寄生区域	福建 (R13)
		海南 (R21)
		重庆 (R22)
被掠夺者	宿主区域	江西 (R14)
		广西 (R20)
		四川 (R23)
		贵州 (R24)
		甘肃 (R27)
		青海 (R28)

　　扮演掠夺者角色的区域主要分布在东部地区［如上海 (R9)、江苏 (R10)、浙江 (R11)］和东北地区［如北京 (R1)、天津 (R2)、吉林 (R7) 和黑龙江 (R8)］，这些地方大多在中国属

于发达地区。在工程实践中，上述地区对物化能耗的使用往往优先于周边地区。扮演被掠夺者的区域主要分布在北部地区，如河北(R3)、山西(R4)、内蒙古(R5)、辽宁(R6)和山东(R15)、河南(R16)。这些省份往往具有良好的能源禀赋。产生竞争关系的主要区域包括北京(R1)、浙江(R11)、陕西(R26)、河北(R3)和河南(R16)，主要是由于区域密集的能源使用行为所引起的，如利用省外能源进行当地建设或本地能源用于出口，从而可能同时引起与其他地区的竞争。

更具体地说，关键区域并不是传统分析中能源消费规模最大或者密度最高的区域。例如，在京津冀都市圈中，北京(R1)的经济规模领先，然而本章结果表明，天津(R2)在提高该建筑业能源利用效率方面发挥了更为关键的作用。枢纽地区作为能源流动的转移中心，能促进能源密集型地区间接利用其他地区的能源。例如，内蒙古(R5)和辽宁(R6)从河北(R3)获得能源输入，以支持中国北部地区[例如北京(R1)、天津(R2)、吉林(R7)和陕西(R26)]。寄生区域是指正在经历快速城镇化进程，但又受制于有限的自然资源的地区。考虑到大规模建设活动，这些地区寻求周边地区的能源供应。弱势地区和宿主地区是自然资源丰富的地区，其中大部分是建材生产过程中消耗的一次能源的主要供应区域。

为探究区域尺度下中国建筑业物化能流动，本章只考虑在特定功能关系中与其角色和作用相匹配的省份的能源流入和流出，如图 5-3 所示。北京(R1)、吉林(R7)、黑龙江(R8)、上海(R9)、福建(R13)和重庆(R22)位于营养结构的顶端，表明这些省份是周边地区的主要能源流入区域，没有显著的能源流出。换言之，它们在区域间功能关系中扮演着掠夺者的角色。吉林(R7)和黑龙江(R8)被识别为东北地区典型的掠夺者。相比之下，河北(R3)、山西(R4)、江西(R14)、河南(R16)、广西(R20)、四川(R23)和贵州(R24)位于营养结构的底部，底部地区是不同区域的能源供应地。例如，河北(R3)和山西(R4)为华北地区提

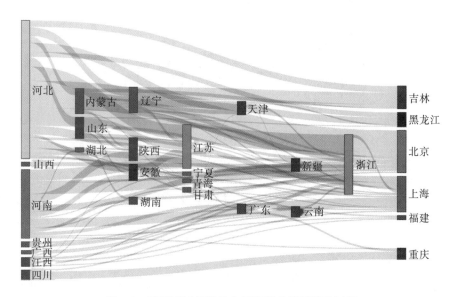

图 5-3 基于区域尺度的中国建筑业能源流动网络

注：图中所示区域的能源流入和流出均为效用强度高于阈值的流量。

供能源；河南是中部地区最大的能源供应省份；四川(R23)和贵州(R24)向西南地区输出能源。因此，对于位于营养结构顶端的需求主导型地区，除了控制建筑规模外，还应努力实施补贴和税收政策，以激励清洁能源供应。在供给侧，应实施强制性政策、碳清洁技术和市场化措施，以实现清洁建设。

5.3.3 重点城市群建筑业物化能耗空间关联分析

鉴于生态网络分析可以为描述部门间能流网络变化的结构特征提供新的视角[40-42]，本章还研究了部门间的生态网络关系(图5-4)。结果表明，在部门生态网络中，共有226对利用关系、133对竞争关系和76对互惠关系，其中互惠关系指数为0.76。与区域关系中的消极态势相比，部门间的功能关系更为积极。更具体地说，化学工业(S12)、非金属矿物产品制造(S13)和金属冶炼和压制(S14)是建筑业的主要能源供应部门，它们之间的关系通常为互惠关系，占总互惠关系数的35.5%。

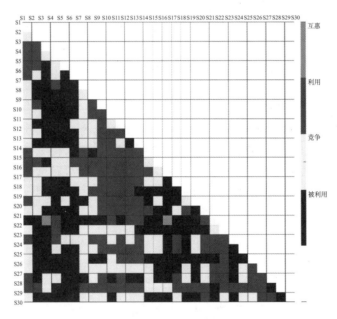

图5-4　部门间关系矩阵

根据本章的研究结果，建筑业区域间营养结构与国家尺度的宏观研究结果相比存在差异，基于区域的能流网络为探究特定区域间的功能关系提供了更为深入的见解。对主要城市群进行详细分析，可以全面了解当前中国建筑业区域生态结构的状态。本章选取京津冀地区、东北地区和长三角地区进行详细探究(图5-5)。

京津冀地区与东北地区呈现相似的结构特征。北京和天津存在内部竞争，同时又均掠夺河北省的能源。吉林和黑龙江存在相互竞争，辽宁是这两个地区的主要能源供应地区。这种营养结构反映了快速城市化进程与能源禀赋限制之间的空间矛盾。这种现象实则阻碍了区域一体化进程和区域间协调发展。因此，减少区域间因资源竞争带来的摩擦，是区域层面优化建筑业能源结构的有效手段。

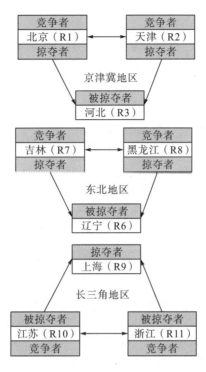

图 5-5 三个典型集聚区建筑业能流网络的生态结构

相比之下，长三角地区的空间关系则呈现相反的态势，江浙地区不仅面临着来自上海的能源掠夺，同时也面临着内部竞争。由于上海是中国的经济中心，位于营养金字塔的顶端，因此上海的能源需求会被优先考虑。然而，这种生态关系可能会限制浙江和江苏的发展，因为这两个地区都存在着被利用和相互竞争的关系。这种不平衡的资源优先权应该通过将内部区域内的消极关系转化为互惠关系来调整。从短期战略出发，应制定行动策略以尽量减少当前功能关系的负面影响。例如，掠夺地区应寻求提高能源效率，以减轻能源需求的压力。此外，还可提高清洁能源和可再生能源的份额，以降低环境影响。被掠夺地区可以通过推动当地建筑业升级能源结构，并采用先进技术在资源竞争中获得优势，同时应制定相关措施以减少竞争关系的负面影响。从长期战略出发，应优化空间关系，以实现互惠互利。

5.3.4 省级建筑业物化能耗空间优化策略研究

为了将研究结果与政策实践相结合，本章将研究结果与"十二五"规划初期出台的相关政策和强制性目标进行对比分析。根据研究结果，无论是强势区域还是寄生区域，都需要控制能源消耗总量。能源消费结构应以能源供给地区（如薄弱地区和宿主区域）为重点进行优化。例如，在长三角地区，江苏（R10）和浙江（R11）由于其在长三角区域内的弱势地位，应该进一步提高非化石能源在一次能源消费中的份额，上海（R9）通过优先提高节能建筑的新建建筑面积份额，以控制能源需求量。然而，尽管这些指标是按照"十二五"初期在能源消费中的不同角色和地位确定的，但在区域内并未发挥作用。表 5-5针对区域在建筑业能流网络中的不同功能角色总结了相应的节能策略。要实现区域内建筑业的节能目标,可以分别从宏观层面和行业层面进行统筹考虑,因为建筑业物化能耗是全产业链能流相互作用的结果。宏观层面,应从制度、技术、管理等方面进行经济层面的政策设计,实现区域经济从传统的高耗能、低效率模式向低碳、高效率模式的转变;行业层面的节能行动需要根据建筑行业的生产特点精准实施,通常采用先进的施工方法和高技术的节能产品,实施以环保为目标的绿色管理策略,以提高建造能效水平。例如,装配式建造为提高供需双方的生产效率提供了一种创新方法。从生产或供应的角度来看,工厂化生产有利于缓解区域建筑业一次能源的超支。从消费或需求的角度来看,装配式建筑在建筑构件的回收和再利用方面的优越性为建筑拆除阶段的节能提供了巨大的潜力。此外,建立建筑节能审计制度是建筑节能的必然趋势。该制度可促进地方政府在消费侧实施数据驱动的节能政策。关键区域和枢纽区域决定了物化能流的来源和目的地,因此需要从需求和供应两方面实施节能战略。更具体地说,作为关键地区,天津、江苏和安徽对京津冀、长三角和中原地区的能流交互产生了重要影响,因此需要采取更多强制性的节能减排措施。寄生区域在减少一次能源需求方面面临巨大挑战,因为它们在利用关系中往往处于优先地位。因此,地方政府应权衡城镇化进程对能源需求增长的外部效应,应建立区域间技术转化与交流机制,以缓解区域竞争,降低信息不对称带来的交易成本,这一机制对于重新分配节能减排责任具有重要意义。除了限制建筑规模外,还应努力实施补贴和税收政策,以鼓励清洁能源供应。薄弱地区和宿主区域是典型的供应主导型区域。应实施强制性行政措施和市场驱动方式,提高能源效率,从而实现低碳清洁生产。除了自上而下的强制性指标体系外,还应建立自下而上的市场化机制,通过市场手段加强能源服务供应商参与建筑节能。具体而言,应建立技术帮扶机制,为能源密集型和技术领先型地区之间的技术转移提供桥梁,既可以实现从高发达地区向欠发达地区的技术转化,又可以避免落后地区的锁定效应。

表 5-5　基于区域不同作用的区域和行业层面节能策略

侧度	地区	区域尺度策略	产业尺度策略
需求侧	CR, HR, SR, PR	实施进口约束政策,鼓励进口清洁产品; 对清洁能源供应企业减免税收; 对节能产品提供补贴; 实施能源合同管理,以提升非化石能源份额; 限制高耗能企业贷款,构建绿色资本市场	实施节能试点工程建设; 采用先进的建造技术(如精益化施工和装配式施工); 开发建筑能源审计系统
供应侧	CR, HR, WR, OR	区域节能协同创新; 实施可再生能源替代政策; 提高清洁煤炭利用率; 发展低碳技术; 使用先进技术以促进能效提升; 优先发展高技术产业和节能产业; 构建区域间转化与交流机制	颁布区域建筑业节能强制性目标; 开发绿色建材标识系统; 为能源服务提供能源合同管理; 采用装配式建造技术; 实施清洁能源发展机制

注:CR 为关键区域,HR 为枢纽区域,SR 为强势区域,WR 为弱势区域,PR 为寄生区域,OR 为宿主区域。

　　政府应考察区域内不同部门间功能关系的差异。鉴于目前不同区域各个经济部门间的营养层级关系,应实施定制化的节能战略,以解决区域建筑业的能耗问题。2010 年启动的自上而下的节能目标责任制是地方政府落实节能目标的有效机制。然而,这一制度只在国家和区域层面实施，在行业尺度尚未落实。因此，中央政府为中国建筑业制定的节能目标在地区层面上是非强制性的，因为各部委自上而下的管理体制在区域层面仅能提供指导，而不能行使强制性的权力。关于省级建筑业节能规定是非强制性，它们在建筑行业整体节能方面就仅能发挥有限的作用。

5.4　省级建筑碳排放空间溢出效应研究

为探究技术创新对省级建筑业碳排放的空间作用机制，本章从经济发展、创新绩效、创新投入和创新产出四个方面对建筑业技术创新进行测度。如表 5-2 所示，与建筑业技术创新相关的指标包括建筑业总产值(CGDP)、建筑业年末自有施工机械设备净值(ME)、建筑业劳动生产率(LP)、建筑业技术装备率(TE)、技术改造投入(TR)、技术人员比例(TP)、专利申请数(PA)、建筑业利润总额(PR)。CGDP，即建筑业总产值，是建筑业技术创新的经济基础，通常被认为会促进建筑业碳排放增长；ME 是对建筑施工过程中设备净值的测度，由工程量和建筑规模决定；LP 在一定程度上间接反映了技术创新水平；TE 揭示了建筑业的技术投入，与建筑机械和设备的能效高度相关；TR 衡量建筑业设备改造投资，机械设备的物理条件和生产效率对施工现场的能耗有显著影响；PA 通常用于表示技术创新产出。而建筑业利润总额是描述技术进步有效性的重要创新产出。因此，基于面板数据的普通最小二乘(ordinary least square，OLS)模型可表示为

$$\ln \mathrm{CCE}_{it} = \alpha + \beta_1 \ln \mathrm{CGDP}_{it} + \beta_2 \ln \mathrm{PST}_{it} + \beta_3 \ln \mathrm{PA}_{it} + \beta_4 \ln \mathrm{PR}_{it} \\ + \beta_5 \ln \mathrm{CTER}_{it} + \beta_6 \ln \mathrm{LP}_{it} + \beta_7 \ln \mathrm{ME}_{it} + \beta_8 \ln \mathrm{TR}_{it} + \varepsilon_{it} \tag{5-17}$$

式中，i 表示地区；t 表示年份；α 为常数；β 表示估计的弹性系数；ε_{it} 表示随机误差项。

建筑业碳排放的空间探索性分析主要包括两个步骤：一是证明空间相关性的存在，二是确定空间计量模型，并利用该模型探究建筑业技术创新对碳排放的空间溢出效应。

本章采用全局莫兰 I 数[43]检验全局空间自相关性，如式(5-18)所示：

$$I = \frac{\sum\limits_{i=1}^{30} \sum\limits_{j=1}^{30} w_{ij}(y_i - \overline{y})(y_j - \overline{y})}{S^2 \sum\limits_{i=1}^{30} \sum\limits_{j=1}^{30} w_{ij}} \quad (i \neq j) \tag{5-18}$$

式中，y_i 和 y_j 分别表示 i 省和 j 省的建筑业碳排放；$\overline{y}$ 表示 y_i 的平均值；$S^2 = \dfrac{1}{30}\sum\limits_{i=1}^{30}(y_i - \overline{y})$，表示 y_i 的方差；w_{ij} 为空间权重矩阵，其计算公式为

$$w_{ij} = \frac{1/\left|\overline{\mathrm{GDP}_i} - \overline{\mathrm{GDP}_j}\right|}{\sum\limits_{j=1}^{30} 1/\left|\overline{\mathrm{GDP}_i} - \overline{\mathrm{GDP}_j}\right|} \tag{5-19}$$

式中，$\overline{\mathrm{GDP}_i}$ 和 $\overline{\mathrm{GDP}_j}$ 分别为 i 省和 j 省 2000～2015 年全省 GDP 平均值。在标准空间权重矩阵中，全局莫兰 I 数的范围为-1～1。如果 $I>0$，则存在正向空间相关性，其值越大，空间相关性越强；如果 $I<0$，则存在负向空间相关性；如果 $I=0$，不存在空间相关性，

并且呈现随机的空间分布。

由于全局莫兰 I 数只反映国家尺度的空间关联性，因此采用局部莫兰散点图[44]来表示考察区域与其邻近区域之间的依赖关系。局部莫兰 I 数可表示为

$$I_i = \frac{(y_i - \overline{y})}{S^2} \sum_{j \neq i}^{30} w_{ij}(y_j - \overline{y}) \tag{5-20}$$

与上述 OLS 模型相比，空间计量模型是对传统回归模型的扩展，它引入了空间效应。最常用的两种空间计量模型是空间滞后模型(spatial lag model，SLM)和空间误差模型(spatial error model，SEM)。如 Anselin 等[45]所述，SLM 在 OLS 的基础上集成了一个空间滞后的因变量，即

$$\ln CCE_{it} = \alpha + \rho \sum_{j=1}^{N} w_{ij} \ln CCE_{it} + \beta_1 \ln CGDP_{it} + \beta_2 \ln PST_{it} + \beta_3 \ln PA_{it} + \beta_4 \ln PR_{it}$$
$$+ \beta_5 \ln CTER_{it} + \beta_6 \ln LP_{it} + \beta_7 \ln ME_{it} + \beta_8 \ln TR_{it} + \gamma_i + \varphi_t + \varepsilon_{it}, \quad \varepsilon_{it} \sim N(0, \delta^2 I_N)$$
$$\tag{5-21}$$

式中，α 为常数项；ε_{it} 为误差项；ρ 表示空间自回归系数；β 表示行列式系数；γ_i 表示地区效应；φ_t 表示时间效应。

SEM 包含误差项之间的空间自回归效应。模型可表示为

$$\begin{cases} \ln CCE_{it} = \alpha + \beta_1 \ln CGDP_{it} + \beta_2 \ln PST_{it} + \beta_3 \ln PA_{it} + \beta_4 \ln PR_{it} + \beta_5 \ln CTER_{it} \\ \quad + \beta_6 \ln LP_{it} + \beta_7 \ln ME_{it} + \beta_8 \ln TR_{it} + \gamma_i + \varphi_t + \varepsilon_{it} \\ \varepsilon_{it} = \lambda \sum_{j=1}^{N} w_{ij} \varepsilon_{it} + \mu_{it}, \quad \mu_{it} \sim N(0, \delta^2 I_N) \end{cases} \tag{5-22}$$

对于 SLM 和 SEM，本章采用静态面板数据计量方法，包括固定效应(fixed effect，FE)和随机效应(random effect，RE)。此外，本章依据 LeSage 和 Pace[46]的研究成果将解释变量的空间溢出效应分为直接效应、间接效应和总效应。

5.4.1 省级建筑碳排放空间分布研究

随着我国经济的快速发展和持续推进的城市化进程，我国建筑业碳排放已从 2000 年的 2.5 亿吨大幅增加到 2011 年的 14.9 亿吨。其中，江苏(R10)2011 年建筑业排放量最高(3.66 亿吨)，其间接碳排放为 3.61 亿吨，约占其总量的 98%。全国建筑业碳排放在 2011 年达到峰值后，到 2015 年已经从 14.9 亿吨缓慢下降到 11 亿吨。这是因为自 2011 年以来，国民经济增速有所放缓，2011~2015 年 GDP 增速从 9.3%降至 6.9%。

为描述省级建筑业碳排放分布的空间特征，本章核算了 2000~2015 年省级建筑业碳排放的平均值(表 5-6)。显然，建筑业碳排放高的地区主要集中在华东地区。建筑业碳排放总量的分布特征为从东部地区到南部、北部地区，再到西部地区，呈现逐渐降低的趋势。建筑业碳排放最多的三个省份均位于东部地区：浙江(R11，10140 万吨)、江苏(R10，9380 万吨)和河北(R3，6430 万吨)，而最少的三个地区分别是海南(R21，140 万吨)、青海(R28，190 万吨)和宁夏(R29，260 万吨)。总之，建筑业碳排放具有显著的空间异质性。

表 5-6　2000~2015 年中国省际建筑业 CO_2 排放量

（单位：百万吨）

序号	地区	平均值	排名	2000 年	2001 年	2002 年	2003 年	2004 年	2005 年	2006 年	2007 年	2008 年	2009 年	2010 年	2011 年	2012 年	2013 年	2014 年	2015 年
R1	北京	16.708	15	7.239	9.855	10.191	10.425	10.923	12.068	11.095	13.431	15.369	21.730	24.788	25.989	21.578	23.833	24.589	24.225
R2	天津	12.660	20	3.201	3.616	4.009	4.567	5.570	5.025	6.243	8.989	10.236	13.738	14.186	18.283	18.536	25.727	37.602	23.035
R3	河北	64.308	3	12.374	14.762	14.514	14.873	15.171	20.227	33.453	20.456	26.449	28.349	68.585	283.472	270.092	103.620	50.358	52.165
R4	山西	15.197	17	9.430	6.724	7.459	7.224	9.037	11.041	9.899	11.961	17.857	18.914	26.916	19.912	20.423	21.000	24.423	20.927
R5	内蒙古	9.290	22	3.916	3.841	4.361	5.033	6.024	5.157	5.994	7.776	16.247	11.808	14.989	14.414	13.051	12.116	11.926	11.979
R6	辽宁	31.102	8	9.861	11.724	11.991	12.487	12.840	12.567	14.090	16.333	21.944	32.331	37.684	60.922	48.754	83.388	81.407	29.299
R7	吉林	15.412	16	4.271	4.999	7.056	8.999	10.679	2.206	5.599	5.708	7.547	9.485	9.379	10.397	60.297	42.428	45.057	12.479
R8	黑龙江	6.646	27	4.695	5.029	4.953	4.915	4.862	4.007	4.234	4.833	6.061	6.534	8.013	10.235	9.4 2	9.821	10.333	8.405
R9	上海	14.308	18	7.323	9.268	11.036	11.590	12.476	14.574	14.081	14.295	15.293	16.743	17.027	17.842	16.590	17.221	17.688	15.888
R10	江苏	93.802	2	28.858	35.851	36.569	37.564	38.510	44.526	50.153	62.858	79.294	81.316	90.959	365.580	165.877	125.305	134.895	122.722
R11	浙江	101.402	1	32.971	42.933	46.096	49.591	52.999	66.082	77.012	80.323	98.148	104.245	120.859	147.654	158.872	179.613	185.274	179.752
R12	安徽	18.445	12	6.730	9.292	9.231	9.057	9.034	9.415	11.070	14.192	15.277	17.927	24.979	27.752	27.570	34.266	37.179	31.748
R13	福建	26.862	9	4.623	6.527	6.224	5.955	5.850	10.063	14.368	11.957	22.560	27.522	34.121	34.506	42.575	56.877	72.957	72.708
R14	江西	10.610	21	2.234	3.030	3.734	4.453	5.134	6.115	7.746	7.237	8.363	9.958	10.972	17.581	17.254	23.226	12.431	30.289
R15	山东	42.807	5	18.092	25.886	26.124	20.846	26.511	32.060	34.976	30.447	43.139	52.415	48.314	47.923	105.576	57.228	59.334	55.948
R16	河南	31.325	7	8.711	10.256	10.556	10.851	11.119	11.709	16.208	23.118	26.338	32.590	40.566	41.628	51.247	48.299	125.031	32.967
R17	湖北	37.906	6	9.835	12.341	12.643	13.090	14.136	19.267	19.665	22.805	21.068	26.097	25.584	50.593	89.772	84.763	99.532	85.300
R18	湖南	26.468	10	6.484	10.568	15.632	20.625	25.708	17.302	21.089	22.659	24.551	29.831	33.097	31.285	36.107	40.089	43.123	45.338
R19	广东	26.437	11	16.153	19.261	18.780	18.333	18.244	21.940	23.431	22.988	23.607	25.757	34.421	50.767	3.432	40.060	44.780	41.039
R20	广西	7.249	25	3.604	4.141	4.473	4.903	5.374	5.130	5.865	5.761	6.098	8.088	9.751	11.118	15.524	9.995	11.033	5.123

续表

序号	地区	平均值	排名	2000年	2001年	2002年	2003年	2004年	2005年	2006年	2007年	2008年	2009年	2010年	2011年	2012年	2013年	2014年	2015年
R21	海南	1.368	30	0.792	0.734	0.471	0.562	0.556	0.664	0.710	0.816	1.111	1.423	1.527	2.457	2.545	3.272	2.338	1.906
R22	重庆	18.306	13	9.072	11.720	11.116	10.532	9.144	9.782	10.252	12.490	15.744	14.475	27.446	27.937	26.448	31.538	33.205	32.000
R23	四川	47.146	4	16.550	18.680	17.244	15.929	14.694	15.517	17.823	20.597	23.525	29.626	65.957	77.900	126.849	113.187	125.846	54.413
R24	贵州	8.212	23	2.788	3.747	3.983	4.172	4.351	3.728	4.277	4.663	5.321	8.551	5.296	8.072	9.713	16.620	20.245	25.861
R25	云南	13.982	19	8.302	7.277	6.682	6.157	5.133	6.426	8.576	8.105	10.083	11.277	14.871	14.071	16.485	38.980	42.795	18.488
R26	陕西	17.142	14	4.936	6.002	6.031	6.152	6.257	8.291	9.268	11.731	20.396	20.568	23.005	37.648	25.063	27.596	31.775	29.553
R27	甘肃	7.020	26	2.920	3.647	3.815	4.117	4.385	4.498	5.199	4.201	9.069	6.155	6.273	13.027	8.737	12.798	13.924	9.556
R28	青海	1.850	29	0.873	0.894	0.973	0.977	1.051	0.887	0.902	1.329	2.027	2.622	3.691	2.340	2.573	2.744	2.916	2.796
R29	宁夏	2.598	28	0.907	1.396	1.274	1.215	1.187	1.386	1.596	1.754	2.417	2.751	3.395	4.109	3.932	5.145	5.471	3.628
R30	新疆	7.944	24	4.435	4.046	5.939	6.721	6.154	3.302	6.346	4.668	5.347	5.619	6.913	18.987	12.327	10.830	14.344	11.132
合计		734.508		252.180	308.045	323.156	331.915	353.110	384.957	451.218	478.477	600.485	678.444	853.562	1494.402	1428.119	1301.583	1421.806	1090.667

5.4.2　省级建筑碳排放空间自相关研究

为考察建筑业碳排放的空间集聚特征，本节采用全局莫兰 I 数检验中国省级建筑业碳排放的空间自相关性。如表 5-7 所示，莫兰 I 数均在 0.087～0.292 区间内，表明不同省份的建筑业碳排放具有显著的空间自相关性。

表 5-7　中国省级建筑业碳排放全局莫兰 I 数

年份	莫兰 I 数	Z	P	年份	莫兰 I 数	Z	P
2000	0.292***	4.150	0.000	2008	0.210***	3.334	0.000
2001	0.292***	4.150	0.000	2009	0.250***	3.774	0.000
2002	0.284***	4.114	0.000	2010	0.242***	3.494	0.000
2003	0.245***	3.708	0.000	2011	0.087**	1.740	0.041
2004	0.251***	3.748	0.000	2012	0.141**	2.280	0.011
2005	0.247***	3.809	0.000	2013	0.215***	3.091	0.001
2006	0.242***	3.738	0.000	2014	0.222***	3.122	0.001
2007	0.225***	3.544	0.000	2015	0.168***	2.706	0.003

注：***、**、*分别表示在 1%、5%、10%的水平下显著性检验通过。

为进一步检验局部自相关性，本节绘制了莫兰散点图。选择了 4 个截面数据(2000 年、2005 年、2010 年和 2015 年)来分析局部空间相关性。如图 5-6 所示，24 个省(80%)、26 个省(87%)、27 个省(90%)和 26 个省(87%)处于 HH 和 LL 象限，这表明大部分省份的建筑业碳排放空间集聚程度较高。

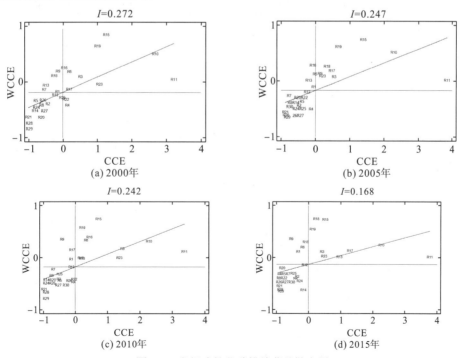

图 5-6　省级建筑业碳排放莫兰散点图

注：CCE 表示建筑业碳排放，WCCE 表示碳排放空间集聚度。

　　根据研究结果可以看出，东部沿海地区大部分为 HH 集聚，而北部和西南部大部分地区属于 LL 集聚。例如，河北(R3)，江苏(R10)、浙江(R11)和山东(R15)在 HH 集聚空间相邻。在 LL 集聚中，内蒙古(R5)、黑龙江(R8)、陕西(R26)、甘肃(R27)、青海(R28)、宁夏(R29)和新疆(R30)在中国北部地理上相邻，而广西(R20)、重庆(R21)、贵州(R24)和云南(R25)在中国西南部的空间集聚。结果表明，我国建筑业碳排放具有显著的空间集聚性。

　　表 5-8 反映了省级建筑业碳排放集聚类型的时空跃迁情况。值得注意的是，包括辽宁(R6)、上海(R9)、河南(R16)和湖北(R17)在内的地区都频繁地改变了其集聚类型。这主要是因为这些地区地处枢纽地带，被视为连接中国不同地区的桥梁。例如，河南(R16)和湖北(R17)位于中部地区，是连接东部沿海高度发达地区和西部内陆发展地区的省份。通过排除这些状态不稳定的省份，有 5 个地区均呈现出向 HH 集聚或 LL 集聚跃迁的趋势，而只有一个地区(北京)的集聚类型由从 LL 集聚转向 LH 集聚。综上所述，省级建筑业碳排放的空间分布呈现出明显的极性增长效应，无论是 HH 集聚还是 LL 集聚，区域都倾向于集聚。

表 5-8　　省级建筑碳排放集聚类型时空跃迁

类型	跃迁	地区		
		2000～2005 年	2005～2010 年	2010～2015 年
集聚	LH→HH	上海(R9)，湖南(R18)	辽宁(R6)，福建(R13)，河南(R16)	
	HL→LL	山西(R4)，重庆(R22)		湖北(R17)
	LH→LL	吉林(R7)		
非集聚	LL→LH	北京(R1)		
	HH→LH	辽宁(R6)，河南(R16)	上海(R9)，湖北(R17)	辽宁(R6)，河南(R16)

5.4.3　省级建筑空间溢出效应分析

　　常用的计量经济学方法有普通最小二乘法(OLS)、空间滞后模型(SLM)、空间误差模型(SEM)和空间杜宾模型(spatial Dubin model，SDM)。为选择合适的计量经济模型，需要进行一系列的检验。首先，Hausman 检验(χ^2 = 18.32，p =0.0189)的结果否定了没有固定效应(FE)的假设。鉴于本章的研究对象是具有特定地理信息的省份，固定效应(FE)比随机效应(RE)更为合理。其次，利用拉格朗日乘数(Lagrange multiplier，LM)检验和稳健LM 检验来判断计量经济模型中是否存在空间效应。结果表明，在稳健 LM 检验中，SLM 和 SEM 在 1%显著性水平上通过 LM 检验，而 SEM 在 10%显著性水平上通过检验。这表明，将空间效应纳入计量经济模型是必要的，否则面板 OLS 模型将导致估计偏差。此外，R^2 代表模型的拟合度，通常作为选择回归模型的依据。如表 5-9 所示，SLM(0.880)和SEM(0.895)均优于面板 OLS(0.772)。再次，正如 LeSage 和 Pace 所建议的，如果 LM 检验拒绝了非空间传统面板模型，则应考虑 SDM。SDM 的参数需要通过 Wald 检验和联合似然比(likelihood ratio，LR)检验来估计。两个假设分别是 H0：φ=0 和 H0：$\theta+\delta\beta$=0。如果结果拒绝这两个假设，面板数据更适用于 SDM。相反，如果接受 H0：φ=0 的假设，则SDM 可简化为 SLM。SDM 可简化为 SLM 和 SEM。最后，对空间效应和时间效应的 LR

检验结果表明，空间效应和时间效应同时存在，即双向固定效应(two-way fixed effects，TWFE)。综上所述，本书推荐使用 SLM 与 SEM，并适当考虑 TWFE，以探究建筑业碳排放与技术创新之间的关系。

表 5-9 三个面板数据模型和检验的回归结果

变量	面板 OLS		SLM		SEM	
	FE	RE	TWFE	RE	TWFE	RE
lnCGDP	0.120**	0.142***	0.093***	0.132***	0.096***	0.124***
	(−3.25)	(−4.13)	(−2.89)	(−3.91)	(−2.90)	(−3.7)
lnTP	−0.137	−0.0407	−0.136**	−0.062	−0.131**	−0.066
	(−1.93)	(−0.74)	(−2.08)	(−1.15)	(−1.97)	(−1.21)
lnPA	−0.0127	−0.031	−0.024	−0.043**	−0.028	−0.031
	(−0.61)	(−1.60)	(−1.21)	(−2.18)	(−1.39)	(−1.62)
lnPR	0.0930**	0.111**	0.094**	0.082**	0.093**	0.123***
	(−2.59)	(−3.24)	(−2.50)	(−2.34)	(−2.49)	(−3.5)
lnTE	−0.190*	−0.420***	−0.253***	−0.404***	−0.230***	−0.436***
	(−2.08)	(−6.85)	(−2.98)	(−6.69)	(−2.67)	(−7.06)
lnLP	0.469***	0.391***	0.194**	0.307***	0.183*	0.354***
	(−6.21)	(−5.86)	(−1.99)	(−4.35)	(−1.85)	(−5.02)
lnME	0.362***	0.629***	0.430***	0.604***	0.409***	0.642***
	(−3.78)	(−10.44)	(−4.90)	(−9.97)	(−4.6)	(−10.65)
lnTR	0.021	0.0318**	0.021*	0.034***	0.021*	0.031***
	(−1.63)	(−2.61)	(−1.82)	(−2.82)	(−1.73)	(−2.67)
cons	1.003	2.802***		2.469***		3.301***
	(−1.03)	(−3.74)		(−3.36)		(−4.32)
ρ			−0.350***	0.188***		
			(−3.85)	(−3.13)		
λ					−0.299***	0.255***
					(−3.11)	(−3.36)
σ^2	0.097***	0.097***	0.073***	0.096***	0.074***	0.095***
R^2	0.772	0.767	0.880	0.899	0.895	0.898
联合 LR 检验	空间固定	85.06***	时间固定	221.45***		

时间权重固定效应 SDM	统计量	P
空间滞后 Wald 检验	14.23	0.0760
空间滞后 LR 检验	9.81	0.2789
空间误差 Wald 检验	13.34	0.0642
空间误差 LR 检验	14.34	0.0733

注：***、**、*分别表示在 1%、5%、10%的水平下显著性检验通过。

　　值得注意的是，SLM 和 SEM 的系数与面板 OLS 相近但不同，这进一步证实了非空间面板模型可能导致技术创新对碳排放边际效应的错误估计。考虑到 SLM 在揭示省级建筑业碳排放的空间作用机制方面较 SEM 更有优势，本章采用 SLM 考察省级建筑业碳排放空间效应。

　　空间自回归系数在 1%水平上显著负相关，即由于空间溢出效应，特定省份的建筑业碳排放会受到邻近省份的负面影响。空间系数 ρ(-0.35)表明，地理相邻省份的建筑业碳排放每增加 1%，目标省份建筑业碳排放降低 0.35%。

　　在表 5-10 中，除 PA 外，所有解释变量的系数均具有显著性。CGDP、PR、LP、ME 和 TR 的系数与碳排放量显著正相关，而 TE 和 TP 的系数显著负相关。

表 5-10　直接效应、间接效应和总效应

变量	直接效应		间接效应		总效应	
lnCGDP	0.096***	(-2.85)	-0.025**	(-2.37)	0.071***	(-2.77)
lnTP	-0.140**	(-2.20)	0.037**	(-1.96)	-0.104**	(-2.14)
lnPA	-0.022	(-1.17)	-0.006	(-1.12)	-0.016	(-1.15)
lnPR	0.095**	(-2.55)	-0.025**	(-2.23)	0.070**	(-2.50)
lnTE	-0.254***	(-3.06)	0.067**	(-2.54)	-0.187***	(-3.00)
lnLP	0.203**	(-2.06)	-0.053*	(-1.86)	0.150**	(-2.02)
lnME	0.433***	(-4.86)	-0.114***	(-3.32)	0.318***	(-4.65)
lnTR	0.020*	(-1.81)	-0.005*	(-1.66)	0.015*	(-1.78)

注：***、**、*分别表示在 1%，5%，10%的水平下显著性检验通过。

　　根据库兹涅茨曲线，经济发展与碳排放之间的关系在不同阶段是不同的。到目前为止，中国建筑业仍处于倒 U 形曲线的上升阶段。中国的 CGDP 从 2000 年的 12.48 亿元飙升到 2015 年的 174.67 亿元，增长了约 14 倍，年均增长率为 19.23%。同时，全国建筑业碳排放从 2.52 亿吨增加到 10.91 亿吨，年均增长 10.26%。ME 的系数为 0.43，揭示了建筑业机械化水平的提升会加剧产业碳排放，其结果进一步强调了建筑业提高机械效率和清洁能源使用的重要性[47]。

　　作为创新绩效指标，TE、TP、TR 和 LP 对建筑业碳排放增长的影响却不尽相同。一方面，TE 和 TP 的系数分别为-0.253 和-0.136，显著性水平分别为 1%和 5%。TE 的增加可以提高生产力，从而提高建筑施工过程中的能源利用效率。TP 表征的是创新能力和学习能力，这有利于实现减排技术进步。另一方面，TR 和 LP 的回归系数分别为 0.021 和 0.194。LP 反映的是创造价值和转化价值的能力，TR 描述的是技术投资，这两个指标均可表征创新程度[48]。然而，TR 和 LP 对排放增长的积极作用与经济预期相矛盾，这可能是由回弹效应引起的，即技术投入和生产率的提高可以使生产成本最小化，但同时也刺激了建筑施工的额外需求。因此，建筑规模不断扩大所导致的碳排放量提升抵消了因技术革新和生产力提高带来的抑制效应。此外，考虑到建筑业的劳动密集型特点，建筑碳排放将继续增加。为解决这一问题，必须加强建筑业技术装备的使用率，促进建筑业从劳动密集

型向技术密集型转变。技术专利数量直接衡量创新产出[36]，PA 未能通过显著性检验，表明 PA 和建筑业碳排放的空间相关性不显著。

根据 LeSage 和 Pace[46]，解释变量引起的空间效应可分为直接效应、间接效应和总效应。从表 5-10 可以看出，除 PA 外，直接效应和间接效应的所有系数均显著，值得注意的是 CGDP 和 PR 对减排的间接效应为抑制作用，与直接效应相反。这主要是因为当地建筑业增强的经济绩效可能会吸引资本和技术投入，进而导致产业集聚，引发效率和生产率的提高。同样，TP 和 TE 的间接效应也与直接效应成反比，与减排呈负相关。总的来说，间接效应的系数均小于直接效应的系数，说明影响建筑业碳排放驱动因素主要来自区域内部。

5.4.4　省级建筑碳排放空间优化策略研究

由图 5-7 可知，中国建筑业的二氧化碳排放量从 2000 年开始快速增长，2011 年达到峰值，这种增长趋势是国家经济刺激的结果，即 2008～2011 年，中国投资近 4 万亿元人民币用于基础设施建设和住房建设，这不可避免地促进了大量的二氧化碳排放。例如，2011年水泥(28.4 亿吨)和铝(3830 万吨)的消费量接近 2010 年的两倍(分别为 15.2 亿吨和 1750万吨)。在"十二五"规划(2010～2015 年)伊始，中央政府制定了减排目标体系，以应对哥本哈根联合国气候变化大会达成的协议。在此背景下，二氧化碳排放量在 2011 年之后开始呈现下降趋势。

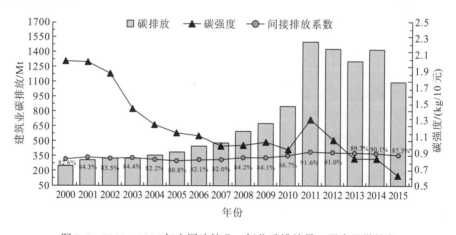

图 5-7　2000～2015 年中国建筑业二氧化碳排放量、强度及增长率

建筑业碳排放的空间分布特征表现为"东部沿海地区高，北部和西部内陆地区低"，这与我国经济发展的空间分布相一致。东部地区的经济优势可以引发人口流动和集聚。例如，根据 2010 年中国第六次人口普查，广东(R19)、浙江(R11)、上海(R9)和河南(R18)位于东部地区，属于 HH 聚集，人口净流入量最大；相比之下，属于 LL 集聚的安徽(R12)、湖南(R18)和江西(R14)代表了最大的人口净流出。因此，密集的人口聚集过程将对基础设施建设和住房建设提出很高的要求，无疑会增加二氧化碳排放量。

在以往的研究中，建筑规模快速增长和过度的建筑活动被认为是造成二氧化碳排放的主要原因。然而,对于各指标系数的分析表明,与经济相关的指标(如 CGDP 和 PR)对排放增长的积极影响小于与机械相关指标和劳动力相关指标(如 ME 和 TP)。换言之,建筑业二氧化碳排放量的快速增长更应归因于过时的机械和劳动密集型施工工艺。因此,实现产业升级和结构优化比控制经济产出更能实现减排。多年来,建筑业的技术发展远落后于其他制造业。本章的结果进一步强调了在实现可持续建设,特别是减排方面,采用高科技技术提升建造效率的重要性。因此,建设部门应致力于提高信息化和自动化水平,最大限度地提高设备效率,如使用 3D 打印技术和 5D-BIM 等技术。装配式建筑也是一种有效的尝试,旨在最大限度地提高劳动生产率,这是一种新的施工技术,是在工程实践中减少劳动力的一种可行方法[49]。

本章指出,专利申请与建筑业的二氧化碳排放量及其溢出效应没有统计相关性。一个可能的原因是专利申请的受理周期长,存在时滞效应。因此,专利申请数量在解释省级建筑业技术表现方面可能较弱。此外,建筑业的采购制度、社会条件和能源消费行为比其他行业更具区域性[50,51],这阻碍了工程实践中的技术转移和知识溢出。

从研究结果来看,技术进步的确对减排有显著的积极影响。因此,需要完善激励机制,进一步推进高新技术创新。通常,技术创新的激励行为主要来源于政府。税收政策和财政补贴是提高建筑业研发投入和专利申请数量的有效手段。例如,为在全国推广装配式建筑,中央和地方政府制定了一系列刺激计划,鼓励装配式建筑的实施。企业作为研发投入的行为主体,应承担更多的技术创新责任。在产业层面的减排政策制定中,政府与企业之间如何进行利益匹配,值得深思。

5.5 结　　论

本章的核心目标是探究省级物化能耗与碳排放的空间关联和溢出效应。首先,本章采用多区域投入产出模型来描述省级建筑业物化能耗的分布特征,进行空间分布分析。在此基础上,通过运用生态网络分析探究区域在能源流动网络中的不同功能关系,阐述了区域在全国能耗网络中的作用,并在此基础上建立了区域分类系统。此外,本章通过考虑地理邻近性的影响来分析空间依赖性,揭示了三大都市圈的生态结构。针对省级建筑业碳排放空间溢出效应,本章基于 2000~2015 年中国 30 个省份的面板数据,分析我国建筑业二氧化碳排放的空间分布特征。同时,采用莫兰 I 数和空间计量模型探究建筑业碳排放的空间溢出效应和驱动创新因素。其主要发现如下。

省级建筑业物化能耗空间分布分析表明,中国东部地区是化石能源(如煤炭和原油)消费的主要地区,而对于天然气的消费,西部地区居于首位。空间关系分析表明,东部地区位于营养层级的顶部,即东部地区在能源消费上优于周边地区。相反,我国北方大部分地区资源丰富,处于营养层级的底部,在功能关系中的通常处于弱势地位。

建筑业碳排放具有显著的空间异质性,省级建筑业碳排放高值集中在东部沿海地区,低值分布在北部和西部内陆地区。空间相关性分析表明不同地区建筑业碳排放具有显著相关性,超过 80% 的地区处于 HH 和 LL 集聚,因此省级建筑业碳排放呈现出极性分布;空间溢出效应分析表明 CGDP、PR、LP、ME 和 TR 能够显著促进建筑业碳排放，但是可以发现，与传统研究中将碳排放增加的主要驱动因素归结于经济增长不同，本书研究发现建筑业经济产出对碳排放的正向促进作用弱于与机械和劳动力相关的指标。相比之下，TP 和 TE 通过提升生产力、创新能力和学习能力等方式减缓了建筑业碳排放。

参考文献

[1] IEA. World energy outlook 2019[R]. France: International Energy Agency, 2019.

[2] 新华社.中美气候变化联合声明[OL].[2014-11-13].http://www.gov.cn/xinwen/2014-11/13/content_2777663.htm.

[3] 新华社.强化应对气候变化行动——中国国家自主贡献[OL].[2015-6-30]. http://www.xinhuanet.com/politics/2015-06/30/c_1115774759.htm.

[4] 国务院.国务院关于印发"十三五"控制温室气体排放工作方案的通知[Z].2016.

[5] Dixit M K, Fernández-Solís J L, Lavy S, et al. Need for an embodied energy measurement protocol for buildings: a review paper[J]. Renewable and Sustainable Energy Reviews, 2012, 16(6): 3730-3743.

[6] Pérez-Lombard L, Ortiz J, Pout C. A review on buildings energy consumption information[J]. Energy and Buildings, 2008, 40(3): 394-398.

[7] Hong J K, Shen G Q, Guo S, et al. Energy use embodied in China's construction industry: a multi-regional input-output analysis[J]. Renewable and Sustainable Energy Reviews, 2016,53:1303-1312.

[8] Hong J K, Shen Q, Xue F. A multi-regional structural path analysis of the energy supply chain in China's construction industry[J]. Energy Policy, 2016, 92:56-68.

[9] Lenzen M, Moran D, Kanemoto K, et al. Building eora: a global multi-region input-output database at high country and sector resolution[J]. Economic Systems Research, 2013, 25(1): 20-49.

[10] Guo J E, Zhang Z, Meng L. China's provincial CO$_2$ emissions embodied in international and interprovincial trade[J]. Energy Policy, 2012, 42: 486-497.

[11] Su B, Ang B W. Input-output analysis of CO$_2$ emissions embodied in trade: a multi-region model for China[J]. Applied Energy, 2014, 114:377-384.

[12] Chen S, Chen B. Urban energy consumption: different insights from energy flow analysis, input-output analysis and ecological network analysis[J]. Applied Energy, 2015, 138(1): 99-107.

[13] Chen Z, Barros C, Yu Y. Spatial distribution characteristic of Chinese airports: a spatial cost function approach[J]. Journal of Air Transport Management, 2017, 59:63-70.

[14] Elhorst J P. Spatial Econometrics: from Cross-Sectional Data to Spatial Panels[M]. Heidelberg:Physica-Verlag HD, 2014.

[15] Wu L, Chen Y, Feylizadeh M R, et al. Estimation of China's macro-carbon rebound effect: method of integrating data envelopment analysis production model and sequential Malmquist-Luenberger index[J]. Journal of Cleaner Production, 2018, 198(1): 1431-1442.

[16] Long R, Shao T, Chen H. Spatial econometric analysis of China's province-level industrial carbon productivity and its influencing factors[J]. Applied Energy, 2016, 210-219.

[17]Cheng Z H, Li L S, Liu J. The emissions reduction effect and technical progress effect of environmental regulation policy tools[J]. Journal of Cleaner Production, 2017,8:556-567.

[18] Cheng Z H, Li L S, Liu J. Industrial structure, technical progress and carbon intensity in China's provinces[J].Renewable & Sustainable Energy Reviews, 2017, 81(2):2935-2946.

[19] Zhang Z, Wang B. Research on the life-cycle CO_2 emission of China's construction sector[J]. Energy and Buildings, 2016,112:244-255.

[20]Shan Y,Guan D,Zheng H,et al.China CO_2 emission accounts 1997—2015[J].Scientific Data,2018,5:170201.

[21] Zhang Y, Li Y, Zheng H. Ecological network analysis of energy metabolism in the Beijing-Tianjin-Hebei (Jing-Jin-Ji) urban agglomeration[J]. Ecological Modelling, 2017, 351:51-62.

[22] 冯博，王雪青，刘炳胜. 考虑碳排放的中国建筑业能源效率省际差异分析[J]. 资源科学, 2014, 36(6): 1256-1266.

[23] 于博. 基于空间计量模型的中国省际建筑业碳排放强度研究[D]. 天津：天津大学, 2017.

[24] Zhang Z, Wang B. Research on the life-cycle CO_2 emission of China's construction sector[J]. Energy and Buildings, 2016,112:244-255.

[25] Zhu W, Zhang Z, Li X, et al. Assessing the effects of technological progress on energy efficiency in the construction industry: a case of China[J]. Journal of Cleaner Production, 2019, 238(11): 117901-117908.

[26] Miketa A, Mulder P. Energy productivity across developed and developing countries in 10 manufacturing sectors: patterns of growth and convergence[J]. Energy Economics, 2005, 27(3): 429-453.

[27] Hanna A S, Taylor C S, Sullivan K T. Impact of extended overtime on construction labor productivity[J]. Journal of Construction Engineering and Management, 2005, 131(6): 734-739.

[28] Kurt S, Kurt Ü. Innovation and labour productivity in BRICS countries: panel causality and co-integration[J]. Procedia Social and Behavioral Sciences, 2015, 195(3): 1295-1302.

[29] Nasirzadeh F, Nojedehi P. Dynamic modeling of labor productivity in construction projects[J]. International Journal of Project Management, 2013, 31(6): 903-911.

[30]Ng S T, Skitmore R M, Lam K C, et al. Demotivating factors influencing the productivity of civil engineering projects[J]. International Journal of Project Management, 2004, 22(2): 139-146.

[31] Zhu W, Zhang Z, Li X, et al. Assessing the effects of technological progress on energy efficiency in the construction industry: a case of China[J]. Journal of Cleaner Production, 2019, 238(11): 117901-117908.

[32] 燕艳. 浙江省建筑全生命周期能耗和 CO_2 排放评价研究[D]. 杭州:浙江大学, 2011.

[33] Ganda F. The impact of innovation and technology investments on carbon emissions in selected organisation for economic co-operation and development countries[J]. Journal of Cleaner Production, 2019, 217(4): 469-483.

[34] Zhang Y J, Peng Y L, Ma C Q, et al. Can environmental innovation facilitate carbon emissions reduction? Evidence from China[J]. Energy Policy, 2017, 100: 18-28.

[35] Albino V, Ardito L, Dangelico R M, et al. Understanding the development trends of low-carbon energy technologies: a patent analysis[J]. Applied Energy, 2014, 135(12): 836-854.

[36] Popp D. International innovation and diffusion of air pollution control technologies: the effects of NO_X and SO_2 regulation in the US, Japan, and Germany[J]. Journal of Environmental Economics and Management, 2006,51(1):46-71.

[37] Du K, Li P, Yan Z. Do green technology innovations contribute to carbon dioxide emission reduction? Empirical evidence from patent data[J]. Technological Forecasting and Social Change, 2019, 146：297-303.

[38] Lu Y, Chen B, Feng K, et al. Ecological network analysis for carbon metabolism of eco-industrial parks: a case study of a typical eco-industrial park in Beijing[J]. Environmental Science and Technology, 2015, 49(12): 7254-7264.

[39] Zhang Y, Zheng H, Yang Z, et al. Multi-regional input-output model and ecological network analysis for regional embodied energy accounting in China[J]. Energy Policy, 2015, 86:651-663.

[40] Chen B, Li J S, Wu X F, et al. Global energy flows embodied in international trade: a combination of environmentally extended input-output analysis and complex network analysis[J]. Applied Energy, 2018, 210:98-107.

[41] Liang S, Feng Y, Xu M. Structure of the global virtual carbon network: revealing important sectors and communities for emission reduction[J]. Journal of Industrial Ecology, 2015, 19(2): 307-320.

[42] Kagawa S, Suh S, Hubacek K, et al. CO_2 emission clusters within global supply chain networks: implications for climate change mitigation[J]. Global Environmental Change, 2015, 35:486-496.

[43] Moran P. The interpretation of statistical maps[J]. Journal of the Royal Statistical Society, 1948, 10 (2): 243-251..

[44] Anselin L. Local indicators of spatial association—LISA[J]. Geographical Analysis, 2010, 27(2): 93-115.

[45] Anselin L, Gallo J L, Jayet H. Spatial Panel Econometrics[M]. Berlin:Springer Berlin Heidelberg, 2008.

[46] LeSage L,Pace F. Introduction to Spatial Econometrics[M]. Boca Raton:CRC Press,2009.

[47] Zhu W, Zhang Z, Li X, et al. Assessing the effects of technological progress on energy efficiency in the construction industry: a case of China[J]. Journal of Cleaner Production, 2019, 238(11): 117901-117908.

[48] Kurt S, Kurt Ü. Innovation and labour productivity in BRICS countries: panel causality and co-integration[J]. Procedia Social and Behavioral Sciences, 2015, 195(3): 1295-1302.

[49] Jin-Ruoyu A, Hong-Jingke B, Zuo-Jian C. Environmental performance of off-site constructed facilities: a critical review[J]. Energy and Buildings, 2020,207:109567.

[50] Hong J K, Shen Q P, Xue F. A multi-regional structural path analysis of the energy supply chain in China's construction industry[J]. Energy Policy, 2016, 92:56-68.

[51] Hong J K, Zhong X Y, Guo S, et al. Water-energy nexus and its efficiency in China's construction industry: evidence from province-level data[J]. Sustainable Cities and Society, 2019,48:101557.

第6章 省级建筑上游产业链能流路径演化研究

在中国，快速的人口增长和城市化进程对房屋和基础设施产生了更大的需求[1,2]。中国的建筑业的钢铁消耗量和铝消耗量分别约占全球总消耗量的 45%和 50%[3-5]。繁荣的中国建筑业带来的巨大资源消耗不可避免地引起了严重的环境污染问题。在这种背景下，中国政府于 2015 年承诺，将做出努力使得 2030 年全国碳排放量强度相比于 2005 年的水平降低 60%～65%。为了实现这一目标，政府制定并实施了不同的政策和措施。例如，中国政府从 2005 年开始建立了省级政府层面的减排责任目标。

如今，与建筑相关的能源使用对全球在减轻气候变化影响等方面提出了越来越大的挑战。全球建筑业产生的能源消耗量、资源消耗量和碳排放总量分别占全球总量的 40%、32%和 25%[6-8]。而伴随着高速的城市化进程，中国作为世界上最大的一次能源消费国也面临着严峻的能源消费挑战和巨大的环境负担。Zhang 等基于结构分析理论系统地研究了中国产业结构、能源和经济增长对能源相关碳排放的影响[9-11]，研究结果表明，经济增长是影响碳排放变化的主要因素。Laurenzi 等[12]和 Minx 等[2]在研究中指出，中国和印度的新建建筑总数约占全球的 50%以上；此外，中国新建建筑面积年增长率高居全球第一，随着高速的城市化进程和人民生活水平的持续提高，该比例可能会进一步上升。根据"十四五"规划，2025 年中国城镇化率预计将达到 65%的历史高点，这必将产生巨大的能源需求。根据 Liu 等[13]、Chen 和 Zhang[14]的研究结论，现场施工对环境的直接影响可以忽略不计，而建筑业物化阶段产生的影响(如温室气体排放和能源消耗)在中国能源消耗体系中占主导地位。中国建筑业现阶段具有环境影响显著资源消耗量大以及建筑体量巨大等鲜明特征。因此，研究中国建筑业的环境影响意义重大。

6.1 省级建筑上游产业链能流结构路径分析

投入产出(I-O)分析方法被普遍用于分析经济活动产生的环境影响[15-19]。传统的单区域投入产出(SRIO)分析方法无法反映隐含的经济关系和地区性差异[18-21]。具体的区域特征(如气候、地理位置、资源禀赋和经济水平等)会影响区域间的进出口，从而导致跨区域的环境效应转移。Yang 等[22]利用省级面板数据，研究了中国省域能源强度的影响因素。结果表明，中国能源消耗强度在各省间呈现高度异质性。因此，在环境分析中开展省级尺度研究十分必要。图 6-1 展示了中国 30 个省级建筑部门在 2007 年的总经济产出和物化能耗情况。可以看出，部门的物化能耗与经济产出呈非线性相关关系，产生该现象的原因是上游产业链通过区域间能源互动产生的间接环境效应。因而，有必要对这种上游产业链引发的跨区域作用关系进行系统的结构分析。

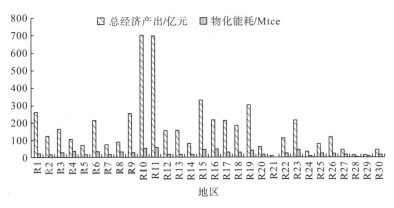

图 6-1 2007 年 30 个省建筑部门的总经济产出和物化能耗

数据来源：《中国能源统计年鉴》(2013)

结构路径分析(structural path analysis，SPA)是一种通过追溯产业链复杂作用关系来量化上游过程中的能流传递行为并识别具有最高环境改善潜力路径的方法。当前有许多研究使用 SPA 方法分析环境影响。在全球层面，有学者利用 SPA 深入了解挪威由于国际贸易引发的环境影响的结构性联系[23]；Wood 和 Lenzen[24]通过结合 SPA 和分解分析方法研究与国际贸易有关的温室气体排放；Minx 等[25]运用 SPA 方法找出全球食品供应链中对影响环境变化最重要的供应路径。在国家层面，Lenzen[26,27]研究了澳大利亚经济中对环境有重大影响的供应路径。Lenzen[28]运用 SPA 对 16 个案例进行详细研究，从生态系统网络中提取可管理的路径数量。但是，在行业层面，相关研究很少，特别是以建筑业作为研究对象。Treloar 等[29-31]通过将集成案例数据和产业能流路径而建立全生命周期混合评估模型，并采用 SPA 方法识别来自建筑部门的高物化能耗路径。Chang 等进行了一系列的投入产出分析，以模拟中国建筑业中的物化能使用情况及其环境影响[15,32,33]。然而，多数研究都从国家层面考虑环境影响，而忽视了区域差异。

本节将通过结合 SPA 与多区域投入产出(MRIO)模型，模拟部门和区域层面的能源消耗情况，并为准确评估环境影响、反映环境影响中的区域和技术差异性提供有效途径[34-39]。本节分析由三个部分组成：①优化多区域 SPA 算法，在多区域环境下进行结构分析；②系统分析区域间的能源转移和建筑行业上游产业链中的间接能源投入，深入分析各省建筑业部门之间的隐含关系，为决策者制定国家或区域层面的节能减排政策提供参考；③深入分析能源密集型路径的重要性以及区域间供应链中消耗与生产的关系。

6.1.1 方法及数据

1. SPA 方法

SPA 通过把上游阶段的影响分解为直接和间接作用，以研究整个经济系统中环境影响的传递情况。Liu 等[13]在研究中指出对建筑业产业链进行进一步分解的必要性。因此本节通过采用 SPA 来识别产业链中与其他部门经济互动频繁且对最终产出有重大影响的关键路径和部门[40-42]。本节旨在通过追溯上游生产过程中的最终需求和总产出之间的直接和间接关系,总结建筑业物化能耗上游产业链的作用规律。SPA 已被广泛应用于建筑行业的相关研究[29,31,43],但多区域背景下的研究相对较少。已有研究表明建筑业上游产业链具有高能耗特征,但相关研究还不够深入[2,13,14]。Hong 等[44]认为现场施工阶段产生的直接能源消耗仅占各省建筑业物化能耗的 5%。由于缺乏对上游产业链区域间能流间接影响的认识,难以针对建筑业制定行之有效的节能减排策略。考虑到产业链中所有能源路径随着上游阶段的增加均呈指数增长趋势,在不丢失重要能源路径信息的情况下,本节采用设定阈值的优化算法对复杂路径进行核算[45,46]。

此外,多区域 SPA 存在着不确定性,主要表现在:①内在计算问题,如对经济部门能源使用的等比例假设、对不同产品的同质性假设和投入产出数据的时效性[47];②阈值确定与系统边界的主观性。通常情况下,由方法本身产生的理论不确定性不可避免且难以估算[48],而由主观操作产生的不确定性可以通过敏感性分析来进行量化和改进。

2. 模型构建

本节研究采用多区域投入产出表进行分析,多区域 I-O 表可以反映区域多样性和技术差异性[37,44,49,50]。

通常,r 地区的 i 部门在 I-O 表中的平衡等式可表示为

$$O_i^r = \sum_{k=1}^{m}\sum_{j=1}^{n} a_{ij}^{rk} O_i^r + \sum_{k=1}^{m} v_i^{rk} \qquad (6\text{-}1)$$

其中,O_i^r 表示 r 地区 i 部门的经济总投入,假设有 m 个地区,每个地区分别有 n 个部门;u_{ij}^{rk} 表示 r 地区 i 部门向 k 地区 j 部门的经济投入;v_i^{rk} 表示 r 地区 i 部门向 k 地区提供的最终需求量,包括最终消费(如城乡居民家庭、政府消费、固定资本和存量变化)、出口以及其他平衡项。针对 m 个地区和 n 个部门,通过向量矩阵形式则可以简化为

$$
\boldsymbol{O} = \begin{bmatrix} \begin{pmatrix} o_1^1 \\ \vdots \\ o_n^1 \end{pmatrix} \\ \vdots \\ \begin{pmatrix} o_1^m \\ \vdots \\ o_n^m \end{pmatrix} \end{bmatrix},\quad
\boldsymbol{A} = \begin{bmatrix} \begin{pmatrix} a_{11}^{11} & \cdots & a_{1n}^{11} \\ \vdots & & \vdots \\ a_{n1}^{11} & \cdots & a_{nn}^{11} \end{pmatrix} & \cdots & \begin{pmatrix} a_{11}^{1m} & \cdots & a_{1n}^{1m} \\ \vdots & & \vdots \\ a_{n1}^{1m} & \cdots & a_{nn}^{1m} \end{pmatrix} \\ & \cdots & \\ \begin{pmatrix} a_{11}^{m1} & \cdots & a_{1n}^{m1} \\ \vdots & & \vdots \\ a_{n1}^{m1} & \cdots & a_{nn}^{m1} \end{pmatrix} & \cdots & \begin{pmatrix} a_{11}^{mm} & \cdots & a_{1n}^{mm} \\ \vdots & & \vdots \\ a_{n1}^{mm} & \cdots & a_{nn}^{mm} \end{pmatrix} \end{bmatrix},\quad
\boldsymbol{V} = \begin{bmatrix} \begin{pmatrix} \sum_{k=1}^{m} v_1^{1k} \\ \vdots \\ \sum_{k=1}^{m} v_n^{1k} \end{pmatrix} \\ \vdots \\ \begin{pmatrix} \sum_{k=1}^{m} v_1^{mk} \\ \vdots \\ \sum_{k=1}^{m} v_n^{mk} \end{pmatrix} \end{bmatrix}
$$

所有方程可以用矩阵形式表示为

$$\boldsymbol{O} = (\boldsymbol{I} - \boldsymbol{A})^{-1} \boldsymbol{V} \qquad (6\text{-}2)$$

考虑环境强度,则总环境影响可以表示为

$$\boldsymbol{F} = \boldsymbol{E}(\boldsymbol{I} - \boldsymbol{A})^{-1} \boldsymbol{V} \qquad (6\text{-}3)$$

其中，$E = \left[e_i^r \right]_{1 \times mn}$ 表示 $n \times m$ 部门每货币单位的直接环境影响向量。本节研究中，部门直接能源消耗强度 e_i^r 来自各省区市统计年鉴和《中国能源统计年鉴》中的能源平衡表。

基于 SPA 分析的理论基础——幂级数展开理论，可进一步展开上式为

$$F = E(I - A)^{-1}V = \overbrace{EIV}^{0\text{阶段}} + \overbrace{EAV}^{1\text{阶段}} + \overbrace{EA^2V}^{2\text{阶段}} + \overbrace{EA^3V}^{3\text{阶段}} + \overbrace{EA^4V}^{4\text{阶段}} + \cdots \tag{6-4}$$

在现代经济中，部门间的相互作用在上游生产活动中是无限进行的[51]。式(6-4)可通过追溯上游生产过程得到每个上游阶段的环境贡献量。环境影响总量等于直接影响(0 阶段)与间接影响(如 1 阶段、2 阶段及以上)的总和。本节中，0 阶段是指能量投入到现场施工的直接结果，包括施工设备、现场运输、电力供应和装配工作的能源消耗；而高阶阶段是指间接能量投入，包括由上游建设活动产生的能源消耗，如建筑设备制造的能源投入。本节研究将基于 SPA 中的隐含计算算法建立对上游产业链能流的追溯机制，用于探索上游生产过程不同阶段部门间和区域间的联系，能流图中的节点表示经济系统中特定区域的特定部门，代表着由相应的最终需求造成的环境影响。由式(6-4)可知，节点数随阶段的增加呈指数增长。

上游产业链的能流路径分布可从水平和垂直方向做进一步分析。水平方向是指经济部门在上游生产过程某一阶段各部门间的直接能源投入行为。在各阶段总的环境影响可表示为式(6-5)，如 0 阶段表示投入到现场生产阶段的直接能源即 $e_i \sum_{k=1}^{m} v_i^k$，1 阶段表示投入到 0 阶段的直接能源即 $\sum_{j=1}^{m \times n} e_j a_{ji} \sum_{k=1}^{m} v_i^k$。同理，高阶阶段的能量消耗也可进行类似计算。

$$\begin{cases} F_{\text{stage}0} = e_i \sum_{k=1}^{m} v_i^k \\ F_{\text{stage}1} = \sum_{j=1}^{m \times n} e_j a_{ji} \sum_{k=1}^{m} v_i^k \\ F_{\text{stage}2} = \sum_{l=1}^{m \times n} \sum_{j=1}^{m \times n} e_l a_{lj} a_{ji} \sum_{k=1}^{m} v_i^k \\ \cdots \end{cases} \tag{6-5}$$

垂直方向表示上游阶段的高阶生产者对最终消费者的能源投入，其能源转移可以分解为不同长度的能源路径，例如由于 k 地区 i 部门产生的最终需求所引发的单路径物化能耗可表示为

$$\overbrace{e_i v_i^k}^{0\text{阶段}} + \overbrace{e_j a_{ji} v_i^k}^{1\text{阶段}} + \overbrace{e_k a_{kj} a_{ji} v_i^k}^{2\text{阶段}} + \cdots \tag{6-6}$$

其中，$e_j a_{ji} v_i^k$ 表示 1 阶段的部门 j 向 0 阶段的部门 i 投入的直接能源。考虑到单个路径上不同上游阶段的能源提供者的组合是唯一的，上游产业链中能源路径是相互独立且互斥的。

根据式(6-5)和式(6-6)可分析产业链中的路径，并从生产的角度研究建筑业的能源传递情况。本节研究中能源路径的起点为某一地区经济部门的生产能源投入，终点为某特定施工过程的直接能源投入，这种能源转移过程有助于研究最终需求量与其相应的生产过程的关系[20]。因此，从消费和生产的视角核算能源使用总量，可了解建筑业能源相互作用

关系，有助于决策者制定公平合理的节能政策。

3. 计算过程

在上游产业链能流路径中的节点表示来自某部门的直接能源投入，节点之间的路径表示能源转移方向。建筑业物化能耗是指现场生产过程直接能源投入和上游阶段间接能源消耗之和[52]，已有研究表明间接能耗量远高于直接能耗[13,16]。建筑业上游部门的相互作用对整个经济和环境的影响十分显著。本节将采用分支界限算法来进一步优化关键能耗路径的识别。从生产的角度来看，该算法可以为关键能耗路径保留最有价值的信息，排除可忽略不计的冗余路径。本节采用 SPA 与多区域分析结合，由于考虑了区域的差异性，因此与传统方法在算法上存在一定差异。

一般来说，900×900 矩阵迭代计算使节点的数量呈指数增长，在考虑上游产业链时，手动检查能源路径较为困难，数学运算也十分烦琐。为此，本书设计了一种优化的能源路径提取算法，该算法通过列举各阶段的所有可能部门并自动试验核算，以检查所有可能的路径。在列举过程中，通过设置阈值向量来剔除可忽略的能源路径，可以有效减少路径数量，并找出高能耗路径。图 6-2 为地区 r 建筑业的算法设计与迭代过程。

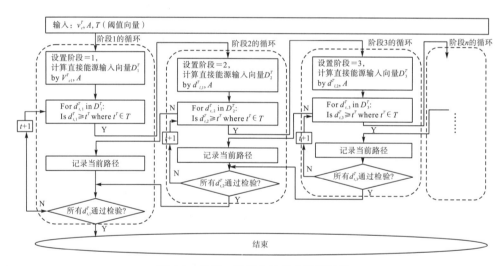

图 6-2　地区 r 建筑业的基本迭代过程

4. 数据收集

本节研究采用由中国科学院编制的 MRIO 表进行结构路径分析[13]。MRIO 表包含中国30 个地区（4 个直辖市，4 个自治区，22 个省）30 个行业的经济数据（附录 A）。2007 年的MRIO 表是在非竞争性条件下编制的，该假设可有效避免区域贸易中的物化能耗计算结果的扭曲[53,54]。

各地区部门的直接能源投入数据来源于各省市统计年鉴和《中国能源统计年鉴》中的地区能源平衡表。虽然 MRIO 表提供了详细的经济和贸易数据，但其部门划分和统计口径与各省市统计年鉴中的经济部门划分仍存在差异。因此，本节研究借鉴 Guo 等[55]的数据处理方法，按照部门经济产出数据按比例估算各部门直接能源使用量。

6.1.2 省级建筑业物化能耗上游产业链总述

表 6-1 展示了上游产业链各阶段能源路径数及在其总能耗中的占比。就能耗量而言，上游 1 阶段在建筑业产业链中的能耗量占比最大，约占总能耗的 40%；就能流路径数而言，上游 2 阶段的能源路径数几乎是 1 阶段路径数的 4 倍，表明建筑业在上游产业链 2 阶段，与其他各经济部门间的相互作用已扩展到整个经济领域。

表 6-1　前 5 个阶段的能源路径

阶段	能源路径数量	物化能使用总量/Mtce	占总能源量比/%	累计百分比/%
0	30	41.49	5.23	5.23
1	4051	323.64	40.77	46.00
2	15856	183.46	23.11	69.11
3	13568	68.30	8.60	77.71
4	4929	16.29	2.05	79.76
5	1026	3.00	0.38	80.14

当前也有部分学者从产业链的角度研究建筑业物化能，但是有关建筑业产业结构分解和系统分析上游生产过程的研究仍相对较少[13,56]。本书通过全面分析建筑业产业链，特别是在上游高阶生产阶段的能耗路径，系统研究建筑业物化能。表 6-2 列出了中国 30 个地区建筑业中位于前三的关键能源路径，各地区排名前三的关键路径的能耗量约占总量的 20%。在生产阶段的直接能源路径中，除北京(R1)和河北(R3)之外，多数地区在施工现场的直接能耗较小。而所有地区建筑业的间接活动能耗较高。如表 6-2 所示，非金属矿物制品部门(S13)、金属冶炼及压延加工部门(S14)和交通运输、仓储和邮政部门(S25)的能源消耗量最高，并且对产业链上游 1 阶段的贡献最大。这与施工过程中直接的资源投入有关，如水泥和钢铁的消耗以及建筑材料的运输。通过产业链追溯可以发现，化学制造部门(S12)，电力、热力生产和供应部门(S22)，煤炭开采和洗选部门(S2)，金属矿采选部门(S4)和非金属矿采选部门(S5)的是建筑业上游产业链中的主要高阶贡献部门。化工部门和采矿部门提供的产品是制造金属和非金属矿物产品所必需的。采矿业的能源供应十分重要，特别是在资源丰富的地区，如河南(R16)、青海(R28)、宁夏(R29)。另一方面，电力、热力生产和供应部门(S22)不仅在产业链下游提供施工现场的电力还向建筑业上游生产过程出口能源。

表 6-2　按区域划分的三大能源路径

地区	值/Mtce	路径	占比/%	地区	值/Mtce	路径	占比/%
	3.25	R1S24←R3S13	15.8		13.36	R16S24←R16S5	28.8
R1	1.09	R1S24	5.3	R16	2.76	R16S24←R16S21	5.9
	0.92	R1S24←R1S13	4.5		2.64	R16S24←R16S13←R16S5	5.7
	1.16	R2S24←R3S13	6.9		4.58	R17S24←R17S14	17.2
R2	1.11	R2S24←R2S14	6.6	R17	3.92	R17S24←R17S13←R17S12	14.7
	1.02	R2S24←R2S13←R2S14	6.1		1.81	R17S24	6.8

地区	值/Mtce	路径	占比/%	地区	值/Mtce	路径	占比/%
	3.52	R3S24	12.5		6.86	R18S24←R18S13	24.8
R3	2.42	R3S24←R3S14	8.6	R18	1.62	R18S24←R18S14	5.9
	1.79	R3S24←R3S13	6.3		1.58	R18S24←R18S13←R18S22	5.7
	6.03	R4S24←R4S14	17.8		7.77	R19S24←R19S13	18.8
R4	3.01	R4S24←R4S13←R3S12	8.9	R19	1.91	R19S24←R19S13←R19S13	4.6
	2.34	R4S24←R4S14←R4S14	6.9		1.20	R19S24←R19S25	2.9
	3.98	R5S24←R5S14	20.5		5.00	R20S24←R20S13	29.8
R5	2.14	R5S24←R5S13	11.0	R20	1.68	R20S24←R20S14	10.0
	1.32	R5S24	6.8		0.65	R20S24←R20S25	3.9
	4.99	R6S24←R6S13	14.4		0.50	R21S24←R21S13	17.7
R6	3.04	R6S24←R6S14	8.8	R21	0.39	R21S24←R21S14	13.7
	2.47	R6S24	7.2		0.18	R21S24←R21S22	6.4
	2.35	R7S24←R7S14	12.3		3.60	R22S24←R22S13	15.6
R7	1.74	R7S24←R7S13	9.2	R22	1.96	R22S24←R22S14	8.5
	1.25	R7S24←R8S14	6.6		0.89	R22S24	3.9
	5.39	R8S24←R8S14	16.3		6.96	R23S24←R23S14	15.3
R8	2.44	R8S24←R8S13←R6S14	7.4	R23	6.78	R23S24←R23S13	14.9
	1.61	R8S24←R7S14	4.9		2.12	R23S24	4.7
	3.57	R9S24←R9S13	14.5		1.53	R24S24←R24S13	15.0
R9	1.91	R9S24←R9S14	7.8	R24	1.20	R24S24←R24S14	11.8
	1.44	R9S24	5.9		0.45	R24S24	4.4
	7.11	R10S24←R10S13	13.3		4.49	R25S24←R25S13	22.3
R10	2.96	R10S24←R10S14	5.5	R25	1.59	R25S24←R25S14	7.9
	0.90	R10S24←R10S13←R10S22	1.7		1.14	R25S24←R25S25	5.7
	5.53	R11S24←R11S13	9.9		3.38	R26S24←R26S13	14.2
R11	2.47	R11S24←R11S14	4.4	R26	1.54	R26S24←R26S14	6.5
	1.14	R11S24←R3S14←R11S13	2.0		1.01	R26S24	4.2
	2.57	R12S24←R12S14	14.8		3.18	R27S24←R27S13	22.7
R12	2.01	R12S24←R12S13	11.5	R27	1.52	R27S24←R27S14	10.8
	1.16	R12S24	6.7		0.76	R27S24	5.4
	1.93	R13S24←R13S14	13.5		1.19	R28S24←R28S14	24.3
R13	1.03	R13S24←R13S13←R13S13	7.2	R28	0.62	R28S24←R28S13←R28S13	12.5
	1.13	R13S24	7.9		0.19	R28S24←R28S14←R28S4	3.9
	3.44	R14S24←R14S14	18.8		1.12	R29S24←R29S14	18.0
R14	1.69	R14S24←R14S13	9.3	R29	1.05	R29S24←R29S13	16.8
	0.92	R14S24←R14S14←R14S14	5.0		0.31	R29S24←R16S5←R29S2	5.0
	6.58	R15S24←R15S13	14.8		1.34	R30S24←R30S13	9.1
R15	4.63	R15S24←R15S14	10.4	R30	0.81	R30S24←R30S25	5.5
	4.36	R15S24	9.8		0.74	R30S24←R30S14	5.0

6.1.3 地区视角下建筑业物化能耗产业链结构路径分析

本节以地区为基本研究单位,借助区域间结构路径分析从区域视角研究建筑业上游生产阶段的能源交互情况。为表示能源供应和地区关系，将 30 个地区划分为 8 个区域 (表 6-3)。图 6-3 展示了区域视角下的建筑业能源供应链，流的宽度表示能源转移量。可以发现自给自足是建筑业区域间能源交互的主要特征 (除北京外)，因此提高地区生产力及能源效率是降低建筑业能耗的关键。北京大部分能源来自河北，作为中国首都和世界大都市，其快速的城市化进程和经济增长速度，使得资源压力巨大。已有研究表明，北京从能源丰富地区进口资源，是区域间能源传递过程中的典型消费地区[13,54]。

表 6-3　区域划分

区域	区域名称	省份
A1	京津地区	天津、北京
A2	东北地区	黑龙江、吉林、辽宁
A3	北部沿海地区	河北、山东
A4	东部沿海地区	江苏、浙江、上海
A5	南部沿海地区	福建、广东、海南
A6	中部地区	山西、河南、安徽、湖北、湖南、江西
A7	西北地区	新疆、青海、宁夏、甘肃、陕西、内蒙古
A8	西南地区	四川、重庆、云南、广西、贵州

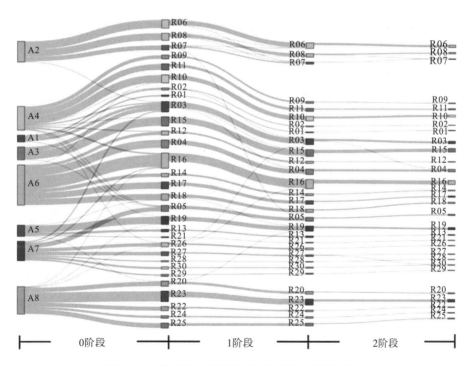

图 6-3　中国建筑业能源供应链上区域间的能源关系

河北和内蒙古是中国北方建筑业的主要能源供应地区。河南拥有丰富的能源，地理位置接近东部和西部地区，是东部和西部建筑业能源进口的枢纽。东部沿海地区建筑活动频繁，地区能源需求较高，主要从资源丰富的地区(如河北、河南、内蒙古、陕西和广东)进口能源。此外，在上游高阶生产过程中，区域间的能流急剧减少，进一步印证了中国地区建筑业自给自足的特征，说明了本地区生产技术和能源效率直接决定了当地建筑活动的能源强度。

6.1.4　部门视角下建筑业物化能耗产业链结构路径分析

本节以部门为单位进行研究，其目的是分析上游产业链不同阶段各经济部门的能源路径(图 6-4)。结果表明，在 1 阶段中，非金属矿采选业(S5)，非金属矿物制品业(S13)，金属冶炼及压延加工业(S14)，化学制造业(S12)，交通运输、仓储和邮政业(S25)向建筑业输入大量能源，这是由于这些经济部门的主要产品，如橡胶、塑料、水泥和钢材，在建筑施工过程中的使用量巨大。而生产这些材料的经济部门均为能源密集型产业，导致上游产业链能源密度较高[2,57]。

与传统的物化能核算过程相比，本书通过反演溯源的方式探究上游产业链中隐含的高能耗产业部门。在建筑业上游 3 阶段，电力、热力生产和供应部门(S22)向建筑业出口能源，是主要的上游能源贡献部门；石油和天然气开采(S3)是石油、煤炭及其他燃料加工业(S11)原材料的主要供应商，S11 的产品则是制造金属和非金属产品的基本能源。总之，隐藏在上游阶段的关键部门包括直接能源供应部门(如金属和非金属产品制造部门、电力供应部门和运输部门)和间接供应部门(如化学和采矿业)。

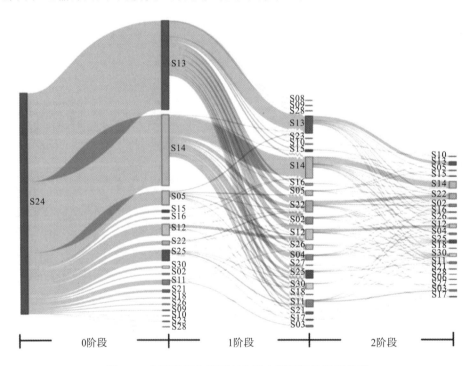

图 6-4　中国建筑业能源产业链上部门间的能源关系

6.1.5　结构路径敏感性分析

Treloar 等[30]基于 113 个部门的投入产出表提取了占总能耗约 90%的前五个上游阶段；Peters 和 Hertwich 的研究中前八个上游阶段的贡献程度占总排放量的 97.8%[23]。在本章中，省级建筑业的物化能耗阈值设定为 0.005%，以用来筛选前五个上游阶段的总体贡献，进而从区域和部门视角分析建筑业上游产业链的能源传递。然而，阈值和上游系统边界是主观预先确定的，这造成结构路径分析结果在很大程度上受阈值和检测阶段的影响，但这些主观选择在计算过程中是不可避免的。因此，需要通过敏感性分析量化这些不确定性及其对最终结果的影响。

1. 基于提取路径数量的敏感性分析

许多研究总结了产业链上游生产阶段的适当路径数量[23,24]。本节提出一种可以有效判定上游产业链路径数量的方法。图 6-5 展示了能源路径数量与路径内含能耗之间的变化趋势。随着路径数的增加，路径内含能耗的变化程度明显下降。设路径的最优化数量为 X_0，通过观察 X_0 个能源路径，既可以降低对能源路径数量的需求，又可以保留最有价值的能耗信息。可以发现，本书中 X_0 的数量约为 4500，与表 6-1 中各个上游阶段的能源路径数量相比，图 6-5 中的优化数目几乎与建筑业前两个上游阶段的路径数(4081)一致，该数量约占总路径数的 10.3%，但内含的能源约占总能耗的 50%。

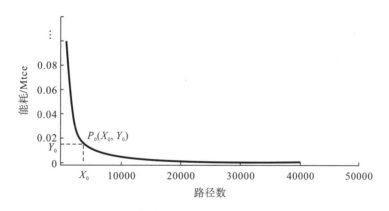

图 6-5　上游相互作用路径数

本节与相关研究进行了对比，结果如表 6-4 所示。前两个阶段的路径绝对数量与已有研究存在差异，这是由于上游过程中的路径总数直接由 I-O 表的规模决定，其他研究中 I-O 表的部门数量远小于本书研究多区域投入产出表涉及的经济部门数量。尽管本书计算的路径数量与已有研究存在一定差异，但路径总数的百分比和其内含能源占总能源的比例是一致的。因此，前两阶段的路径数量或排名前 10%的路径可以作为选择关键路径的截断点，这有助于简化计算过程，识别具有最大节能潜力的关键路径。

表 6-4　相关研究对比分析

来源	研究范围	前两个阶段的路径数	所占路径总数百分比/%	累计比例/%	投入产出表数值
Treloar[29]	澳大利亚民用建筑	74	4.3	40.9	109
Treloar 等[30]	澳大利亚其他建筑	70	12.4	55.4	113
Treloar 等[31]	澳大利亚民用建筑	65	10.9	60.7	113
Peters 和 Hertwich[23]	挪威经济	—	—	61.9	49
当前研究	中国建筑业	4081	10.3	46.0	900

2. 基于阈值大小的敏感性分析

本节设定的阈值为各省建筑业总能耗的 0.005%。已有文献设定的阈值包括 0.001%、0.005% 和 0.004%[23,30,31]。因此，本节采用了 0.002%～0.015% 一系列的值来检查阈值对最终结果的敏感性。除了进行不确定性分析外，所选阈值还可为各省区市政府制定建筑节能指标提供参考。例如选择合理的阈值有助于决策者识别最敏感的能源密集型路径，制定相应的节能减排措施。图 6-6 和图 6-7 分别展示了不同阈值下路径数的变化百分比和各阶段物化能耗占比。前两个阶段(0 阶段和 1 阶段)结果受阈值变化的影响较小，这是因为现场能源消耗和上游第一阶段直接资源投入涉及路径的能耗量远高于敏感性分析中假定的最大阈值。此外，阈值的变化对路径数最为敏感，即当阈值为 0.015% 时，减少了近 80% 的路径；阈值为 0.002% 时，路径数量增加超过了 1.8 倍。相比之下，阈值的变化对各阶段物化能耗总量影响较小，最多造成约 60% 的结果变化。进一步分析图 6-6 可知，路径数量对阈值减少比阈值增加更为敏感，阈值降低导致能源路径急剧增加，这使计算过程变得复杂，而阈值为 0.005%～0.01% 时可减少影响较小的路径并保留最有价值的信息从而简化计算过程。选定合理的阈值可规避影响较小的路径的影响，有助于政策制定者制定有效的节能措施。能源效率低下的地区需设定较高的阈值，有助于决策者识别与能源有关的问题；而能源效率较高的地区需设定较低的阈值，可探索上游产业链中存在的高能耗投入问题，进而改善当地建筑业的整体能源水平。

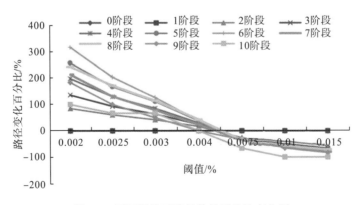

图 6-6　不同阈值下路径数的百分比变化图

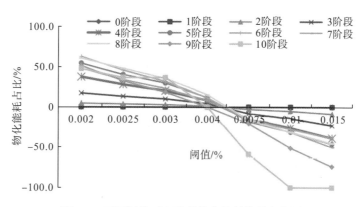

图 6-7　不同阈值下各阶段物化能耗总量变化图

3. 基于上游阶段数量的敏感性分析

图 6-8 展示了不同阈值下各个上游阶段的能耗变化，由图可知，累积能耗在高阶阶段的变化趋于收敛，但在前四个阶段(0、1、2 和 3 阶段)的累积能耗变化显著。高阶上游阶段对能耗总量的影响较小，这为进一步缩小结构路径分析的计算边界提供了一种可行的解决方案。同时，识别出的重点考察的上游阶段数量可以为推广绿色产业链提供参考，有助于政府颁布针对上游产业链的节能指导方针和政策，表 6-5 列出了我国出台的针对上游阶段的相关节能减排法规。在追溯上游产业链过程中，调查所有可能的上游阶段效率较低，根据研究结果，前四个上游阶段能包含约 80%的产业链能耗信息，因此关注最敏感的上游阶段可以取得事半功倍的效果。

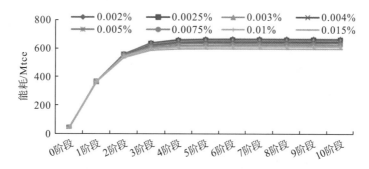

图 6-8　不同阈值条件下的各上游阶段的能耗变化图

表 6-5　建筑业上游产业链相关节能减排法规

法规	行业	上游阶段
国家水泥工业发展政策	S13	1、2、3 阶段
2014~2020 年煤炭、电力生产节能减排行动计划	S2、S3、S22	1、2、3 阶段
2015~2020 年煤炭清洁高效利用的计划	S2、S12、S22	2、3 阶段

6.1.6　产业链物化能耗优化策略

本节通过采用区域间结构路径分析方法调查了整个建筑业产业链的能源流动情况。通过考虑区域特征和技术差异性，从区域和部门角度研究了产业链中的直接和间接能流关系。研究结论如下。

(1)通过分析建筑业产业链能源路径，发现产业链上游 1 阶段能源消耗量最高，强调了研究建筑业上游高阶生产过程的重要性和必要性。

(2)通过研究 30 个地区排名前三的上游能源路径得到，除现场施工过程中的直接能耗外，非金属矿物制品业(S13)和金属冶炼及压延加工业(S14)是各省建筑业最重要的能源贡献部门。

(3)产业链的区域分析体现了省级建筑业物化能耗自给自足的特征。河北和内蒙古是中国北方地区建筑业主要的能源供应地区，河南为中国东部和西部建筑业能源传递的枢纽。

(4)部门视角下的上游产业链分析能够识别隐含的上游高阶关键能耗贡献部门。非金属矿物制品业(S13)，金属冶炼及压延加工业(S14)，交通运输、仓储和邮政业(S25)为上游 1 阶段主要的能源供应行业。化学制造业(S12)，电力、热力生产和供应业(S22)和采矿业对建筑业有显著的间接影响。

(5)对阈值和系统边界的敏感性分析表明，较高的阈值(0.005%~0.01%)在有利于保留最有价值的信息的同时能简化计算过程。根据不同的研究目标，系统边界可以进行扩大和缩小，其中前两个上游阶段包含近 50%的能耗信息，前四个上游阶段包含约 80%的总能耗信息。

基于研究结果，本节拟从国家、地区和产业层面提出合理的节能减排建议。图 6-9 梳理了 2000~2015 年中央政府出台的重要节能政策。从"十一五"规划开始，中央政府就制定了一系列节能减排政策，并在"十二五"规划中进一步落实节能减排目标。目前重工业是我国现行节能政策的主要切入点，而对产业链视角下的能源密集型部门(例如建筑业)

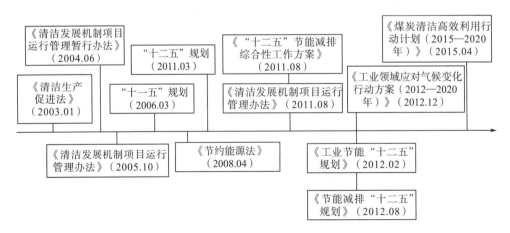

图 6-9　2000~2015 年中央政府出台的重要节能政策

的重视程度不足。如图 6-10 和表 6-6 所示，与建筑相关的节能减排政策仍主要关注建筑运行阶段，如对建筑物进行绿色化改造以降低运行阶段的能耗强度，而较少关注上游产业链如材料生产和运输阶段的节能。虽然目前节能政策的重心已逐步向上游产业链转移，如对绿色建材进行等级评价等，但仍有进一步改进空间，为此，本书从以下三个层面提出建筑业节能建议。

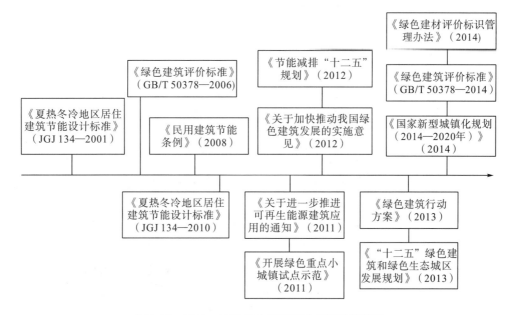

图 6-10　2000～2015 年中国建筑业节能政策梳理

表 6-6　建筑业中节能政策总结

节能政策	建筑类型	时期	目标
《绿色建筑评价标准》（GB/T 50378—2014）	新建和原有建筑	建筑的全生命周期	节约土地、能源、水和材料；室外和室内环境；建设和运营阶段管理
《民用建筑节能条例》	新建和原有建筑	使用阶段	建筑施工阶段的节能
《夏热冬暖地区居住建筑节能设计标准》（JGJ 134—2001/2010）	新建建筑	使用阶段	建筑施工阶段的节能
《关于进一步推进可再生能源建筑应用的通知》	新建和原有建筑	主要的使用阶段	在 2020 年可再生能源的比例达到 15%以上；使用可再生能源的建筑面积达到 25 亿平方米
《关于加快推动我国绿色建筑发展的实施意见》	新建建筑	建筑全生命周期	在 2020 年绿色建筑面积的比例达到 30%以上；绿色建筑的面积超过 10 亿平方米
《节能减排"十二五"规划》	新建和原有建筑	主要的使用阶段	新建建筑节约 45Mtce；通过绿色节能改造，原有建筑减少 15%以上的热能消耗；公共建筑的能源强度消耗减少 10%以上
《绿色建材评价标识管理办法》	新建建筑	材料生产阶段	材料生产阶段的节能

在国家层面，中央政府应控制房地产投机，限制新建建筑面积的非理性增长，加大房地产市场宏观调控力度，通过降低利润空间，抑制投资者热情，使房地产市场回归理性。有关经济部门需继续加强地区和国民经济结构的调整和升级，使整个产业链不断完善并保持高附加值，加快产业结构升级，加强部门技术创新。

在地区层面，地方政府应成为各省建筑业节能减排管理的主导机构，结合地区的技术和经济资源承载力，制定更为有效的节能政策。作为北部、西部和东部地区建筑业的主要能源供应地区，河北、内蒙古和河南是中国实现建筑业可持续发展的关键地区。从生产角度来看，应提高这些地区生产建筑材料和建筑产品的节能标准；从消费角度来看，从资源丰富的地区进口能源的东部沿海地区的政府应承担更多节能减排责任，减少建筑业的能源使用量。

在产业层面，国家能源管理部门和有关工业部门应在产业层面实行节能减排措施。应持续优化能源消费结构，提高可再生能源和清洁能源在各行业比重。除了天然气和电力外，页岩气作为清洁燃料，具有相当大的节能潜力，相关部门可考虑积极推广。应逐步淘汰传统能源密集型建筑材料，采用节能和环保材料，实现行业的绿色化转变。

6.2　省级建筑上游产业链能流路径演化研究

中国地大物博，每个地区在资源禀赋、气候条件和经济发展等方面的特征都各不相同，各地区的建设实践模式也可能因此不同，例如气候条件和地质环境。根据 Dixit[58]的研究，经济发展水平在决定生产建设效率方面起着重要作用。鉴于资本和技术积累的差异，发达地区的表现可能会优于欠发达地区。确定我国建筑业能源消耗的空间异质性至关重要。

对中国建筑业能耗的空间相互作用模式的现有研究[3,59]表明，贸易活动所引起的间接影响最为显著[16,60]。Wang 等[61]证明了建筑产业链产生的间接二氧化碳排放量占建筑业总排放量的 90%以上。但是，建筑产业链的复杂性影响了物化能耗评价的精度。为了增强能耗核算的准确性，需要深刻剖析建筑业产业链中诸多要素的相互依赖性和相互作用机制。对产业链引发的间接能耗进行系统分析，才能深入了解建筑活动中的能源消耗和使用的全貌，进而提出更有针对性和全面性的碳减排政策和建议。

本节采用结构路径分析(SPA)方法，基于时间序列数据来跟踪和测量上游建筑业产业链的能源使用情况。尽管相关研究强调了上游产业链的间接影响对产业整体能源消耗的重要性，但由于数据的限制和计算过程的复杂性，其时空演化模式仍然未知。测量上游产业链能耗的空间异质性和动态演化性对于理解建筑业能耗的区域结构和产业部门间的相互依赖性至关重要[59]。

本节旨在提出一种区域间的 SPA 方法，分析在考虑地区差异情况下中国建筑业产业链能流的演变路径。为此，拟进行如下几个方面的研究：①提出一个从空间和时间两个角度来跟踪和测量能流路径的理论计算框架，帮助决策者确定关键能流；②揭示上游产业链的空间特征，包括在地区层面的异质性、连通性和依赖性。这些空间特征有助于地方政府实施有效的节能减排策略；③分析中国建筑业能源路径的演变模式，包括不同地区和部门在上游产业链中的动态变化。这些演变模式将有助于中央政府量身定制节能减排的监管措施，并确保各地区节能减排责任的公平分配。

6.2.1　方法及数据

产业链分析主要涵盖宏观和微观层面。宏观层面的分析主要是通过使用系统动力学方法、投入产出分析和结构路径分析来追踪上游生产过程中的间接影响。系统动力学主要用于描述产业链中子系统之间的相互作用和相互依赖关系[62]；投入产出分析通常用于揭示经济部门中的反弹效应和乘数效应，或者用于理解产业链中的环境影响转移过程[63]。目前投入产出分析已被广泛应用于能源消耗[64]、土地利用[65]、汞排放核算[66]和资源关系分析等[67]；结构路径分析作为对投入产出分析的扩展，通过分解投入产出模型中部门间的相互作用关系，用于拆解产业链并考察路径的流动。例如，Shao 等通过使用结构路径分析证明了中国大多数地区在较前端的上游阶段产生了更高比例的进出口碳排放量[68]。Guan 等研究了能源-水-土地关系中的部门相互依存关系，并确定了产业链中的关键部门[69]。最近的研究主要集中在分析导致重大环境影响的关键产业链路径上，旨在通过充分考虑路径的实际特征来挖掘路径层面的环境保护潜力[70-72]。但是，这些研究大多数以静态的方式进行产业链分解，而未能探索产业链中的结构演变。考虑到生产和消费侧分析对理解环境影响的重要性，结构路径分析可以描述桥接生产端和消费端的传输路径[73,74]，而传输路径的识别对于捕获碳泄漏以及制定公平的节能政策都非常重要[75,76]。结构路径分析还可以与结构分解模型相结合，分析不同上游阶段能耗增长的驱动力[77]。可以发现，尽管学者们已经对产业链引发的环境影响进行了广泛研究，但鲜有分析产业链能源供给路径的空间性及演化性。除针对整体国民经济的产业链分析外，学术界还尝试了行业层面的结构路径分析，特别是对传统能源密集型行业的分析。例如，Peng 等[78]追溯了中国钢铁行业的全球产业链，Hong 等对中国建筑业的能源结构路径进行了深入研究[3,79]。

微观层面的研究主要是通过使用运营研究方法和全生命周期评估 (life cycle assessment，LCA) 方法来分析产业链的优化设计。已有大量研究基于多目标优化为产业链管理提出了节省成本的策略，而 LCA 提供了在微观层面揭示产业链对环境影响的可能性[80,81]。但是，该方法在系统分析不同产业部门之间的动态关系方面存在缺陷。一些学者提出将 LCA 与结构路径分析结合起来，以提供关于量化产业链环境影响的全面见解[40,82]。

总而言之，当前与结构路径分析相关的研究未能系统揭示产业链的演化结构模式[83,84]。有必要从时空角度识别中国建筑业能源消耗路径的结构性变化。本节拟采用多种方法来分析建筑业产业链中能源消耗的结构和空间变化。结合多区域投入产出模型和结构路径分析，可以系统揭示能源消耗在不同上游阶段的结构性变化，并利用探索性空间数据分析 (exploratory spatial data analysis，ESDA) 检测产业链能流的空间异质性、连通性和依赖性。图 6-11 展示了产业链分析的基本概念框架。

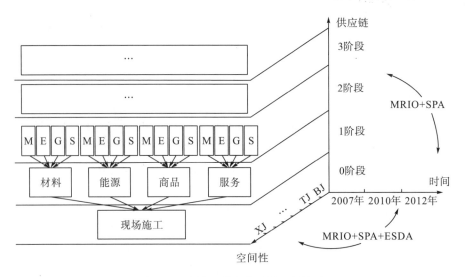

图 6-11　建筑业基本产业链及其关系

1. 多区域投入产出分析

多区域投入产出模型(MRIO)基于投入产出分析从地区和部门两个角度展示了环境相互作用。此方法利用地区内和地区间部门的货币交易来反映地区和国家层面的经济联系。基本的经济平衡可以表示为

$$X_i^r = \sum_k^m \sum_j^n a_{ij}^{rk} X_i^r + Y_i^r \tag{6-7}$$

其中，a_{ij}^{rk} 表示 r 地区部门 i 对 k 地区部门 j 的直接消费系数；Y_i^r 是 r 地区 i 部门的最终需求；X_i^r 是 r 地区 i 部门的经济总产值；m 是特定地区的部门总数；n 是地区的数量。

上述方程的矩阵形式可以表示为

$$X = AX + Y \tag{6-8}$$

经过此转换后，式(6-8)可以进一步转换为

$$X = (I - A)^{-1} Y \tag{6-9}$$

通过将环境影响整合到基本货币平衡中，式(6-9)可以转换为

$$E = fX = f(I - A)^{-1} Y \tag{6-10}$$

其中，E 表示要研究的环境影响；f 表示环境强度矩阵；$(I - A)^{-1}$ 是可以展示完整的消费相互关系的里昂惕夫逆矩阵；而 I 是恒等矩阵。

2. 结构路径分析

基于幂级数逼近理论，SPA 方法可用于追踪从生产地到消耗地的能源传输路径。因此，式(6-10)可以扩展为

$$E = f(I - A)^{-1} Y = fIY + fAY + fA^2Y + fA^3Y + \cdots + fA^nY \tag{6-11}$$

其中，fIY 表示生产过程中的直接环境影响，这与现场施工过程中的直接输入能量有关；类似地，fAY 表示从第一个上游阶段产生的环境影响，这是指建设实践中的建筑材料生

产阶段；而 fA^nY 表示在第 n 个上游阶段的环境影响。

同样地，在上游产业链的任何部门 i 所物化的能源使用量可以详细描述为

$$E_i = f_i IY_i + f_i \left(\sum_{j=1}^{n} A_{ji} \right) Y_i + f_i \left(\sum_{j=1}^{n} \sum_{k=1}^{n} A_{kj} A_{ji} \right) Y_i + \cdots + f_i \left(\sum_{m=1}^{n} \cdots \sum_{k=1}^{n} \sum_{j=1}^{n} A_{mk} \cdots A_{kj} A_{ji} \right) Y_i \quad (6\text{-}12)$$

其中，$f_i \left(\sum_{j=1}^{n} A_{ji} \right) Y_i$ 表示部门 i 在第一阶段所物化的能源。对于位于部门 i 的能源路径上的任何节点而言，$f_i A_{ji} Y_i$ 表示其详细的能源输入。然而，如式(6-12)所示，在各个上游阶段中的节点总数与上游阶段数呈现指数关系。鉴于 MRIO 表的规模为 900×900 的矩阵，则第 n 个阶段的节点数应等于 900^n，对数据的计算量要求巨大。因此，需要对计算规模进行优化，通过删除整个产业链中能源消耗可忽略不计的节点来提取最关键的能源路径，而保留关键路径的有效方法是设置阈值以修剪不必要的路径分支。为确定既可以简化计算过程又可以保留最有价值信息的最合适阈值，本书使用不同的阈值进行了计算。为实现关键能源路径的自动选择，使用 MATLAB 来进行数据的合并和计算。基本逻辑过程如图 6-12 所示。整个提取过程包括两个步骤，即节点提取和节点排序。在节点提取步骤中，关键节点被自动识别并记录在表格中。在此表格中，通过记录相关的特定上游阶段、地区名称和能源消耗量来标记每个节点。随后，将选定的节点通过排列形成特定的能源路径。

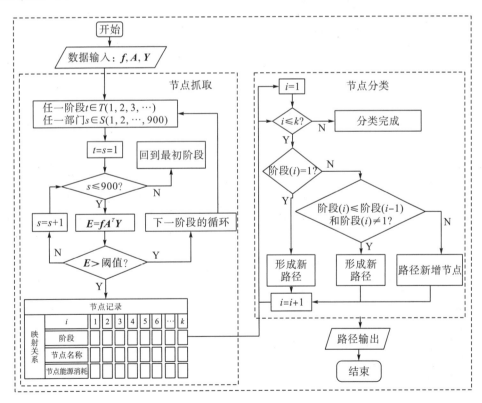

图 6-12 自动选择关键能源路径的基本逻辑过程图

3. 探索性空间数据分析

为了描述中国建筑业上游阶段能流作用的空间分布特征,本书使用了一系列探索性空间分析,包括用于判定空间相关性的全局莫兰 I 数(global Moran's I)和判定空间自相关的局部莫兰 I 数(local Moran's I)。

使用全局莫兰 I 数的目的是研究不同地区之间上游阶段的能源消耗是否存在空间相关性,以描述建筑业上游产业链系统中可能的集聚趋势。全局莫兰 I 数可以表示为

$$I_s = \frac{n\sum\limits_{r=1}^{n}\sum\limits_{k=1}^{n}w_{rk}\left(U_s^r - \bar{U}_s\right)\left(U_s^k - \bar{U}_s\right)}{\sum\limits_{r=1}^{n}\sum\limits_{k=1}^{n}w_{rk}\sum\limits_{r=1}^{n}\left(U_s^r - \bar{U}_s\right)^2} \tag{6-13}$$

其中,I_s 代表特定上游阶段 s 的全局莫兰 I 数的值;$\bar{U}_s$ 表示特定上游阶段 s 中的所有地区所物化的能耗平均值;w_{rk} 是空间经济权重矩阵,可以按以下公式计算:

$$w_{rk} = \frac{1/\left|\overline{GDP_r} - \overline{GDP_k}\right|}{\sum\limits_{j=1}^{n}1/\left|\overline{GDP_r} - \overline{GDP_k}\right|} \tag{6-14}$$

其中,$\overline{GDP_r}$ 和 $\overline{GDP_k}$ 分别代表 r 和 k 全省在 2007 年、2010 年和 2012 年的地区生产总值的平均值。

Z 检验被用来检测空间相关性的显著性,可以将其定义为

$$Z = \frac{I - E(I)}{\sqrt{V(I)}} \tag{6-15}$$

$$E(I) = \frac{-1}{n-1} \tag{6-16}$$

$$V(I) = E(I^2) - E(I)^2 \tag{6-17}$$

如果检验具有统计学意义,则全局莫兰 I 数的范围值为-1~1。正值表示存在空间依赖性,而负值表示存在离散趋势。

为了捕获空间关联的详细聚类信息,本节拟创建局部莫兰 I 数散点图,以评估观察到的地区及其相邻地区的影响[85]。局部莫兰 I 数的计算公式为

$$I_s^r = \frac{(n-1)(U_s^r - \bar{U})\sum\limits_{k=1,k\neq r}^{n}w_{rk}(U_s^k - \bar{U})}{\sum\limits_{k=1,k\neq r}^{n}w_{rk}(U_s^k - \bar{U})^2} \tag{6-18}$$

根据局部莫兰 I 数的计算结果,被观测地区可以分为 4 类。高-高(HH)表示正的空间自相关,高值地区被高值地区包围;低-低(LL)表示正的空间自相关,低值地区被低值地区包围;低-高(LH)表示与被高值地区包围的低值地区的负的空间自相关;高-低(HL)表示与被低值地区包围的高值地区的负的空间自相关。

4. 数据收集与处理

不同时间节点的多区域投入产出表(MRIO)来自中国科学院。2007 年和 2010 年的 MRIO 表涉及中国 30 个地区(22 个省、4 个自治区和 4 个直辖市,不包括港澳台和西藏),

每个地区包含 30 个经济部门；2012 年的 MRIO 表通过包含西藏扩展到了 31 个地区，每个地区也扩展为包含 42 个经济部门。为了实现结果的一致性和可比性，本节研究排除了 2012 年 MRIO 表中的西藏，并根据行业属性将 42 个行业部门整合为 30 个。除这些来自 MRIO 表的投入产出数据外，部门能耗信息主要来自《中国能源统计年鉴》和各省区市统计年鉴。同时，利用地区能源平衡表的数据，消除能源转换过程中的损失以及避免重复计算。

6.2.2　省级建筑上游产业链能流路径时空演化概述

如表 6-7 所示，1 阶段，即建筑材料的生产过程，所消耗的能源占建筑业总能耗的近 50%，其次是上游供应链的 2 阶段和 3 阶段。研究表明，2007～2010 年，建筑业物化能耗经历了稳定的增长，但在 2010～2012 年实现了急剧增长。具体而言，现场施工的直接能源投入约占总能耗的 5.1%，这与建筑物全生命周期不同阶段能源分布的认知一致[79,86]。值得注意的是，近年来建筑材料生产过程中的能源使用量持续降低，从 2007 年的 43.2% 下降到 2012 年的 41.3%。这主要是由于能源强度改善所带来的节能效应。据相关研究估计，2007～2012 年，国家经济能源强度投入减少了 28%[86,87]。此外，就整个研究期而言，建筑业产业链的能源分布呈现出相似的特征。前三个阶段消耗的能源占总能耗的 80% 以上，从产业链上游 5 阶段之后，能耗量的变化趋于收敛。这种不同年份之间却相对稳定和相似的能源分布表明，当前中国建筑业的能源结构升级过程相对缓慢，进一步表明有必要加快建筑业的产业转型。

表 6-7　2007～2012 年上游产业链的能源分布表

阶段	2007 年		2010 年		2012 年	
	消耗量	占比/%	消耗量	占比/%	消耗量	占比/%
0	3951.3	5.1	5633.1	6.5	6553.9	5.4
1	33797.6	43.2	35296.5	41.1	50270.5	41.3
2	18336.7	23.5	19123.6	22.2	27925.1	23.0
3	9696.1	12.4	10969	12.8	15664.9	12.9
4	5343.4	6.8	6331.4	7.4	8986.8	7.4
5	3042.6	3.9	3680.8	4.3	5234.6	4.3
6	1765.1	2.2	2155.1	2.5	3080.6	2.5
7	1034.5	1.3	1269.5	1.5	1826.5	1.5
8	604.3	0.8	751.7	0.9	1089.3	0.9
9	357.7	0.5	447.1	0.5	652.7	0.5
10	212.4	0.3	266.8	0.3	392.7	0.3
	78141.7	100.0	85924.6	100.0	121677.6	100.0

注：消耗量的单位为万吨标准煤。

6.2.3　省级建筑上游产业链能流时空异质性研究

为全面了解上游阶段能源相互作用的空间异质性，图 6-13 展示了空间探索性分析的结果。如图 6-13 所示，上游阶段的能源消耗呈现出显著的空间集聚特征，所有地区都可归类到 HH、HL、LH 和 LL 类别中。图 6-13 中第 1 行三幅图代表了省级建筑业总物化能耗的空间相关性。可以发现，HH 地区主要位于东部沿海和中部地区，而 LL 地区主要分布于西部地区，能流传递在空间上表现出典型的异质性和不均衡性。HH 类别的地区在空间分布上相对稳定，并且与全国城市群的行政区划高度一致。例如，环渤海经济圈(北京、天津、河北、辽宁和山东)，长三角地区(上海、江苏和浙江)，长江中游地区(湖北和湖南)、珠江三角洲(广东)和成渝城市群(四川和重庆)在 2012 年都属于 HH 地区。此外，在各省市之间存在节能竞赛的情况下，研究期间被确定为 LL 类别地区的数量有所增加，而空间分布也经历了从西南地区到北部地区的转移。

根据计算结果可以发现，上游阶段的能源集聚情况表明产业链的空间分布发生了较大变化。与建筑业物化能耗的空间分布相比，包括河北、河南和湖南在内的一些中部地区在能流分布中的角色发生了变化，并在上游阶段进入了 HH 类别。因此，位于建筑业产业链上游阶段的高能耗输出地区可能会被忽视。从时间角度看，作为建筑业总能耗的最大贡献者，材料生产阶段的能耗分布在 2007～2012 年经历了空间重心转移。材料生产的能源密集型地区从中国北方地区逐步转移到了西南地区。因此，在材料采购过程中，买方地区应实施更为严格的限制性采购政策，例如针对这些地区生产的高耗能材料实施更高的税率，以降低材料生产对建筑业物化能耗的负面影响。

尽管现有研究已经对产业链能源供给中的地区功能进行了广泛的讨论[84]，但鲜有涉及地区在上游产业链中角色的动态变化。例如，已有研究表明河南是中国经济和建筑业中最大的能源供应者之一[88,89]。结合本书结果得出结论，河南对建筑业的能源输入主要来自产业链上游的 2 阶段和 3 阶段，其目的是为下游建造过程提供商品、产品和服务，而不是直接提供建筑材料。

6.2.4 省级建筑上游产业链能流空间依赖性研究

图 6-13 展示了 2012 年在省级尺度前三个上游阶段的能源贡献情况，其比例结构与国家总体分布相一致，上游 1 阶段在总能源消耗中占主导地位。地区分布呈现空间异质性，广西、贵州和青海等内陆西部地区由于其丰富的自然资源导致上游 1 阶段(建筑材料的生产阶段)能耗占比较大。各个地区上游 2 阶段的贡献相对稳定，大多数地区在 3 阶段的贡献不足 5%。

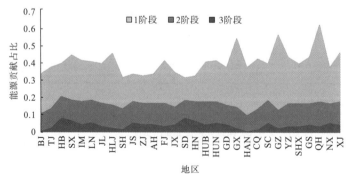

图 6-13 各地区的上游阶段能源贡献情况

注：字母代表的地名见附录 E，后同。

本节通过构建路径比率指标来揭示一个地区的能源连通性,路径比率为特定上游阶段的路径数与整个产业链的总路径数之比。图 6-14 列出了前三个上游阶段的地区路径比率。可以看出,与其他上游阶段相比,2 阶段表现出最高的路径比率,证明建筑业与其他行业的广泛联系始于相对高阶的上游阶段。在上游 1 阶段,资源禀赋较差的地区拥有较高的路径比率。例如,海南作为一个典型的独立岛屿,需要从内陆地区进口商品、产品和服务,导致其路径比率较高(0.8)。对于原材料和资源丰富的地区,上游 1 阶段的路径比率较低,例如河北、山东和四川,证明这些地区的建筑材料生产更多依托自给自足。在上游 2 阶段,上海、浙江和天津等经济发达的沿海地区排名靠前,因为它们拥有先进的制造业和相对发达的第三产业。相比之下,中国经济的几个能源供应地,包括山西、河南和河北[88],路径比率都相对较低,为 0.42~0.44。主要原因是作为主要资源输出地区,其能源供给活动主要来自采矿、非金属制造和金属制造等能源密集型路径。

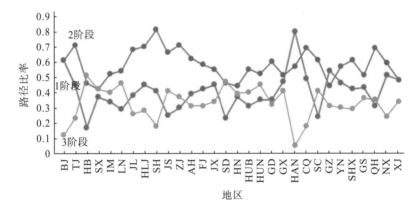

图 6-14　各地区上游前三阶段的路径比率

为进一步检验特定地区建筑业能耗对周围地区的空间依赖关系,定义地区节点比率(local node ratio,LNR)为本地区有效节点数量占本省建筑业总节点数量的比例。根据能源贡献总结对本省建筑业能耗贡献排名前三位的省份,详细情况如表 6-8 所示。研究发现,北京、上海、江苏和浙江等高度发达的地区更倾向于通过双边或多边贸易进口能源,其LNR 数值低于 0.3,表明其对外部资源的高度依赖性。对建筑行业排名前三的能源供应地的详细研究显示,河北、山西、内蒙古和辽宁等北部地区是建筑能耗的最大贡献者,也通常被认为是地区能源供应系统中的主要供应地。

表 6-8　地区节点比率值及各地区的前三大能源供应地

地区	LNR	前三大能源供应地		
		第一	第二	第三
BJ	0.26	BJ	HB	LN
TJ	0.39	TJ	LN	HB
HB	0.87	HB	SX	IM
SX	0.66	SX	HB	IM
IM	0.61	IM	HB	SD

地区	LNR	前三大能源供应地		
		第一	第二	第三
LN	0.71	LN	HB	SX
JL	0.57	JL	HB	IM
HLJ	0.32	HLJ	HB	LN
SH	0.23	SH	HB	LN
JS	0.28	JS	HB	IM
ZJ	0.26	ZJ	HB	IM
AH	0.36	AH	HB	IM
FJ	0.52	FJ	HB	IM
JX	0.64	JX	SX	IM
SD	0.73	SD	HB	SX
HN	0.68	HN	HB	IM
HUB	0.71	HUB	SX	IM
HUN	0.68	HUN	HB	LN
GD	0.59	GD	IM	HB
GX	0.59	GX	SX	IM
HAN	0.25	HAN	HB	IM
CQ	0.19	CQ	HB	HN
SC	0.69	SC	HB	IM
GZ	0.59	GZ	HB	LN
YN	0.45	YN	LN	HN
SHX	0.41	SXI	HB	HN
GS	0.59	GS	HB	LN
QH	0.97	QH	JS	—
NX	0.60	NX	LN	HN
XJ	0.53	XJ	HB	LN

图 6-15 展示了 2012 年前五个上游阶段的地区能源路径。根据地理位置，将 30 个地区划分为 7 个区域(图 6-15)。能源路径的密度揭示了不同上游阶段之间的能源转移趋势。1 阶段的能源供应展现了典型的集群轨迹，大多数能源路径都集中在高度发达的城市群上。从图 6-15 中可以看出，成渝城市群(重庆和四川)，珠江三角洲(广东)，东北地区(辽宁、吉林、黑龙江)，京津冀(北京、天津、河北)和长江三角洲(上海、江苏、浙江)有来自其他地区的大量能源流入。除了东北地区以外，在 1 阶段，其余的城市群主要从西南、南部、中部、东北和北部地区进口能源。中部和北部地区因其能源路径相对密集，被认为是上游 1 阶段最重要的能源供应地。河北省在 2 阶段能源供应网络的跨地区能源转移中占主导地位，其能源大部分出口到东部和西南地区。长三角似乎无法满足当地建筑业的能源需求，因为它从上游其他地区进口能源。

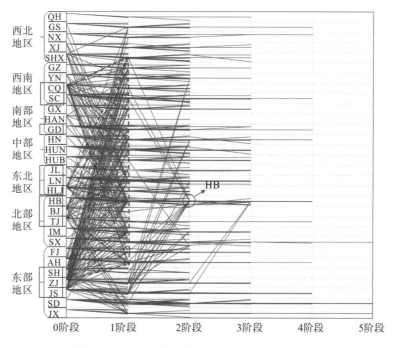

图 6-15　2012 年前五个上游阶段的地区能源路径

6.2.5　省级建筑上游产业链能流时空演化研究

为了鉴别省级建筑业产业链能流的时空变迁规律,本节对上游产业链前三个阶段的能流变化进行定量分析(图 6-16)。可以看出,2007～2010 年近一半的地区实现了建筑业节能。这主要是因为该时期是"十二五"规划的最后阶段,省级政府面临完成中央政府设定的强制性节能目标挑战。为顺利实现目标,一些低效率高能耗的国有工厂被要求关闭。而在"十二五"规划末期未完全实现的剩余产能在"十三五"规划之初得以体现,导致 2012 年能源消耗的爆炸性增长。2007～2010 年,京津冀(主要为北京和天津)、哈尔滨-长春(主要为黑龙江和吉林)、长三角(上海、江苏和浙江)等一些代表性城市群由于它们在生产技术和资本积累方面的优势而表现出较高的节能潜力。相比之下,2010～2012 年,中国建筑业的能源消费总量为 1.2 亿标准煤,与 2010 年相比增长了 33%。北京和广东等具有绿色经济结构的富裕地区较好控制了总能耗的增长,甚至实现了节能减排。例如广东省,其社会经济结构的优势使得该地区的建筑业在上游产业链实现了节能。

图 6-17 总结了研究期间各地区节点比率(LNR)的变化。可以发现,两个研究期呈现相反趋势。LNR 表现出先稳定增加后快速下降的趋势。因此,省级建筑业的能源消费行为在 2007～2010 年表现出更加本地化的特征,但在 2010～2012 年更倾向于依赖外部资源。前期这种本地化的能源使用行为与其对建筑材料的采购偏好高度相关,主要遵循地理接近原则,这种策略在很大程度上可以减少因长距离运输和材料延期导致项目延长的影响。随着经济一体化进程的加快,研究期后期地区间依赖性逐步增加。产业链中跨地区贸易和合作成为常态,导致地区建筑业能源的跨地区供应增加。

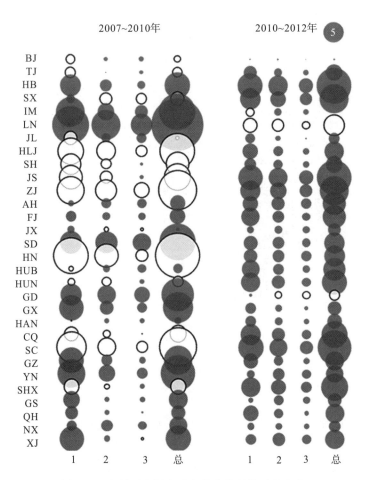

图6-16　各地区上游各阶段物化能耗的时空变化

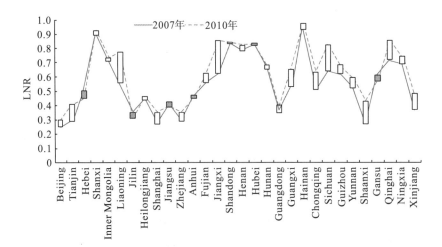

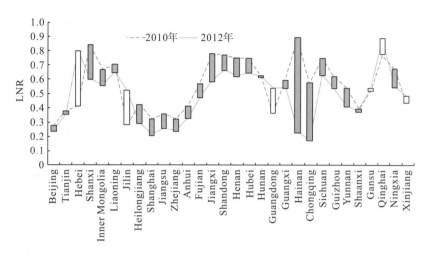

图 6-17　两个时间段内的地区 LNR 变化图

从产业部门的角度来测量了本地建筑业关键能流路径中，关键部门在两个研究期内出现频率的变化，以探寻各个生产部门在中国建筑业地区内和地区间能源供应网络中的重要性。如图 6-18 所示，鉴于 2010～2012 年建筑业物化能的增长，该时期内各部门在关键路径中的频率也出现了较大变化。具体而言，2007～2010 年，上游原材料供应部门如非金属矿采选业(S5)，及其下游产业部门包括石油、煤炭及其他燃料加工业(S11)，化学制造业(S12)，非金属矿物制品业(S13)，以及金属冶炼及压延加工业(S14)在本地供应链中出现的频率都有降低。高耗能行业在建筑业产业链中作用减弱，是导致 2007～2010 年中国建筑业物化能耗增速放缓的主要原因。在 2010～2012 年，这些高能耗部门是驱动建筑业物化能耗增加的主要动力。此外，在第一个研究期(2007～2020 年)内，包括通用和专用设备制造业(S16)，运输设备制造业(S17)以及电气机械和器材制造业(S18)在内的机械制造业呈现出频率上升的现象。相反地，在后续的研究期(2010～2012 年)内，地区关键能流供应网络中机械制造行业的频率却有所下降。一方面，是因为机械制造行业在 2007～2010 年的过剩产能在 2010 至 2012 年得到排解，使得后一个研究期内对建筑机械的需求有所降低；另一方面，科技进步导致的生产效率提高也减少了机械制造行业在建筑业能源供应网络中的贡献。此外，值得注意的是，在两个研究期内，电力、热力生产和供应业(S22)和交通运输、仓储和邮政业(S25)的重要性在稳定增强。这种变化与建造技术进步和工程实践的发展高度相关。在中国，在工程实践中催生的新型工业化模式显现出对异地制造和建筑构件长距离运输的严重依赖性。

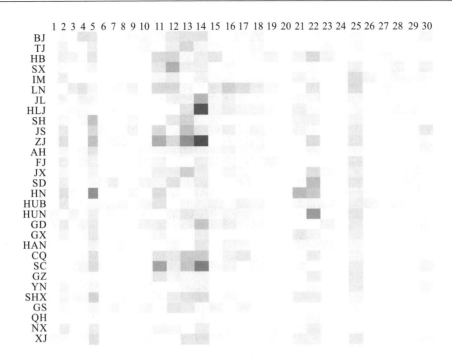

（a）2007~2010年

（b）2010~2012年

图6-18 各经济生产部门在本地建筑业关键能源路径中的频率变化图

注：颜色越深，值越高。

6.2.6 产业链物化能耗时空优化策略

对中国建筑行业上游产业链中能源分布的时空分析识别了建筑材料生产过程的关键作用，揭示了产业链能流从生产到消费的时空分布规律。从消费角度看，消费者应在双边和多边贸易过程中采取更严格的采购政策以降低高能耗高排放材料的进口。例如，买方可以征收高额税收，并将供应高耗能材料的卖方列入负面清单。从生产角度看，对于生产主要建筑材料的地区，例如中国西部地区，有必要通过实现技术跨越以提高供应商生产效率和能源使用效率。同时，应当推动建筑领域的供给侧结构性改革。这主要是因为建筑业目前正经历相对缓慢的结构升级过程，尤其是与其他制造业相比。结构优化将在不损害经济增长的情况下提供实现节能的可能性。因此，必须加快建筑业的结构和技术的转型。

空间自相关分析的结果表明，区域集聚对建筑业能源分布具有显著影响。经济一体化趋势会从两个方面影响能源分布，一是在区域增长极的形成过程中，中心城市之间的城郊地区目前正处于快速的城市化进程，这对建筑基础设施和房屋形成了巨大的能源需求；二是城市群吸引了周边地区的人口，这进一步加大了能源消耗的压力[90,91]。因此，在不损害经济增长的情况下如何应对由经济一体化引起的能源增加具有挑战性。一个有效的方式是借助经济一体化进程中的产业重构，将松散的、效率低下的产业分工转变为高度专业化、集成的和相互协调的产业链网络。

目前，包括建筑材料绿色标签体系在内的节能措施主要集中在现场施工过程(0 阶段)和建材生产阶段(1 阶段)，而很少关注更为前端的上游阶段引起的能源消费。本节指出了间接能源在建筑业整个产业链中的重要作用，这表明不仅要在特定阶段而且要在整个产业链中制定具体的节能目标。此外，由于中部地区在中国建筑业能耗供应链的支配地位，政策制定者应该着力优化中部地区的能源密集型产业结构。

本节的研究结果还表明，结构路径分析为分析生产端和消费端之间的联系提供了更多见解。从消费角度来看，东部沿海地区 LNR 值较低，是中国建筑业的典型最终用户。这些地区的地方政府应当围绕消费端通过采用高附加值和环境友好型的商品和服务以实现节能降耗。中部地区较高的 LNR 值代表着地区建筑业典型的自给自足特征，因此这些地区应采取以生产为导向的节能策略。从制度的角度来看，建立针对落后生产能力和高能耗国有工厂强制性的退出机制是必要的。此外，地方政府可以通过制定金融工具，例如对绿色建筑产品免税、调整能源价格以鼓励可再生能源的利用，以及为清洁生产实施补贴等方法实现建筑业生产端的节能降耗。从管理的角度来看，行业层面的节能减排是产业链中所有参与部门共同行动的结果。节能的效果很大程度上取决于上下游合作与产业整合。提升产业链协同程度将有利于技术传播、知识共享和专业培训，进而实现产业节能。

总的来说，产业链在建筑业的能源消耗中起着重要作用。通过对中国建筑业上游阶段能源相互作用的时空演化模式研究，发现能源强度的降低进一步弱化了建筑材料生产在整个建筑业能源供应系统中的主导作用。上游阶段的能源分布呈现显著的空间异质性。空间自相关的结果与国家城市群的行政区划高度一致，这强调了经济一体化带来的巨大环境挑战。分析表明，资源禀赋差但经济活力高的地区与整个经济体有着更为广泛的联系，而资源出口地区的关键能流主要来自能源密集型部门。上游供应链的时空演变表明，富裕地区和代表性城市群由于技术和资本积累以及在生产结构方面的优势而实现了更好的节能效果。

本节研究也从时空的角度对能源演化路径及其复杂性的多层理解提供了更多的见解，有助于各级决策者实施有效的节能战略，解决减排责任的公平分配问题。

研究结果还揭示了经济一体化背景下中国建筑业未来节能的挑战和机遇。为了解决当前由于建筑活动而引发的高能耗问题，应当同时采用以生产和消费为导向的政策方针，通过优化上游产业链实现有效节能减排。鉴于多维协作的重要性，有必要形成更为紧密、高效和协同的区域间产业链。因而，中央政府可以考虑按照经济增长极作为节能目标实施的基本控制单元，结合产业在生产端和消费端的节能特征，制定更为合理的节能政策。

参考文献

[1] Hong J K, Gu J, He R, et al. Unfolding the spatial spillover effects of urbanization on interregional energy connectivity:evidence from province-level data[J]. Energy, 2020.DOI：10.1016/j.energy.2020.116990.

[2] Minx J C, Baiocchi G, Peters G P, et al. A "carbonizing dragon": China's fast growing CO_2 emissions revisited[J]. Environmental Science Technology, 2011, 45(21):9144-9153.

[3] Guo S, Zheng S, Hu Y, et al. Embodied energy use in the global construction industry[J]. Applied Energy, 2019. DOI: 10.1016/j.apenergy.2019.113838.

[4] IAI. Alumina production[R].London: International Aluminium Institute, 2016.

[5] WSA. World steel in figures 2019[R]. Belgium:World Steel Association, 2019.

[6] Metz B, Davidson O R, Bosch P-R, et al. Contribution of Working Group III to the Fourth Assessment Report of the Intergovernmental Panel on Climate Change[M]. Cambridge, New York:Cambridge University Press, 2007.

[7] WBCSD. Transforming the market: energy efficiency in buildings[OL]. https://www.researchgate.net/publication/258261687_ Transforming_the_Market_Energy_Efficiency_in_Buildings. 2009.

[8] WGBC. Tackling global climate change. meeting local priorities[R]. Toronto: World Green Building Council, 2010.

[9] Zhang Y J, Da Y B. The decomposition of energy-related carbon emission and its decoupling with economic growth in China[J]. Renewable and Sustainable Energy Reviews, 2015, 41:1255-1266.

[10] Zhang Y J, Liu Z, Zhang H, et al. The impact of economic growth, industrial structure and urbanization on carbon emission intensity in China[J]. Natural Hazards, 2014, 73(2): 232-244.

[11] Zhang Y J, Peng H R, Liu Z, et al. Direct energy rebound effect for road passenger transport in China: a dynamic panel quantile regression approach[J]. Energy Policy, 2015, 87:303-313.

[12] Laurenzi M P, Hong W, Chiang M S, et al. Building Energy Efficiency: Why Green Buildings Are Key to Asia's Future[M]. Hong Kong: Asia Business Council, 2008.

[13] Liu Z, Geng Y, Lindner S, et al. Embodied energy use in China's industrial sectors[J]. Energy Policy, 2012, 49:751-758.

[14] Chen G Q, Zhang B. Greenhouse gas emissions in China 2007: inventory and input-output analysis[J]. Energy Policy, 2010, 38(10):6180-6193.

[15] Chang Y, Ries R J, Wang Y. The quantification of the embodied impacts of construction projects on energy, environment, and society based on I-O LCA[J]. Energy Policy, 2011, 39(10):6321-6330.

[16] Hong J K, Shen G Q, Feng Y, et al. Greenhouse gas emissions during the construction phase of a building: a case study in China[J]. Journal of Cleaner Production, 2015, 103:249-259.

[17] Joshi S. Product environmental lif-cycle assessment using input-output techniques[J]. Journal of Industrial Ecology, 1999, 3(2):95-120.

[18] Wiedmann T. A review of recent multi-region input-output models used for consumption-based emission and resource accounting[J]. Ecological Economics, 2009, 69(2): 211-222.

[19] Wiedmann T, Lenzen M, Turner K, et al. Examining the global environmental impact of regional consumption activities-part 2: review of input-output models for the assessment of environmental impacts embodied in trade[J]. Ecological Economics, 2007, 61(1): 37-44.

[20] Peters G P, Hertwich E G. The importance of imports for household environmental impacts[J]. Journal of Industrial Ecology, 2006, 10(3): 89-109.

[21] Peters G P, Hertwich E G. Pollution embodied in trade: the norwegian case[J]. Global Environmental Change, 2006, 16(4): 379-387.

[22] Yang G, Li W, Wang J, et al. A comparative study on the influential factors of China's provincial energy intensity[J]. Energy Policy, 2016, 88: 74-85.

[23] Peters G P, Hertwich E G. Structural analysis of international trade: environmental impacts of Norway[J]. Economic Systems Research, 2006, 18(2): 155-181.

[24] Wood R, Lenzen M. Structural path decomposition[J]. Energy Economics, 2009, 31(3): 335-341.

[25] Minx J, Peters G P, Wiedmann T, et al. GHG emissions in the global supply chain of food products[R]. International Input Output Meeting on Managing the Environment, 2008.

[26] Lenzen M. A guide for compiling inventories in hybrid life-cycle assessments: some Australian results[J]. Journal of Cleaner Production, 2002, 10(6):545-572.

[27] Lenzen M. Environmentally important paths, linkages and key sectors in the Australian economy[J]. Structural Change and Economic Dynamics, 2003, 14(1): 1-34.

[28] Lenzen M. Structural path analysis of ecosystem networks[J]. Ecological Modelling, 2007, 200(3-4): 334-342.

[29] Treloar G J. Extracting embodied energy paths from input-output tables: towards an input-output-based hybrid energy analysis method[J]. Economic Systems Research, 1997, 9(4): 375-391.

[30] Treloar G J, Love P E, Faniran O O. Improving the reliability of embodied energy methods for project life-cycle decision making[J]. Logistics Information Management, 2001, 14(5/6): 303-318.

[31] Treloar G J, Love P E, Holt G D. Using national input-output data for embodied energy analysis of individual residential buildings[J]. Construction Management and Economics, 2001, 19(1): 49-61.

[32] 常远, 王要武. 基于经济投入-产出生命期评价模型的我国建筑物化能与大气影响分析[J]. 土木工程学报, 2011, 44(5): 136-143.

[33] Chang Y, Ries R J, Wang Y W. Life-cycle energy of residential buildings in China[J]. Energy Policy, 2013, 62: 656-664.

[34] Chen G, Chen Z. Greenhouse gas emissions and natural resources use by the world economy: ecological input-output modeling[J]. Ecological Modelling, 2011, 222(14): 2362-2376.

[35] Chen Z, Chen G. An overview of energy consumption of the globalized world economy[J]. Energy Policy, 2011, 39(10): 5920-5928.

[36] Friot D, Gailllard G A. Tracking environmental impacts of consumption: an economic-ecological model linking OECD and developing countries[C].16th International Input-Output Conference, 2-6 July 2007, Istanbul, Turkey.2007.

[37] Lenzen M, Pade L L, Munksgaard J. CO_2 multipliers in multi-region input-output models[J]. Economic Systems Research, 2004, 16(4):391-412.

[38] Mäenpää I, Siikavirta H. Greenhouse gases embodied in the international trade and final consumption of Finland: an input-output analysis[J]. Energy Policy, 2007, 35(1):128-143.

[39] McGregor P G, Swales J K, Turner K. The CO_2 'trade balance' between Scotland and the rest of the UK: performing a multi-region environmental input-output analysis with limited data[J]. Ecological Economics, 2008, 66(4):662-673.

[40] Acquaye A A, Wiedmann T, Feng K S, et al. Identification of 'Carbon Hot-Spots' and quantification of GHG intensities in the biodiesel supply chain using hybrid LCA and structural path analysis[J]. Environmental Science and Technology, 2011, 45(6): 2471-2478.

[41] Defourny J, Thorbecke E. Structural path analysis and multiplier decomposition within a social accounting matrix framework[J]. Economic Journal, 1984, 94(373): 111-136.

[42] Roberts D. The role of households in sustaining rural economies: a structural path analysis[J]. European Review of Agricultural Economics, 2005, 32(3):393-420.

[43] Crawford R H. Validation of a hybrid life-cycle inventory analysis method[J]. Journal of Environmental Management, 2008, 88(3):496-506.

[44] Hong J K, Shen G Q, Guo S, et al. Energy use embodied in China's construction industry: a multi-regional input-output analysis[J]. Renewable and Sustainable Energy Reviews,2016, 53:1303-1312.

[45] Johnson M J. A Concise Introduction to Data Structures Using Java[M]. Boca Raton:CRC Press, 2013.

[46] Weiss M A. Data Structures and Algorithm Analysis in Java[M]. Beijing: China Machine Press, 2013.

[47] Treloar G J, Love P E, Crawford R H. Hybrid life-cycle inventory for road construction and use[J]. Journal of Construction Engineering and Management, 2004, 130(1):43.

[48] Weber C L. Measuring structural change and energy use: decomposition of the US economy from 1997 to 2002[J]. Energy Policy, 2009, 37(4):1561-1570.

[49] Peters G P, Briceno T, Hertwich E G. Pollution Embodied in Norwegian Consumption[M]. Trondheim: Norwegian University of Scienece and Technology, 2004.

[50] Zhang Y, Zheng H, Yang Z, et al. Multi-regional input-output model and ecological network analysis for regional embodied energy accounting in China[J]. Energy Policy, 2015, 86: 651-663.

[51] Rowley H V, Lundie S, Peters G M. A hybrid life cycle assessment model for comparison with conventional methodologies in Australia[J]. International Journal of Life Cycle Assessment, 2009, 14(6): 508-515.

[52] Chen Z M, Chen G Q. Demand-driven energy requirement of world economy 2007: a multi-region input-output network simulation[J]. Communications in Nonlinear Science and Numerical Simulation, 2013, 18(7): 1757-1774.

[53] Su B, Ang B W. Input-output analysis of CO_2 emissions embodied in trade: competitive versus non-competitive imports[J]. Energy Policy, 2013, 56:83-87.

[54] Zhang B, Chen Z M, Xia X H, et al. The impact of domestic trade on China's regional energy uses: a multi-regional input-output modeling[J]. Energy Policy, 2013, 63:1169-1181.

[55] Guo J E, Zhang Z, Meng L. China's provincial CO_2 emissions embodied in international and interprovincial trade[J]. Energy

Policy, 2012, 42:486-497.

[56] Kahrl F, Roland-Holst D. Energy and exports in China[J]. China Economic Review, 2008, 19(4):649-658.

[57] Mok K L, Han S H, Choi S. The implementation of clean development mechanism (CDM) in the construction and built environment industry[J]. Energy Policy, 2014, 65:512-523.

[58] Dixit M K. Life cycle embodied energy analysis of residential buildings: a review of literature to investigate embodied energy parameters[J]. Renewable and Sustainable Energy Reviews, 2017, 79:390-413.

[59] Wen Q, Hong J K, Liu G, et al. Regional efficiency disparities in China's construction sector: a combination of multiregional input-output and data envelopment analyses[J]. Applied Energy, 2020, 257:113964.1-113964.12.

[60] Hong J K, Shen G Q, Guo S, et al. Energy use embodied in China's construction industry: a multi-regional input-output analysis[J]. Renewable and Sustainable Energy Reviews, 2016, 53:1303-1312.

[61]　Wang Z, Wei L, Niu B, et al. Controlling embedded carbon emissions of sectors along the supply chains: a perspective of the power-of-pull approach[J]. Applied Energy, 2017, 206:1544-1551.

[62] Ricardo Saavedra M M, Fontes C H D O, Freires F G M. Sustainable and renewable energy supply chain: a system dynamics overview[J]. Renewable and Sustainable Energy Reviews, 2018, 82:247-249.

[63] Turner K, Katris A. A 'carbon saving multiplier' as an alternative to rebound in considering reduced energy supply chain requirements from energy efficiency?[J]. Energy Policy, 2017, 103:249-257.

[64] Meng J, Hu X, Chen P, et al. The unequal contribution to global energy consumption along the supply chain[J]. Journal of Environmental Management, 2020, 268:110701.

[65] Wu X D, Guo J L, Han M Y, et al. An overview of arable land use for the world economy: from source to sink via the global supply chain[J]. Land Use Policy, 2018, 76:201-214.

[66] Chen B, Wang X B, Li Y L, et al. Energy-induced mercury emissions in global supply chain networks: structural characteristics and policy implications[J]. Science of The Total Environment, 2019, 670:87-97.

[67] Fan J L, Kong L S, Zhang X, et al. Energy-water nexus embodied in the supply chain of China:direct and indirect perspectives[J]. Energy Conversion and Management, 2019, 183(3): 126-136.

[68] Shao L, Li Y, Feng K, et al. Carbon emission imbalances and the structural paths of Chinese regions[J]. Applied Energy, 2018, 215:396-404.

[69] Guan S, Han M, Wu X, et al. Exploring energy-water-land nexus in national supply chains: China 2012[J]. Energy, 2019, 185:1225-1234.

[70] Nagashima F. Critical structural paths of residential PM2.5 emissions within the Chinese provinces[J]. Energy Economics, 2018, 70:465-471.

[71] Owen A, Scott K, Barrett J. Identifying critical supply chains and final products: an input-output approach to exploring the energy-water-food nexus[J]. Applied Energy, 2018, 210:632-642.

[72] Zhang B, Qu X, Meng J, et al. Identifying primary energy requirements in structural path analysis: a case study of China 2012[J]. Applied Energy, 2017, 191:425-435.

[73] Llop M, Ponce-Alifonso X. Identifying the role of final consumption in structural path analysis: an application to water uses[J]. Ecological Economics, 2015, 109:203-210.

[74] Steininger K W, Munoz P, Karstensen J, et al. Austria's consumption-based greenhouse gas emissions: identifying sectoral sources and destinations[J]. Global Environmental Change, 2018, 48:226-242.

[75] Meng J, Liu J, Xu Y, et al. Tracing Primary PM2.5 emissions via Chinese supply chains[J]. Environmental Research Letters, 2015, 10(5):054005.

[76] Shi J, Li H, An H, et al. Tracing carbon emissions embodied in 2012 Chinese supply chains[J]. Journal of Cleaner Production, 2019, 226:28-36.

[77] Su B, Ang B W, Li Y. Structural path and decomposition analysis of aggregate embodied energy and emission intensities[J]. Energy Economics, 2019, 83:345-360.

[78] Peng J, Xie R, Lai M. Energy-related CO_2 emissions in the China's iron and steel industry: a global supply chain analysis[J]. Resources, Conservation and Recycling, 2018, 129:392-401.

[79] Hong J K, Shen Q P, Xue F. A multi-regional structural path analysis of the energy supply chain in China's construction industry[J]. Energy Policy, 2016, 92:56-68.

[80] Ghadimi P, Wang C, Azadnia A H, et al. Life cycle-based environmental performance indicator for the coal-to-energy supply chain: a Chinese case application[J]. Resources, Conservation and Recycling, 2019, 147:28-38.

[81] Luo L, Yang L, Hanafiah M M. Construction of renewable energy supply chain model based on LCA[J]. Open Physics, 2018, 16(1): 1118-1126.

[82] Beloin-Saint-Pierre D, Heijungs R, Blanc I. The ESPA (enhanced structural path analysis) method: a solution to an implementation challenge for dynamic life cycle assessment studies[J]. International Journal of Life Cycle Assessment, 2014, 19(4):861-871.

[83] Dietzenbacher E, Cazcarro I, Arto I. Towards a more effective climate policy on international trade[J]. Nature Communications, 2020,11(1):1130.

[84] Wen Q, Gu J, Hong J K, et al. Unfolding interregional energy flow structure of China's construction sector based on province-level data[J]. Journal of Environmental Management, 2020, 253:109693.1-109693.12.

[85] Anselin L. Local indicators of spatial association—LISA[J]. Geographical Analysis，1995，27(2)：93-115.

[86] Hong J K, Zhang X L, Shen Q P, et al. A multi-regional based hybrid method for assessing life cycle energy use of buildings: a case study[J]. Journal of Cleaner Production, 2017, 148(4):760-772.

[87] Wang X, Huang H, Hong J K, et al. A spatiotemporal investigation of energy-driven factors in China: a region-based structural decomposition analysis[J]. Energy, 2020. DOI: 10.1016/j.energy.2020.118249.

[88] Hong J K, Tang M, Wu Z, et al. The evolution of patterns within embodied energy flows in the Chinese economy: a multi-regional-based complex network approach[J]. Sustainable Cities and Society, 2019, 47:101500.

[89] Tang M, Hong J K, Liu G, et al. Exploring energy flows embodied in China's economy from the regional and sectoral perspectives via combination of multi-regional input-output analysis and a complex network approach[J]. Energy, 2019, 170:1192-1201.

[90] Meng J, Yang H, Yi K, et al. The slowdown in global air-pollutant emission growth and driving factors[J]. One Earth, 2019, 1(1):138-148.

[91] Sarkodie S A, Adom P K. Determinants of energy consumption in Kenya: a NIPALS approach[J]. Energy, 2018, 159:696-705.

第7章 省级建筑业物化能耗三维集成评估模型

建筑业已成为对环境影响最大的行业之一。相关研究表明[1-3],建筑施工和运营阶段消耗了全球近2/5的能源、1/4的水资源,产生约1/4的废物、排放1/3的温室气体(greenhouse gas,GHG)。为达到节能减排及碳达峰目标,中国拟通过提高建筑业能源效率实现城市化进程中的可持续发展。尽管在建筑全生命周期中,运营阶段的能源消耗量巨大,但由于建筑业物化能在提升可持续性方面也具有重要作用,目前已经逐渐得到重视[4-7]。

研究建筑业物化能耗的重要性主要体现在:①为进一步提升建筑物运营阶段节能表现,新型隔热材料和先进建造技术的使用在建造阶段愈加频繁,使得建筑业物化能耗在建筑全生命周期中的占比增加了 30%～50%[8]。此外,已有大量研究探讨了运维阶段的能耗表现[9-11],而施工阶段物化能耗的形成机理和作用机制仍需进一步研究[12]。②相比通过采用高能效设备以及建筑电气化等手段实现运维阶段的节能减排,物化阶段实现节能更为困难[13]。中国建筑业作为全社会主要的能源消耗行业[14,15],占全国能耗总量的 25%～30%[16]。由于快速的城市化进程,这一相对贡献逐年上升。目前,中国建筑部门能耗占全国能源消费总量的45.9%[17]。由此可见,研究建筑业物化能对我国实现整体节能减排目标是有利的[18]。

在此背景下,从国家和行业层面降低建造能耗强度十分必要[19]。然而,由于中国资源和经济分布的不均衡性,区域间的生产力和能源效率存在显著差异,这间接导致了区域间建筑业物化能耗差异明显。建筑业的物化能耗取决于整个产业链中间接能源的相互作用[20,21],现场施工过程中的直接能耗仅占总能耗的10%左右[19]。因此,探索产业链间接能源传输机制和作用关系对实现我国建筑业节能减排目标具有重要意义。

表 7-1 和表 7-2 总结了目前在宏观层面上研究物化能耗的方法。可以发现当前研究多从单一维度,如空间、产业或者供应链视角研究物化能耗,而缺乏耦合多维度的全面测度过程。因此,集成区域、部门和产业链维度实现对物化能耗的全面核算十分必要[3,9]。本节从地区、部门和产业链三个维度,将建筑实际生产活动与物化能耗量化结合,通过发展高效率、高附加值的建筑产业链来实现建筑业从能源密集型模式向可持续模式的转变,推动省级建筑部门能源结构升级,提高能源效率。

表 7-1 宏观层面物化能主要研究视角

方法	维度			视角	
	地区	部门	供应链	生产	消费
单区域投入产出分析(SRIO)		√			√
多区域投入产出分析(MRIO)	√	√			√
结构路径分析		√	√	√	√

表 7-2　产业层面现有物化能耗研究框架缺陷

缺陷	解决方法
缺乏统一的评估框架	从地区、部门和供应链视角建立实际建造过程与物化能耗的多维研究框架
缺乏地区和部门层面的上游阶段能流数据	通过地区投入产出数据和能源统计数据，追溯各省产业链物化能耗，分析区域和技术差异
缺乏能流流入流出信息	以供应链为切入点研究跨地区和跨部门的能源流动
缺乏能流大小和交互信息	建立统一的可计算框架，为准确量化能流的动力机制和相互作用提供基础

7.1　三维集成评估模型理论建模

现有关于物化能的研究主要分为两种：一种是以部门为研究对象，利用单区域投入产出（SRIO）模型模拟能源消耗，该模型的缺点是无法反映气候、地理位置、自然资源等地区特征；另一种是借助 MRIO 模型从地区和部门层面量化中国经济产生的环境影响，而这些研究多侧重于分析中国国内经济贸易在能源消费或碳排放方面的地区差异和部门贡献[22-26]。

除国家层面的研究之外，学者从产业层面研究某经济部门产生的环境影响。有些学者侧重研究整个产业部门的总体环境影响，特别是高能耗部门[27-29]；有些学者则侧重研究单一部门的环境影响，如钢铁[30,31]、水泥[32]、农业[33]、铝[34]以及建筑业[16,35,36]。有学者从产业链分析的角度对中国经济进行了分析研究，以确定产业链网络中部门间相互联系的程度和强度。借助产业链研究物化能和碳排放量是现阶段本领域研究的热点[19,26,37-39]，特别是利用结构分析方法讨论生产侧和消费侧的能耗相互关系[40,41]。

本书通过结合多区域投入产出（MRIO）分析和结构路径分析（SPA），构建了综合框架以追溯和量化地区、部门和产业链层面的能源流动。MRIO 是一种自上而下的方法，可具体地评估环境影响，有助于研究地区和技术差异对环境相互作用的影响，为计算地区和部门层面的物化能使用情况提供了理论基础。SPA 可对 MRIO 分析结果进行系统化和结构化分解，得到产业链中能流的详细信息，有助于决策者从产业链的角度追溯环境相互作用。

7.1.1　三维集成评估模型维度分析

基本能源平衡公式可表示为

$$e_i^r x_i^r = \sum_{k=1}^{m} \sum_{j=1}^{n} e_j^k a_{ij}^{rk} x_j^k + c_i^r x_i^r \tag{7-1}$$

其中，e_i^r 表示由 r 地区 i 部门生产单位产品的物化能耗强度；假设有 m 个地区，每个地区分别有 n 个部门，x_i^r 表示 r 地区 i 部门的总产出；a_{ij}^{rk} 表示 r 地区 i 部门向 k 地区 j 部门生产的单位产品的经济投入（直接系数）；c_i^r 表示 r 地区 i 部门的直接能源消耗强度，方程中的数据均来自地区统计年鉴。

在 m 个地区和 n 个部门的多区域投入产出表中，共有 $m \times n$ 个这样的等式，因此利用向量和矩阵可化简为

$$设\ \boldsymbol{E}^{\mathrm{T}} = \begin{bmatrix} \begin{pmatrix} e_1^1 \\ \vdots \\ e_n^1 \end{pmatrix} \\ \vdots \\ \begin{pmatrix} e_1^m \\ \vdots \\ e_n^m \end{pmatrix} \end{bmatrix}, \quad \boldsymbol{C}^{\mathrm{T}} = \begin{bmatrix} \begin{pmatrix} c_1^1 \\ \vdots \\ c_n^1 \end{pmatrix} \\ \vdots \\ \begin{pmatrix} c_1^m \\ \vdots \\ c_n^m \end{pmatrix} \end{bmatrix}, \quad \boldsymbol{X} = \begin{bmatrix} x_1^1 & 0 & \dots & 0 \\ 0 & x_2^1 & \dots & 0 \\ \vdots & \vdots & & \vdots \\ 0 & 0 & \dots & x_n^m \end{bmatrix}$$

$$\boldsymbol{A}^{\mathrm{T}} = \begin{bmatrix} \begin{pmatrix} a_{11}^{11} & \cdots & a_{1n}^{11} \\ \vdots & & \vdots \\ a_{n1}^{11} & \cdots & a_{nn}^{11} \end{pmatrix} & \dots & \begin{pmatrix} a_{11}^{1m} & \dots & a_{1n}^{1m} \\ \vdots & & \vdots \\ a_{n1}^{1m} & \dots & a_{nn}^{1m} \end{pmatrix} \\ & \dots & \\ \begin{pmatrix} a_{11}^{m1} & \dots & a_{1n}^{m1} \\ \vdots & & \vdots \\ a_{n1}^{m1} & \dots & a_{nn}^{m1} \end{pmatrix} & \dots & \begin{pmatrix} a_{11}^{mm} & \dots & a_{1n}^{mm} \\ \vdots & & \vdots \\ a_{n1}^{mm} & \dots & a_{nn}^{mm} \end{pmatrix} \end{bmatrix}$$

其中，$\boldsymbol{E}^{\mathrm{T}}$ 和 $\boldsymbol{C}^{\mathrm{T}}$ 表示 $\boldsymbol{E}$ 和 $\boldsymbol{C}$ 的转置。$\boldsymbol{E}$ 和 $\boldsymbol{C}$ 分别表示规模为 $(m \times n) \times 1$ 的物化能耗强度向量和直接能耗强度向量；$\boldsymbol{X}$ 是规模为 $(m \times n) \times (m \times n)$，是总投入的对角矩阵；$\boldsymbol{A}$ 表示规模为 $(m \times n) \times (m \times n)$ 的直接系数矩阵。上式可表示为

$$\boldsymbol{X}\boldsymbol{E}^{\mathrm{T}} = \boldsymbol{A}^{\mathrm{T}}\boldsymbol{X}\boldsymbol{E}^{\mathrm{T}} + \boldsymbol{X}\boldsymbol{C}^{\mathrm{T}} \tag{7-2}$$

变形可得：

$$\boldsymbol{E} = \boldsymbol{C}(\boldsymbol{I} - \boldsymbol{A})^{-1} \tag{7-3}$$

对角矩阵 $\hat{\boldsymbol{V}}$ 表示可用于计算地区和部门规模下的能源分布的最终产品集：

$$\boldsymbol{F} = \boldsymbol{E}\hat{\boldsymbol{V}} = \boldsymbol{C}(\boldsymbol{I} - \boldsymbol{A})^{-1}\hat{\boldsymbol{V}} \tag{7-4}$$

$\boldsymbol{F}$ 为 $1 \times (m \times n)$ 向量，表示各部门对各区域建筑业物化能耗投入。

为分析各地区能源在产业链中的分布，下面结合多区域投入产出分析 (MRIO) 和结构路径分析 (SPA) 进行研究。根据幂级数近似理论，式 (7-4) 可以进一步扩展为

$$\boldsymbol{F} = \boldsymbol{E}\hat{\boldsymbol{V}} = \boldsymbol{C}\boldsymbol{I}\boldsymbol{V} + \boldsymbol{C}\boldsymbol{A}\hat{\boldsymbol{V}} + \boldsymbol{C}\boldsymbol{A}^2\hat{\boldsymbol{V}} + \boldsymbol{C}\boldsymbol{A}^3\hat{\boldsymbol{V}} + \cdots \tag{7-5}$$

基于 SPA 算法，整个产业链可以进行无限分解，$\boldsymbol{C}\boldsymbol{A}^i\hat{\boldsymbol{V}}$ 表示上游 i 阶段总物化能耗。通过整合地区、部门和产业链三个维度可建立分析框架 (图 7-1)。水平面表示在区域和部门层面的能源分布，该分布情况由 MRIO 表确定，纵轴表示产业链中的能源分布，根据式 (7-5)，其上游阶段是无限的。因此，为研究能流传递最密集的阶段，有必要确定合理的上游阶段数。

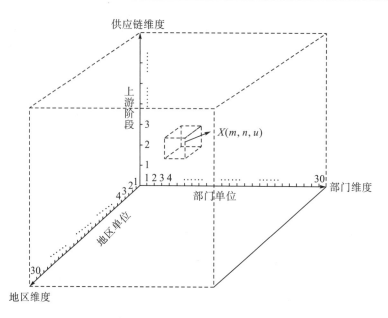

图 7-1　三维集成评估分析框架

　　在此分析框架中，节点表示某一地区的某一部门对全国建筑业物化能耗的贡献，代表着由建筑部门最终需求所引起的环境贡献。按照从上游到下游的顺序，以先后顺序连接节点形成单一能源路径。从生产的角度来看，某阶段的节点表示由最终需求(终点)带来的生产活动的能耗；从消费的角度来看，某个节点值表示从上游供应商处获得的能源之和，这种能源传递过程建立了最终需求与其相应生产之间的联系。因此，分析框架中的每一条路径代表着上游高阶阶段生产者与最终消费者之间的环境联系。

　　对于任意节点 $x(m,n,u)$ 有

$$x = f(m,n,u) \tag{7-6}$$

式中，$0 < m \leqslant 30,\ 0 < n \leqslant 30,\ 0 \leqslant u$。

　　节点 $x(s,r,p)$ 的值表示产生或接收来自上游阶段 p 地区 r 部门 s 的能源，可通过生产和消费视角计算，结果如表 7-3 所示。

表 7-3　消费和生产过程的价值计算公式

阶段	消耗过程	生产过程
0	$e_c^r v_c^r$	0
1	$\sum\limits_{l=1}^{30}\sum\limits_{k=1}^{30} e_l^k a_{ls}^{kr} v_s^r$	$\sum\limits_{n=1}^{30} e_s^r a_{sc}^m v_c^n$
2	$\sum\limits_{l=1}^{30}\sum\limits_{k=1}^{30}\sum\limits_{n=1}^{30} e_l^k a_{ls}^{kr} a_{sc}^m v_c^n$	$\sum\limits_{l=1}^{30}\sum\limits_{k=1}^{30}\sum\limits_{n=1}^{30} e_s^r a_{si}^{rk} a_{lc}^{kn} v_c^n$
3	$\sum\limits_{i=1}^{30}\sum\limits_{h=1}^{30}\sum\limits_{l=1}^{30}\sum\limits_{k=1}^{30}\sum\limits_{n=1}^{30} e_i^h a_{is}^{hr} a_{sl}^{rk} a_{lc}^{kn} v_c^n$	$\sum\limits_{i=1}^{30}\sum\limits_{h=1}^{30}\sum\limits_{l=1}^{30}\sum\limits_{k=1}^{30}\sum\limits_{n=1}^{30} e_s^r a_{si}^{rh} a_{il}^{hk} a_{lc}^{kn} v_c^n$

续表

阶段	消耗过程	生产过程
p	$\sum\limits_{i=1}^{30}\sum\limits_{h=1}^{30}\underbrace{\cdots\sum\limits_{l=1}^{30}\sum\limits_{k=1}^{30}\sum\limits_{n=1}^{30}}_{p+2} e_i^h \underbrace{a_{is}^{hr}\dots a_{lc}^{kn}}_{p} v_c^n$，且 $p \geqslant 1$	$\sum\limits_{i=1}^{30}\sum\limits_{h=1}^{30}\underbrace{\cdots\sum\limits_{l=1}^{30}\sum\limits_{k=1}^{30}\sum\limits_{n=1}^{30}}_{p+2} e_s^r \underbrace{a_{si}^{rh}\dots a_{lc}^{kn}}_{p} v_c^n$，且 $p \geqslant 1$

7.1.2　三维集成评估模型基本定理

框架中的每个节点应满足以下标准。

(1)排他性。每个节点都是唯一的且相互排斥。

(2)指数性。路径数量随着上游阶段的增长呈指数增长。

(3)可计算性。该模型中的每个节点都有实际的意义,可以通过适当的方程进行计算。

此外,此方法的框架包括三个投影平面,可分别为不同决策者提供指导信息。这三个投影平面是地区-部门、地区-产业链和部门-产业链投影平面。可根据不同地区、部门和上游阶段的经济数据,对建筑业诱发的具体能流进行深入调查。三维集成评估模型为量化建造实践中的能源消耗提供了理论依据。

1. 地区-部门投影面

地区-部门投影面中节点的值表示某个地区中特定部门的全产业链能耗,即各个上游阶段物化能耗之和,其数值大小由特定地区(n)和部门(m)确定。在工程实践中,计算结果即为现场施工过程的直接能耗和整个供应链的间接能耗之和。此外,对各个地区中不同经济部门的物化能耗投入求和可为深入了解地区能源对我国建筑业的贡献提供依据,而对各个经济部门中不同地区的物化能耗投入求和有助于决策者从产业部门角度审视能源分配情况。

2. 地区-产业链投影面

地区-产业链投影面中各节点的值表示产业链不同上游阶段对各个地区建筑业的能源投入,其结果有助于研究地区上游产业链能流传递关系。

3. 部门-产业链投影面

部门-产业链投影面的节点表示产业链不同上游阶段对各个生产部门的能源投入,其结果有助于分析产业部门上游阶段能流的相互传递作用。

7.2　三维集成评估模型实证分析

7.2.1　总体概述

本节首先提出能流模拟框架,然后从生产角度和消费角度对地区和部门间能源相互关系进行分析,以探讨由建筑活动产生的能流转移。

图 7-2 展示了模拟框架中的节点分布。为减少无价值节点的干扰，本节将地区建筑业总能耗的 0.1%作为阈值，以排除冗余节点。研究结果表明，下游阶段能流更为密集，从上游 5 阶段后节点规模和节点数量都较小。为进一步探索不同维度下的相关特征，下面从地区-部门、地区-产业链和部门-产业链三个投影面进行分析。

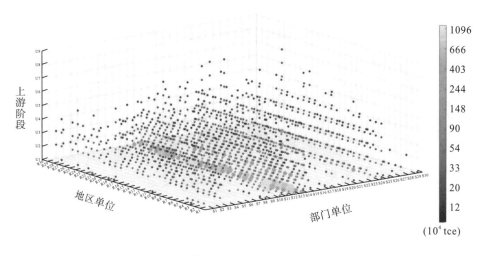

图 7-2   能耗分布图

7.2.2   地区-部门维能耗实证研究

由图 7-3 可知，尽管能耗绝对值存在一定差异，但各地区的经济结构相似，各个产业部门对建筑业能源贡献的相对比例分布呈现一定规律。从地区角度来看，辽宁(R6)、山东(R15)和广东(R19)建筑业物化能耗较大；从部门角度看，由于在建筑施工过程中大量使用混凝土和钢材，非金属矿物制品业(S13)和金属冶炼及压延加工业(S14)占建筑部门能源消耗比例较高。交通运输、仓储和邮政业(S25)，化学制造业(S12)，通用和专用设备制造业(S16)，电力、热力生产和供应业(S22)以及其他服务(S30)在中国的建设活动中也发挥了重要作用。

7.2.3   地区-产业链维能耗实证研究

图 7-4 展示了各地区在建筑业产业链中的能源分配情况。研究结果表明，在与现场施工过程直接相关的 0 阶段中，山东(R15)和广东(R19)地区的能耗显著，这可能是由于这些地区大规模的建筑活动和高速的城市化进程所引起的。中国北部、中部和西南部地区是中国建筑业典型的能源密集型区域，而产生该现象的原因十分复杂。

地区建筑业能源供应通常有以下两个特点：①自给自足是大多数地区建筑业能源消耗的主要特征，其中物化能耗主要受当地建造体量影响。例如，在山东(R15)和广东(R19)建筑业的能源消耗中，分别有 90%和 80%以上来自本地；②一些区域的能源不仅用于当地，还用于区域间由于建筑活动而产生的贸易行为。在这种情况下，物化能耗受地方发展和对外贸易的共同影响。例如，河北(R3)、河南(R16)和辽宁(R6)分别出口超过 65%、55%和

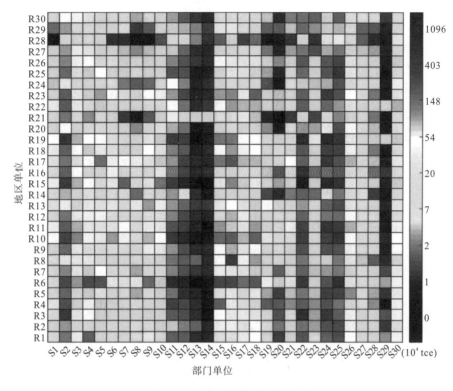

图 7-3　地区-部门维能耗分布图

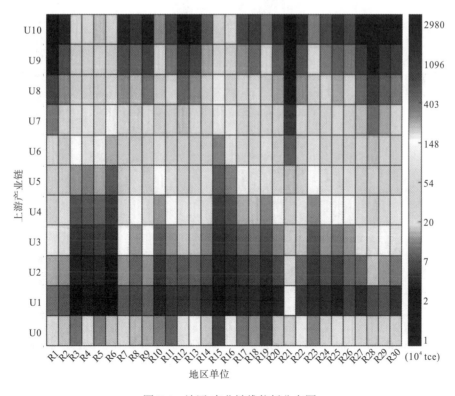

图 7-4　地区-产业链维能耗分布图

35%的当地能源以支持其他地区的建筑活动。河北是京津冀地区最大的出口地区，其出口至北京(R1)和天津(R2)的能源分别占当地建筑业总能耗的25%和14%以上。同样，在东北地区，辽宁(R6)是吉林(R7)和黑龙江(R8)的主要能源供应地区，分别占地区物化能耗的61.3%和58.1%。

7.2.4　部门-产业链维能耗实证研究

图 7-5 展示了各部门在建筑产业链中的能源分配情况。研究结果表明，煤炭开采和洗选业(S2)，石油、煤炭及其他燃料加工业(S11)，非金属矿物制品业(S13)，金属冶炼及压延加工业(S14)，电力、热力生产和供应业(S22)和交通运输、仓储和邮政业(S25)部门是建筑业产业链的主要能源贡献部门，这是因为这些部门与施工现场生产活动、材料生产和运输过程密切相关。建筑业能耗涉及诸多的经济部门，这表明减少建筑业能源强度需要在整个经济系统内谋划，而不是只关注一两个特定的生产阶段或制造过程。通过全产业链视角分析，经济部门的重要性程度也呈规律性变化(图 7-6)。例如，随着上游阶段数量的增长，采矿业(如 S3 和 S4)、S11 和 S22 的作用变得更加重要，这是由于这些部门是整个经济系统原材料生产和能源供应的基本部门，其货物和产品通常作为下一阶段加工的能源或者产品投入。在高阶上游阶段，金属制品制造(S15)和机械制造(S16 和 S18)产生的能源贡献较小，这主要是因为建筑业对这些部门的产品依赖主要发生在下游阶段，特别是在现场施工过程中，在上游高阶阶段的需求性较弱。

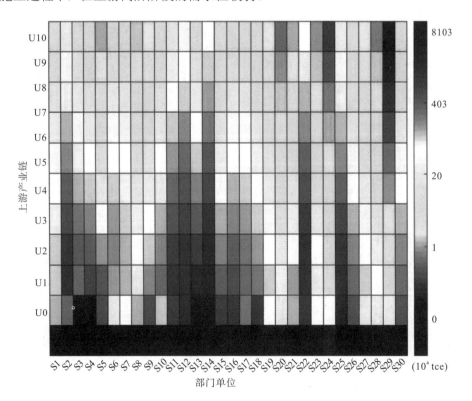

图 7-5　部门-产业链维能耗分布图

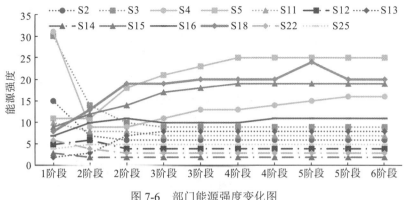

图 7-6 部门能源强度变化图

在所有的上游阶段中,1阶段、2阶段和3阶段是上游生产过程主要的能源消耗阶段,其次是0阶段和4阶段。建筑部门产生大量的间接能耗,其中上游阶段能耗占建筑部门物化能耗总量的90%以上,除了与建筑材料生产有关的影响占主导地位(40.7%)之外,一些高阶上游阶段(如2阶段、3阶段和4阶段)也对总物化能耗(42.3%)影响显著。前十个上游阶段占总能耗的90%以上,其中前五个上游阶段占前十个阶段总能耗的94.3%。此研究结论可用于确定较为合理的上游阶段,为合理设置系统边界提供指导。

7.2.5 跨地区能耗实证研究

为合理地确定建筑部门的节能目标和地区责任分配,对全国各地区和部门能源转移进行深入分析十分必要。为此,下面将通过产业链进行地区和部门间能流转移研究。

分析能流转移有助于了解地区的能源利用现状,图7-7展示了不同地区产业链中的能流转移情况。浙江是全国最大的建筑业能源进口地区,其次是江苏、北京和上海;河北、辽宁和河南是主要的能源出口地区。北京建筑业85%的能源消耗来自其他地区供给,其次是上海和吉林,由于生活环境提升和快速城市化需求,这些地区对外部资源依赖程度将继续提高。此类由于能流跨区域转移而导致的间接能源消耗可能造成人们对这些地区节能重要性的忽略。

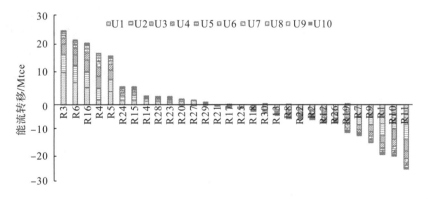

图 7-7 各地区能源在产业链中的转移情况图

　　由图7-8可知,在第一个上游阶段,建筑部门是最大的能源进口部门,其进口量为368.2Mtce。通过分析产业链各上游阶段能源消耗情况有利于关键部门在供应行为方式上的转变。采矿业(例如S2、S3和S4)、S22和S25是建筑业产业链中的主要能源供应部门,在高阶上游阶段中S2和S22消耗的能源远高于1阶段,这是因为这两个部门向建筑业上游产业链提供基本原材料和能源。因此,提高这些部门的能源和生产效率对降低建筑业能耗至关重要。

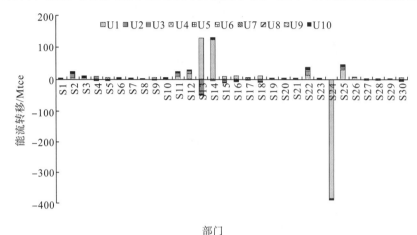

图7-8　各部门能源在产业链上游各阶段中的转移情况

7.2.6　政策建议

　　本节通过构建建筑业物化能耗集成评估框架,从地区、部门和产业链角度系统地分析了建筑业物化能耗使用情况,为探讨跨地区和跨部门的能源流动路径和产业链间的互动机制提供参考。

　　由于对建筑业物化能耗的认识不充分,现有政策往往忽略了能源跨地区转移,这将对各部门的能源现状产生误解,导致不公平节能政策的出台。事实上,地区间能源转移可有效反映各地区建筑业的用能特征。例如,作为全国最大的钢铁生产地,河北钢铁产量占全国总产量的25%以上[①]。河北省钢铁产量除了满足当地需求外,还向其他地区提供,因此河北是全国建筑业的主要能源供给基地。相比之下,浙江、江苏等地的能源供应不足以支持其大规模基础设施建设和高速的城市化进程,需要依赖其他地区的供给。因此,节能减排需要同时从生产和消费两个角度着手。对于能源出口地区,可通过实施严格的监管,并鼓励出口地区生产高附加值和高能效的产品;对于能源进口地区则应承担更多责任,并严格要求能源供应商实施低碳和清洁生产,以实现建筑业可持续发展。

　　从部门作用角度来看,非金属矿物制品业(S13)和金属冶炼及压延加工业(S14)为最大能源贡献者,表明了降低建筑材料生产能耗对建筑业节能的重要性。因此,提高主要材料生产部门的技术水平是实现短期高效节能的有效途径。除了采取短期节能措施外,还应全面提升现有经济结构,促进经济结构向可持续、高附加值、服务业为主导的方向发展,提高产业链中上游各阶段的能源效率。

---

① 《中国钢铁工业年鉴》(2011)。

参考文献

[1] Buildings U S, Initiative C. Common Carbon Metric for Measuring Energy Use and Reporting Greenhouse Gas Emissions from Building Operations[M]. Nairobi:United Nations Environment Programme, 2009.

[2] Chau C, Leung T, Ng W. A review on life cycle assessment, life cycle energy assessment and life cycle carbon emissions assessment on buildings[J]. Applied Energy, 2015, 143(1):395-413.

[3] Dixit M K, Culp C H, Fernandez-Solis J L. Embodied energy of construction materials: integrating human and capital energy into an io-based hybrid model[J]. Environmental Science Technology, 2015, 49(3):1936-1945.

[4] Emmanuel R. Estimating the environmental suitability of wall materials: preliminary results from Sri Lanka[J]. Building and Environment, 2004, 39(10):1253-1261.

[5] Huberman N, Pearlmutter D. A life-cycle energy analysis of building materials in the Negev desert[J]. Energy and Buildings, 2008, 40(5):837-848.

[6] Jeong Y S, Lee S E, Huh J H. Estimation of CO_2 emission of apartment buildings due to major construction materials in the Republic of Korea[J]. Energy and Buildings, 2012, 49:437-442.

[7] Tucker S, Salomonsson G, Treloar G, et al. The environmental impact of energy embodied in construction[R]. Research Institute for Innovative Technology for the Earth,1993.

[8] Sartori I, Hestnes A G. Energy use in the life cycle of conventional and low-energy buildings: a review article[J]. Energy and Buildings, 2007, 39(3):249-257.

[9] Copiello S. Economic implications of the energy issue: evidence for a positive non-linear relation between embodied energy and construction cost[J]. Energy and Buildings, 2016, 123(7):59-70.

[10] Scheuer C, Keoleian G A, Reppe P. Life cycle energy and environmental performance of a new university building: modeling challenges and design implications[J]. Energy and Buildings, 2003, 35(10):1049-1064.

[11] Van Ooteghem K, Xu L. The life-cycle assessment of a single-storey retail building in Canada[J]. Building and Environment, 2012, 49(1):212-226.

[12] Dixit M K. Embodied energy analysis of building materials: an improved IO-based hybrid method using sectoral disaggregation[J]. Energy, 2017, 124:46-58.

[13] Dixit M K, Fernández-Solís J L, Lavy S, et al. Need for an embodied energy measurement protocol for buildings: a review paper[J]. Renewable and Sustainable Energy Reviews , 2012, 16(6):3730-3743.

[14] Wan K K, Li D H, Lam J C. Assessment of climate change impact on building energy use and mitigation measures in subtropical climates[J]. Energy, 2011, 36(3):1404-1414.

[15] Yang L, Wan K K, Li D H, et al. A new method to develop typical weather years in different climates for building energy use studies[J]. Energy, 2011, 36(10):6121-6129.

[16] Hong J K, Shen G Q, Guo S, et al. Energy use embodied in China's construction industry: a multi-regional input-output analysis[J]. Renewable and Sustainable Energy Reviews, 2016, 53:1303-1312.

[17] Zhou N, Sathaye J, Levine M, et al. Energy use in China: sectoral trends and future outlook[R]. Berkeley, CA (United States):Lawrence Berkeley National Laboratory, 2017.DOI:10.2172/927321.

[18] Fu F, Pan L, Ma L, et al. A simplified method to estimate the energy-saving potentials of frequent construction and demolition

process in China[J]. Energy, 2013, 49(1):316-322.

[19] Hong J K, Shen Q, Xue F. A multi-regional structural path analysis of the energy supply chain in China's construction industry[J]. Energy Policy, 2016, 92:56-68.

[20] Liu Z, Geng Y, Lindner S, et al. Uncovering China's greenhouse gas emission from regional and sectoral perspectives[J]. Energy, 2012, 45(1):1059-1068.

[21] Liu Z, Geng Y, Lindner S, et al. Embodied energy use in China's industrial sectors[J]. Energy Policy, 2012, 49:751-758.

[22] Guo J E, Zhang Z, Meng L. China's provincial CO_2 emissions embodied in international and interprovincial trade[J]. Energy Policy, 2012, 42:486-497.

[23] Meng L, Guo J E, Chai J, et al. China's regional CO_2 emissions: Characteristics, inter-regional transfer and emission reduction policies[J]. Energy Policy, 2011, 39(10):6136-6144.

[24] Yuan B, Ren S, Chen X. The effects of urbanization, consumption ratio and consumption structure on residential indirect CO_2 emissions in China: a regional comparative analysis[J]. Applied Energy, 2015, 140:94-106.

[25] Zhang B, Qiao H, Chen Z, et al. Growth in embodied energy transfers via China's domestic trade: evidence from multi-regional input-output analysis[J]. Applied Energy, 2016, 184:1093-1105.

[26] Zhang B, Qu X, Meng J, et al. Identifying primary energy requirements in structural path analysis: a case study of China 2012[J]. Applied Energy, 2017, 191:425-435.

[27] Song C, Li M, Wen Z, et al. Research on energy efficiency evaluation based on indicators for industry sectors in China[J]. Applied Energy, 2014, 134:550-562.

[28] Xu B, Lin B. Reducing CO_2 emissions in China's manufacturing industry: evidence from nonparametric additive regression models[J]. Energy, 2016, 101:161-173.

[29] Yuan R, Zhao T. A combined input-output and sensitivity analysis of CO_2 emissions in the high energy-consuming industries:a case study of China[J]. Atmospheric Pollution Research, 2016, 7(2):315-325.

[30] Lin B, Wang X. Carbon emissions from energy intensive industry in China: evidence from the iron & steel industry[J]. Renewable and Sustainable Energy Reviews, 2015, 47(7):746-754.

[31] Xu B, Lin B. Assessing CO_2 emissions in China's iron and steel industry: a dynamic vector autoregression model[J]. Applied Energy, 2016, 161:375-386.

[32] Song D, Yang J, Chen B, et al. Life-cycle environmental impact analysis of a typical cement production chain[J]. Applied Energy, 2016, 164:916-923.

[33] Wang W, Koslowski F, Nayak D R, et al. Greenhouse gas mitigation in Chinese agriculture: distinguishing technical and economic potentials[J]. Global Environmental Change, 2014, 26:53-62.

[34] Liu Z, Geng Y, Adams M, et al. Uncovering driving forces on greenhouse gas emissions in China' aluminum industry from the perspective of life cycle analysis[J]. Applied Energy, 2016, 166:253-263.

[35] Chang Y, Huang Z, Ries R J, et al. The embodied air pollutant emissions and water footprints of buildings in China: a quantification using disaggregated input-output life cycle inventory model[J]. Journal of Cleaner Production, 2016, 113:274-284.

[36] Guan J, Zhang Z, Chu C. Quantification of building embodied energy in China using an input-output-based hybrid LCA model[J]. Energy and Buildings, 2016, 110(1):443-452.

[37] Liu H, Liu W, Fan X, et al. Carbon emissions embodied in value added chains in China[J]. Journal of Cleaner Production, 2015, 103:362-370.

[38] Liu H, Liu W, Fan X, et al. Carbon emissions embodied in demand-supply chains in China[J]. Energy Economics, 2015, 50:294-305.

[39] Yang Z, Dong W, Xiu J, et al. Structural path analysis of fossil fuel based CO_2 emissions: a case study for China[J]. Plos One, 2015, 10(9): e135727.

[40] Tian X, Chang M, Lin C, et al. China's carbon footprint: a regional perspective on the effect of transitions in consumption and production patterns[J]. Applied Energy, 2014, 123:19-28.

[41] Yan J, Zhao T, Kang J. Sensitivity analysis of technology and supply change for CO_2 emission intensity of energy-intensive industries based on input-output model[J]. Applied Energy, 2016, 171:456-467.

第8章 建筑物化能耗差异化测度模型研究

尽管大量研究对建筑全生命周期的能源使用进行了分析[1,2]，但建筑物化能耗使用特征仍是一个亟待探索的黑箱。根据 Dixit 等[3]的研究结果，建筑物化能的提升空间有限。建筑物化能耗主要由建筑材料使用，即由工程量清单决定，相应的物理参数和使用数量在设计或施工的前期阶段就已确定，施工后期的能源评估对物化能优化启示有限，需要通过在项目层面开发新方法来寻找减轻新建建筑能源消耗的策略方案。

基于不同的研究范围，已有大量研究对建筑领域的物化能耗进行了评估。行业层面的研究主要利用行业平均数据和公共统计数据来构筑建筑物化能耗评估的整体框架，并找出具有较大节能潜力的领域[4-6]；项目层面的研究主要集中于研究特定建筑物全生命周期的能耗表现。这些研究既有助于确定建筑施工过程中的能源密集型材料和构件[2,7,8]，也有助于考察采用创新施工技术对总体能源使用量的影响[9-11]。然而，由于各种原因，现有研究对物化能耗的评估在一定程度上有所不足。第一，受制于研究范围和计算方法，以往的研究结果大部分都是不确定和不可重现的[12,13]。第二，数据源和数据形式的多样化阻碍了建筑项目层面数据获取的透明度和可靠性；虽然传统模型高度依赖于数据，但特定案例的过程数据几乎无法从公开渠道获得。第三，研究项目层面的物化能耗需要一个将多层次清单复杂性和数据精确性结合起来的方法框架，因此，构建一个能够同时确保系统完整性和评估准确性的界面非常重要。第四，以往的研究很少考虑区域特征的影响，由于区域数据的差异，物化能的数值在不同区域间明显不同，如生产水平和能源效率等区域差异可能会对建筑物的物化能评估产生间接但重大影响，而忽略地区和技术差异可能会导致对实际能源消费的错误理解。特别是在中国，东部沿海地区与西部内陆地区存在着经济发展不平衡的现象，各区域的施工活动在建筑材料、施工过程和运输方式等方面也有所不同。特定建筑区域的生产率可能与全国平均水平存在较大差异，这种差异可能会进一步加剧模拟值和实际消耗值之间的误差。因此，正确衡量这些指标对于获得稳定的评估结果至关重要。从实践角度来看，物化能耗评估通常属于项目后评估，错失了在项目初始阶段及时改进的机会。此外，特定建筑项目因设计、结构和材料使用量的特殊性而具有不可替代性，其评估结果和优化策略在其他项目中无法再现，导致物化能评估的环境效益大大降低。因此，很有必要在考虑区域差异性和时空差异性的基础上，构建建筑业物化能耗评估框架，以在结果准确性和数据特异性之间寻求平衡。

现有研究对建筑物化能耗的评估大多呈碎片化特征。例如，部分研究未包括建筑运营中的能源消耗，或者忽略了材料生产和运输阶段所包含的能源消耗，从而无法从全生命周期视角来揭示建筑物化能耗的整体表现。由于中国东部沿海与西部内陆地区的经济发展不平衡，这些地区在材料生产、建造过程和交通运输方式等方面存在差异。因此，建筑全生命周期的能耗模拟可能在区域层面上存在较大差异。尽管区域建筑业在国家节能工作中扮演的角色越来越重要，但在区域尺度上的相关研究仍旧很少，因此有必要在区域层面探讨建筑物化能。

国际能源署 (IEA) 的数据显示，住宅和商业部门几乎占全世界最终能源使用量的 40%，其中建筑物消耗了大部分的能源。同时，中国办公建筑总面积从 2000 年的 6930 万平方米增加到 2012 年的 20490 万平方米，每年的平均增长率高达 10.4%[14]；2012 年中国完成的住宅建筑楼面面积占全部建筑楼面面积的 65.4%，占建筑业经济总量的 60% 以上[14]。这种高速增长增加了建筑建造过程和日常运维的能耗，因此，有必要对区域层面的住宅和写字楼两类建筑进行建筑全生命周期的能耗研究。

本章基于多区域视角开发了一个旨在量化单体建筑物化能耗的综合评估框架并将该框架运用到实证研究中。其贡献主要包括：评估框架可以帮助决策者研究地理位置、建筑类型和建筑结构变化对建筑物总体物化能耗的影响，系统量化由于地理空间异质性所导致的建筑能耗评估差异，为决策者和从业人员在项目层面采取特定的节能措施提供参考，为建筑业技术、产品和管理改进提出建议，提升建筑物化能耗表现。

8.1　建筑物化能耗差异化测度理论模型构建

8.1.1　差异化测度模型模块研究

本节所提出的框架由三个计算模块组成。为了揭示项目层面上原材料的挖掘、制造、运输等现场工作和非现场服务中的物化能耗情况，本节构建了一套耦合体系来管理区域和过程数据。

1. 基于区域的部门能源强度模块

为了反映区域差异性和技术差异性对能源强度的影响，本节采用 MRIO 模型从自上而下的角度量化部门能源强度。首先，基于区域的部门能源强度模块包含了 30 个地区 900 个部门的物化能强度信息，这是基于区域特征和技术差异来衡量部门能源对特定建筑贡献的计算基础。其次，通过乘以特定建筑物的总成本，可以得到项目层面的总体物化能耗。最后，通过集成特定案例中的过程数据，可以提高此粗略估算的准确性。

2. 基于过程的能源强度模块

MRIO 模型对评估框架中的系统边界确定和区域特征信息集成至关重要，但为了满足案例特殊性的需求，需要将该计算框架进行从区域规模到项目规模的重建。同时，为了提供更精确的评估，需要整合基于过程的清单数据。由于 MRIO 中供应链能流路径是互斥的，因此将基于过程的清单流整合到 MRIO 分析的计算结构中是合理的，因为从供应链角度来看，用基于过程的数据代替 MRIO 供应链中的区域能流不会导致模型不必要的迭代效应。这种区域数据与过程数据的集成能够提高结果的特异性和准确性。

3. 计算模块

计算模块旨在通过将特定案例的过程数据整合到多区域框架中，是评估框架的核心。整合过程是将自下而上的基于过程的数据分配到自上而下的各部门能流路径中。因此，需要开发一种算法来分配基于过程的清单数据，以代替从 MRIO 模型中得到的能流数据（图 8-1）。整合和分配过程的步骤：①对建筑业引发的所有能流按照区域进行计算；②基于区域供应链提取能源密集型路径并确定关键部门；③将阶段性的建设活动分配到每个区域所确定的关键部门中，并在计算框架中将 MRIO 值替换为相应的特定案例过程数据。表 8-1 总结了这一分配流程，并建立了一个基于多区域的数据库，该数据库明确了数据的类别、格式和来源，为组合多个数据源提供了可行方案。

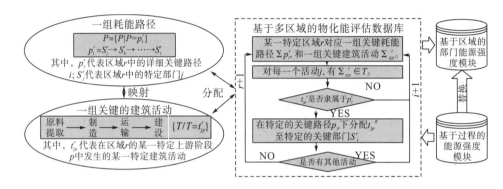

图 8-1　分配和整合程序算法

表 8-1　不同区域的关键部门识别

区域		关键部门
中国		S2，S11，S12，S13，S14，S22，S24，S25，S30
北京	R1	R3S13，R4S2，R3S12，R3S22，R3S15，R3S25，R3S16，R3S5，R15S13，R3S17
天津	R2	R2S14，R2S25，R2S26，R3S14，R2S21，R2S22，R5S14，R2S15，R2S14，R2S25
河北	R3	R314，R3S4，R3S11，R3S22，R3S25，R3S3，R3S2
山西	R4	R4S14，R4S11，R4S22，R4S30，R4S25，R4S12，R4S13，R4S4，R4S16，R4S2
内蒙古	R5	R5S14，R5S4，R5S25，R5S22
辽宁	R6	R6S13，R6S12，R6S22，R6S25，R6S26，R6S14，R6S11，R6S30，R6S15
吉林	R7	R7S14，R6S14，R6S4，R6S11，R6S22
黑龙江	R8	R8S14，R8S22，R8S11，R6S14，R8S22，R8S4，R8S3
上海	R9	R9S13，R9S30，R9S14，R9S22，R9S12，R9S25
江苏	R10	R10S13，R10S22，R10S12，R10S30，R10S18
浙江	R11	R11S13，R11S22，R11S5，R11S25，R11S12，R11S15
安徽	R12	R12S14，R12S30，R12S2，R12S25，R12S15
福建	R13	R13S14，R13S4，R13S25，R13S22，R25S14
江西	R14	R14S14，R14S25，R14S4，R14S22，R14S11，R14S2，R14S30
山东	R15	R15S13，R15S12，R15S2，R15S5，R15S25，R15S16

区域		关键部门
河南	R16	R16S5，R16S13，R16S25，R16S22，R16S12，R16S6，R16S2
湖北	R17	R17S14，R17S30，R17S22，R17S4，R17S25，R17S13，R17S11，R17S12
湖南	R18	R18S13，R18S22，R18S2，R18S11，R18S12，R18S25，R17S13，R16S13
广东	R19	R19S13，R19S22，R19S30，R19S5，R19S12，R19S11，R19S25，R19S2
广西	R20	R20S13，R20S22，R20S30，R24S2，R20S2，R20S16，R20S25，R20S14
海南	R21	R21S13，R21S25，R21S11，R21S30
重庆	R22	R22S13，R22S2，R22S22，R22S25
四川	R23	R23S14，R23S4，R23S25，R23S30，R23S22，R23S2
贵州	R24	R24S13，R24S22，R24S2，R24S30，R24S25
云南	R25	R25S13，R25S2，R25S25，R25S30，R25S22，R6S11，R25S11，R25S17
陕西	R26	R26S13，R26S22，R26S2，R3S13，R26S22
甘肃	R27	R27S13，R27S12，RS27S22，R26S12，R27S14，R27S2
青海	R28	R28S14，R28S4，R28S22，R28S30，R28S25，R28S4
宁夏	R29	R29S14，R29S22，R29S2，R29S30，R27S22
新疆	R30	R30S13，R30S25，R30S12，R30S11，R30S3，R30S14，R30S30

注：R 代表本研究中关注的 30 个地区，S 代表本研究中关注的 30 个经济部门，具体信息见附录 A。

8.1.2　差异化测度模型设计

本节旨在寻求结果准确性和数据特异性之间的平衡，以建立物化能耗评估的综合框架。该框架需实现以下目标：①设计一种基于过程数据和区域平均数据相结合的算法；②通过考虑区域特征来定义物化能耗评估综合框架，从而测量技术差异对物化能评估的影响；③建立具有统一数据格式、透明数据源、数据高质量特征的建筑物化能评估区域数据库，提高多个数据源的兼容性；④开发建筑物化能耗的预评估工具，及时评估施工初始阶段的物化能耗。

本节需要收集三类数据：①中国科学院编制的 MRIO 表，该表提供了中国 30 个地区（包括 22 个省、4 个自治区和 4 个直辖市）900 个行业的基本货币流通量；②从省级统计年鉴和中国能源统计年鉴中的区域能源平衡表这两个公共渠道获取的部门直接能源消耗数据；③在整合过程中确定的主要施工活动和基于过程的清单数据。通过对国内外的 24 项研究进行回顾（附录 C）可知，造成基于过程的能源强度变化的主要因素是施工过程中实施的具体技术。因此，本节采用基于过程的能源强度数据来代表施工活动中最典型的生产过程。

通过模块集成和数据整合，本书设计了一个综合评估框架来衡量建筑物化能评估中的区域差异和技术差异。整个框架由四个独立的功能层组成（图 8-2）。输入层提供基本的建筑概况和材料清单信息，建筑概况包括被调查建筑信息，即位置、建筑物类型、总建筑面积和总成本等基本信息。反映施工活动强度信息的清单数据主要来源于设计图纸、项目文件和工程量清单。整合层旨在整合计算方法和数据库，以形成建筑物化能耗评估的理论基础。输出层提供特定建筑多尺度的物化能耗信息。应用层主要包括可以应用此评估框架并从中受益的关键用户，如与项目相关的利益相关者(例如业主、承包商、项目经理、供应商等)和政策制定者。可以将此框架作为基本的评估工具，以检测建筑物在项目和区域层面上的能耗情况。

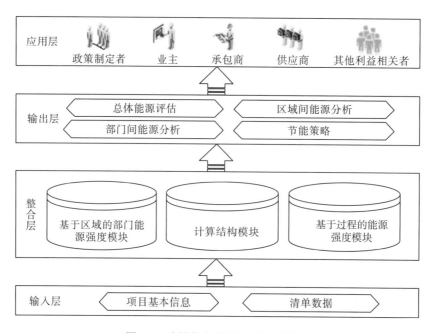

图 8-2　建筑物化能评估多区域框架

8.2　差异化测度模型实证分析

为了验证建筑物化能评估框架预设功能的可靠性和可行性,本书将框架运用至实际的建筑案例中。通过比较分析来验证框架的可靠性,并通过实证分析来验证预设功能的可行性和有效性。

8.2.1　案例比较研究

根据国家统计局数据,中国商业建筑的总建筑面积从 2000 年的 6930 万平方米增加到 2014 年的 2.330 亿平方米,年增长率为 9.0%;2014 年完工的总住宅建筑面积占建成总建筑面积的 67.7%,其经济产出占建筑业经济总产出的 65%以上。如此高的增长率不可避免地导致建筑施工过程中能源使用总量显著增加。因此,商业建筑和住宅建筑是比较分析的焦点,实现对这两类建筑物化能耗的预估对促进业主和承包商更早实施针对性节能策略至关重要。

通过全面回顾以往的研究,本节选择了 6 个建筑案例进行比较分析。表 8-2 总结了各案例基本的建筑物信息,包括位置、建筑物类型、结构、总建筑面积和在每种情况下评估实际能耗的方法及来源。由于无法获得大多数材料供应商的信息，因此本书运用情景分析方法，将全部 30 个地区作为替代供应商来考察材料来源变化对总物化能耗的影响。

表 8-2　不同建筑物的基本信息

案例序号	位置	建筑物类型	结构	总建筑面积/m²	方法	来源
1	河北	办公	框架剪力墙	49166	混合 LCA	[15]
2	江苏	办公	砖混	1460	基于过程	[16]
3	北京	办公	钢筋砼框架	35685	BEPAS	[17]
4	北京	住宅	框剪	7000	基于过程	[18]
5	北京	住宅	砖混	5050	基于过程	[19]
6	北京	住宅	钢筋砼框架	26717	基于过程	[19]

注：BEPAS（building environmental performance analysis system）表示建筑环境性能分析系统。

　　比较分析的结果如表 8-3 所示，尽管从原始研究和本书研究评估框架中获得的结果存在差异，但它们仍处于相同的数量级。评估框架在综合考虑整个上游供应链部门间的相互作用方面具有优越性。因为它除了包含物质生产、运输和电力供应中使用的能源外，在更前端的上游阶段中，原材料提取、能源生产和服务的额外能源投入也进行了量化。比较分析的结果表明，这部分能源约占建筑总物化能耗的 30%。这说明在基于过程的研究中因人为边界划分导致遗漏的上游供应链能耗对于总能源消耗来说非常重要。

表 8-3　物化能强度比较分析结果

案例序号	原始结果/(GJ/m²)	多区域框架结果/(GJ/m²)			差距/%		
		2007 年	2010 年	2012 年	2007 年	2010 年	2012 年
1	6.46	14.03	10.50	10.24	117.2	62.5	62.5
2	4.31	3.91	3.23	2.43	−9.3	−25.1	−43.6
3	4.49	5.94	3.88	3.86	32.3	−13.6	−14.0
4	4.21	5.76	4.05	4.02	36.8	−5.8	−4.5
5	4.17	5.25	3.56	3.55	25.9	−14.6	−14.9
6	7.50	6.81	4.78	4.76	−9.2	−36.3	−36.5

　　从空间角度对结果进行解读，在经济发展水平和生产效率较高的地区（例如江苏的 2 号建筑和北京的 3、4、5、6 号建筑），其案例建筑呈现出比原始结果更低的能源强度值；相比之下，河北案例的修改结果高于原始值。导致这些差距的原因是，原始结果是基于全国平均水平的能源强度数据计算，无法体现地区差异，而多区域框架则能够衡量由地区差异导致的生产率差异。

　　从时间角度对结果进行解读，由于能源效率和生产结构的改善，2007～2012 年，所有案例的物化能强度都有所下降。值得注意的是，2007～2010 年的下降幅度高于 2010～2012 年的下降幅度，这主要是因为前一个时间间隔几乎覆盖了"十一五"整个时期，这个时期在全国范围内出台了一批强制性的节能目标。

此外,该综合框架的应用还可以量化由地理位置、建筑类型和结构变化引起的总物化能耗差异。例如,在建筑类型和结构都相同的情况下,河北商业楼(案例1)的能源强度远高于江苏(案例2)和北京(案例3)商业楼的能源强度。同样,在相同的地理位置和建筑类型的情况下,框架剪力结构(案例4)和混凝土框架结构(案例6)的建筑能耗高于砖混结构(案例5)的建筑能耗。

8.2.2 实证应用研究

本节将该框架应用到工程实践中,以验证评估框架在中国实际建筑项目中的可行性和有效性。表8-4总结了案例建筑的基本概况和清单数据。这些建筑物分别位于经济发展和生产效率存在显著差距的广东省和四川省,利用这种差异来反映地理位置对建筑总物化能耗的影响。每个目标建筑主要材料的清单数据都来自该项目的相关文件,包括工程量清单、会计收据、利益相关方报告和采购单位的二手数据清单。在地理位置相同的情况下,项目1明显比项目3的钢材消耗更高,因为在项目1的商业区建设中,钢材消耗占总材料消耗的12%。对相关施工文件进行仔细审查后,项目3被评为中国三星级绿色建筑。在该项目中,承包商尽可能使用低能耗材料,广泛使用节能、再生材料(该类材料的占比为8.1%)并明确本地材料在材料供应链中的主导地位,其中,在500km范围内供应的材料比重约为98%,这种供应本地化的策略可以有效降低运输过程中的能源消耗。

表 8-4　建筑物基本信息和项目清单数据

基本信息	项目 1	项目 2	项目 3
位置	广东	四川	广东
建筑物类型	商住	住宅	办公
结构	钢筋砼框架	框剪	钢筋砼框架
总建筑面积/m^2	11508	6890	20205
沙/t	124.86	1202.90	216.25
砾石/t	4863.76		
绝缘材料/t	158.27		
油漆/t	1.12	29.85	1.80
砼/t	4443.45	4348.88	16736.95
水泥/t	11536.50	612.32	120.13
玻璃/t	86.03	21.40	189.44
陶瓷品/t	14.65	10.20	
石膏/t	0.06		
石灰/t	6.76		
砖/t	14.38	51.29	1730.40
钢材/t	2286.19	331.81	1375.00
铝材/t	29.65	48.59	86.00
铜材/t	0.30	1.20	0.50

表 8-5 列出了 2007 年、2010 年、2012 年的实证研究结果。与比较分析的结果类似，三个目标建筑物的物化能强度在研究期内呈下降趋势。从区域和项目角度看，以 2012 年的结果为例，该评估框架能够揭示由于材料跨区域供应导致的建筑物物化能耗在区域间的能源转移，这有利于当地政府基于供应商的重新分配来缓解区域层面的环境压力。根据计算结果，目标项目的能源供应商主要来自当地，当地的能源供应占能源使用总量的 80% 以上。进一步说，地理关系和资源禀赋是影响跨区域能源转移的两个因素。例如，作为与广东省地理位置最接近的省份，湖南和广西是项目 1 和项目 3 的主要能源供应者。同样，由于有着地理及资源两方面的优势，河南和陕西成了地处四川目标建筑的两大非本地能源供应地区。在部门层面对能源消费总量的分解表明，化工行业（S12），非金属矿产品生产（S13），金属冶炼和压制（S14），电力、热力的生产和分配（S22）以及运输、仓储和通讯（S25）在项目物化阶段供应了大量能源（图 8-3）。

表 8-5　实证分析结果

项目	物化能强度/(GJ/m²)		
	2007 年	2010 年	2012 年
项目 1	9.37	6.31	6.08
项目 2	7.33	6.18	5.70
项目 3	5.26	3.37	3.23

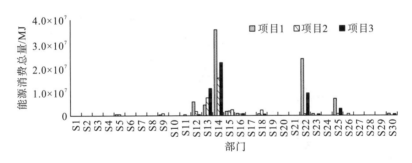

图 8-3　三个建筑项目的部门间分析

为了探索特定类型建筑材料的能源贡献，综合框架还对每个案例建筑中的主要材料进行了深入的能源评估。

在图 8-4 中，材料所体现的能源使用分布情况与建筑特征一致。例如，由于大量使用钢材，项目 1 中钢铁生产的能源使用量约占能源消费总量的 60%。基于评估框架得出的结果表明，交通运输中的物化能耗占项目总能耗的 5% 左右，远高于预期值和其在其他相关研究中的值[20,21]，这主要是因为本节不仅量化了从场外工厂到施工现场的物料运输过程中的直接能源输入，还考虑了整个供应链中相关运输过程的间接能源使用。由于假设目标建筑使用的所有材料均来自当地的供应商，这一比例极有可能被低估，当建筑施工过程中发生跨区域采购时，该实际值可能更大。

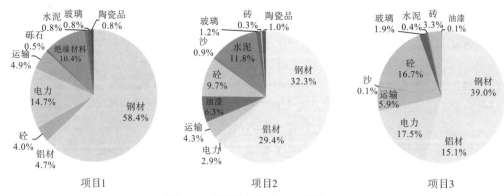

图 8-4　建筑材料的物化能使用占比

　　评估框架的应用可以反映材料使用、施工技术和地理位置对建筑物化能耗的重要影响。由于材料组成不同(项目 1 中钢材含量较高),项目 1 计算出的物化能强度几乎是项目 3 的两倍,项目 3 中的绿色特征进一步扩大了两个项目间的能源强度差距。此外,项目 2 在电力供应中的物化能耗强度远低于其他两个项目,主要原因是四川省的电力在很大程度上依赖于更加清洁和节能的水力发电技术,这种地理资源特征在此评估框架中也得到了反映。

8.2.3　差异化测度模型政策启示

　　对于存在区域空间异质性的地区,如中国的东部沿海与西部内陆地区经济发展存在不平衡,特定建筑在不同地区的建造和生产效率可能与全国平均水平存在显著差异。而将多区域信息整合到物化能评估中则有助于衡量区域异质性和技术差异性带来的影响,同时帮助不同的利益相关者采取正确的策略。

　　地方政府与区域政策制定者可以将此框架作为量化建筑物化能耗的基准工具。这种初步估算可以帮助决策者识别建造能耗的本源,并探索上游供应链中能流的交互信息。通过应用评估框架,还可以开展基准测量以促进对当地建筑行业能源强度基线的划定。根据不同水平的建造能源强度,地方政府可以提供具有针对性的具体财政支持计划,为新建建筑提供不同程度的补贴。

　　业主可以将此评估框架作为快速评估工具,以便在初始阶段有效评估和管理特定建筑项目的能源消耗。该框架可以使业主在申请绿色建筑资质时持有强有力且具体的证据。此外,业主还可以采用该框架综合考虑经济效益与环境效益的平衡,并在设计阶段对材料供应商进行评估以提供能耗优化策略。

　　对于承包商而言,物化能耗分析和优化分析的结果可以从区域和部门角度解释能源供应来源。该信息可以帮助项目经理为建筑项目建立一个总体能源流量图,并通过重新分配材料的来源,为进一步减少能源使用提供可能的替代方案。

　　总而言之,多区域评估框架是预估特定建筑能源使用情况的有效工具,可以帮助从业人员考虑行业或项目的可持续性。该框架可以进一步推动绿色建筑标准的实施,并促进中国建筑行业清洁生产的发展。

8.3　建筑全生命周期能耗测度

8.3.1　建筑全生命周期系统边界识别

8.1 节建立了一个针对建筑物建造阶段的多区域物化能耗评估框架。本节在此基础上，将建筑运用能耗纳入评估框架中，建立了一个综合评估广东省住宅和办公楼生命周期能源消耗的混合模型。广东省作为 GDP 贡献较高和地理位置优越的重要省份之一，对我国的可持续建设有着重大影响。表 8-6 总结了广东省在促进中国可持续发展方面的关键表现，可以看出，除了经济贡献和高速城镇化之外，广东也处于中国低碳发展的前沿梯队，是我国多个节能减排项目的试点地区。因此，评估广东省典型建筑的全生命周期能源利用状况有助于制定建筑节能标准，避免传统政策手段的失效，进一步为区域层面的建筑能耗优化提供指南。表 8-7 和图 8-5 显示了实现混合模型的数据来源及必要的程序。运用多区域能耗评估模型以计算建筑材料生产和运输阶段的物化能耗，然后利用现场调查的运行数据和建筑物拆除阶段的二手数据来评估建筑全生命周期能源的使用情况。

在建筑运营阶段应用现场调查数据的目的是尽量降低传统运行能耗模拟过程中的不确定性。以往大多研究利用建筑物的冷热负荷来模拟运行能耗。然而，运行能源的使用是由许多变量决定的，如建筑物的预期用途、电器的类型和使用者的行为等，这些变量是不确定且难以测量的。在此，根据建筑物出租率和空置率，采用实际可用的建筑面积，利用实时电力使用数据来计算运行能耗。

表 8-6　广东省在实现中国可持续建设中的作用

评价维度	来源	内容
经济贡献	2016 年广东统计年鉴	2015 年建筑业和房地产业共占据了全省 GDP 的 10.4%
城市化率	广东省住房和城乡建设年报	广东省的城镇化率在 2013 年达到最高，从 1978 年的 16.3% 上升到 2013 年的 67.8%
低碳战略	国家发展和改革委员会	首批入选"低碳省低碳城市"国家级试点项目； 中国最大的生态小镇数量
绿色建筑战略	广东省住房和城乡建设年报 广东省建筑节能条例	2014 年广东省拥有 151 栋绿色建筑，竣工面积 1650 万平方米； 中国绿色建筑累计和年度建筑面积最大的省份之一(第二)

表 8-7　模型和数据源

阶段	方法	数据源	能源类型
材料生产与运输	多区域评估框架	本研究	总能源
建造	多区域评估框架	本研究	煤炭 焦炭
运营	过程分析	实地调查数据	原油 汽油 煤油
拆除	过程分析	文献评论	柴油 燃油 天然气 电力

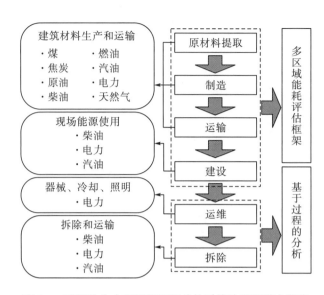

图 8-5　建筑物生命周期能源评估的系统边界和基本程序

8.3.2　数据收集及处理

本书使用了两类数据，一是内置在多区域能耗评估框架中的投入产出表[22,23]，二是揭示广东省居民实际能源消费行为的实地调查数据。为了从整体上反映运营阶段的能源绩效，通过现场调查、问卷调查以及与项目相关的高级物业管理人员和其他利益相关者的面对面访谈来获取实地数据，在当地开发商和下属物业管理公司的协助下，获得了 17 栋住宅楼和 18 栋办公楼的运营数据。

问卷内容包括三部分，如表 8-8 所示。第一部分旨在了解目标建筑的基本信息；第二部分考察了空调、照明、供水系统、电梯、供热系统等主要耗能楼宇服务系统，旨在探索样本建筑物的特点，建立能源模拟的量化基础；第三部分根据公共照明、中央空调、家庭用电等类别调查了 2008～2012 年的月度用电数据。

表 8-8　问卷内容

组成部分	类别	办公楼	住宅
部分 I	基本信息	位置、建筑年龄、总建筑面积、租金率、高度、玻璃幕墙	住宅类型，位置，建筑年龄，总建筑面积，空置率，外窗类型
部分 II	建立服务体系	空调、照明、给排水系统、电梯、热水系统	
部分 III	每月用电数据	公共照明、中央空调、家庭用电	

综上所述，2008～2012 年的原始运行数据是通过现场调查方法收集得到的(附录 D)。将国家和地区的建筑设计标准作为补充文件来确定旧建筑物的设计参数可以防止数据不可用。此外，被调查建筑物的范围广泛，且高度、建筑面积和建筑年份存在异质性，被调

查建筑物的结构框架、基本设计参数和建筑服务系统又彼此存在同质性，因此，实地调查数据可以作为广东地区典型住宅和办公大楼的代表。

8.3.3　居住和办公建筑全生命周期能耗测度

根据广东省建筑业的主要行业能源投入情况（图 8-6），可以发现与建材生产过程密切相关的经济部门，如非金属矿产品制造业、金属冶炼及压延加工、金属制品业、交通运输业等部门占广东省建筑业能源消耗总量的比例很高。非金属矿产品制造和金属冶炼压制是建筑业供应水泥和钢材的两大行业，合计占建筑行业隐含能源消耗总量的近一半。

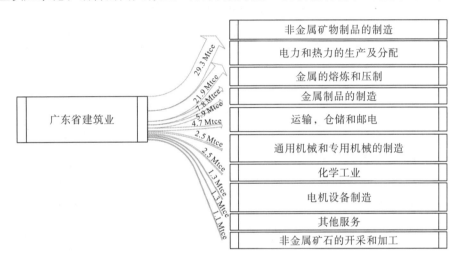

图 8-6　广东省建筑业引起的跨部门能源流动

1. 物化阶段

从表 8-9 可以看出，住宅建筑在生产和运输过程中消耗了约 1322 万吨标准煤，住宅物化阶段消耗的能源是办公楼消耗的能源的近十倍。住宅建筑物化能耗强度为 4.7GJ/m^2，与之前的调查结果 3.6～8.8GJ/m^2[24]一致。此外，办公楼的物化能强度为 5.7GJ/m^2，这也符合过往研究中的办公楼能源强度 3.5～11GJ/m^2[2,25,26]。住宅建筑和办公建筑的直接能源消耗量分别为 52.94 万吨标准煤和 5.81 万吨标准煤，分别相当于 0.19GJ/m^2 和 0.23GJ/m^2。在现场施工阶段，由于现场运输、装配、机械操作和照明等与建筑相关的日常活动的开展，煤、柴油和电力消耗最多。

表 8-9　住宅和办公楼的物化能消耗情况

阶段	住宅		办公楼	
	能源消耗/ 万吨标准煤	能源强度/ (GJ/m^2)	能源消耗/ 万吨标准煤	能源强度/ (GJ/m^2)
材料生产和运输	1322.06	4.7	139.84	5.5
施工	52.94	0.19	5.81	0.23

2. 运营阶段

运营阶段是建筑物生命周期能耗的关键阶段，该阶段的能源消耗占 40%～80%。由于难以准确识别建筑物运营阶段影响能耗的关键因素(如建筑物的预期用途、设备类型和居住者行为)，很难在运营阶段模拟真实的能源消耗行为。因此，本书通过从实际运行中收集的实地调查数据以降低能耗评估的不确定性。在当地开发商的协助下，我们收集了每个建筑物五年的月度电力数据；考虑到建筑物的实际可用建筑面积，运行能源强度结果如表 8-10 所示。

表 8-10　2008～2012 年的实地运行数据

年份		住宅		办公楼	
		kW·h/(m²·a)	GJ/(m²·a)	kW·h/(m²·a)	GJ/(m²·a)
2008	平均值	30.67	0.11	131.97	0.48
	标准差	13.94	0.05	34.94	0.13
2009	平均值	35.62	0.13	125.31	0.45
	标准差	16.11	0.06	32.98	0.12
2010	平均值	36.02	0.13	121.13	0.44
	标准差	17.54	0.06	31.06	0.11
2011	平均值	32.95	0.12	112.95	0.41
	标准差	16.54	0.06	25.71	0.09
2012	平均值	34.67	0.12	118.35	0.42
	标准差	15.24	0.06	28.12	0.10

2012 年，住宅和办公楼的运行能源强度分别为 $0.12GJ/m^2$ 和 $0.42GJ/m^2$，略小于其他学者计算的住宅建筑运营能源密度 ($0.14\sim2.4GJ/m^2$[21,27-29]) 和办公建筑运营能源密度 $[0.36\sim4.1GJ/(m^2·a)]$[2,24,26,30]。由于广东地区冬季温暖，很少使用加热系统，因此这些现场调查数据可以被认为是可靠和有效的。

3. 拆迁阶段

传统上，拆迁阶段涉及的能源类型主要包括建筑物拆除、运输、材料回收再利用、垃圾填埋处置等。可回收材料的数量、现场设备的使用以及拆除场地与垃圾填埋场之间的距离等变量在拆除阶段可能会在很大程度上影响能源强度的大小。拆迁也受到客户需求、承包商偏好和市场规则的影响[30]。因此，计算拆迁能源强度存在一定的不确定性，且政府工作报告和建筑物拆除过程中的相关过程数据资料也很少，仅有较少研究通过使用详细的基于过程的生命周期评估(LCA)模型聚焦于量化建筑拆除阶段的环境负荷。因此，本书使用二手数据来计算拆迁能源强度，鉴于数据的缺乏，不考虑回收和再利用材料的节能潜力。表 8-11 总结了以往相关研究中计算的建筑拆迁能源强度。

表 8-11　相关研究中建筑物拆除能源强度

文献	出处	建筑特点	拆迁能源强度 /(MJ/m²)	运输能源强度 /(MJ/m²)
[31]	加拿大	办公楼 钢结构	130～220	
		办公楼 钢结构	350	
[32]	芬兰	办公楼 钢筋混凝土系统 4 层，总建筑面积 4400m²	182	68.2 （假设 50km）
		办公楼 钢筋混凝土系统 5 层，总建筑面积 4400m²	750	42.8 （假设 64km）
[33]	中国	大学办公楼 钢筋混凝土 13 层，总建筑面积 36500m²	194	
[34]	新加坡	商业建筑 6 层，建筑面积 52094m²	18	
[35]	香港	住宅建筑 40 层，建筑面积 39040m²	16	
		住宅 40 层，建筑面积 26600m²	18	
[30]	美国	高层建筑 6 层，总建筑面积 7300m²	548	198 （由于材料不同， 假设 8～320km）

可以发现，不同的建筑结构和地理位置的能源强度差异很大。考虑到气候区、建筑类型和地理位置的相似性，新加坡和中国香港的案例研究结果被用作拆除过程的能源强度。假设广东省的运输距离为 50km，采用由 Junnila 等[32]计算的交通能源强度可得，拆迁总能耗强度为 85MJ/m²。

4. 办公楼和住宅建筑的全生命周期能耗表现

假设住宅建筑和办公建筑的寿命为 50 年，每个阶段的能源消耗百分比如图 8-7 所示。由图可知，建筑材料的生产、运输和运营阶段是建筑物全生命周期能耗最高的阶段，约占总能耗的 95%，建筑施工和拆除阶段的物化能耗却微乎其微（1.2%～2.5%）。更重要的是，办公建筑消耗的能源比住宅建筑消耗的能源更多，这意味着此类建筑的节能潜力较大。

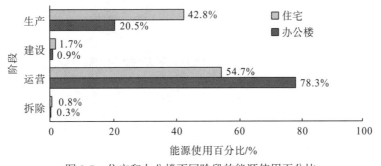

图 8-7　住宅和办公楼不同阶段的能源使用百分比

　　根据访谈和问卷调查得到的实证数据,广东省住宅建筑和办公建筑运营能耗差异的原因主要有三方面。首先,外墙的类型会根据建筑物类型的不同而有所不同。住宅建筑中的混凝土或砌块外墙在导热系数、热透射率等热系数方面的表现良好,在建筑运营阶段,其保温效率高于办公楼的玻璃幕墙(附录 D)。其次,由于这两类建筑功能的差异,住宅建筑的遮阳系数高于办公建筑,这也有利于运营阶段的自然通风。最后,空调系统的用电在日常能源消耗中起着重要的作用。一些旧式住宅采用自然通风,而不是配备空调,这可以进一步节约住宅建筑运营阶段的能源。

　　理论上,全生命周期能耗分析应该在统一的能源类别(例如一次能源)下进行,但考虑到电力和柴油是建筑物运行和拆除阶段的主要能源消耗,因此将两者均计算在内。这种做法直接揭示出它们的相对比例,可以使决策者更好地了解住宅建筑和办公建筑的能源消费结构。图 8-8 显示了住宅建筑和办公建筑全生命周期能源使用情况,结果表明,电力的比例最高,分别占住宅建筑和办公建筑约 50% 和 80%,其次是煤和原油。由于中国的电力生产主要依靠燃烧煤炭,因此产生了大量的碳排放(表 8-12)。另外,柴油在拆迁阶段贡献了能源消费总量的 0.3% 和 0.8%,其他类型的一次能源主要消耗在建筑物化阶段。综上所述,住宅建筑和办公建筑的全生命周期能耗仍以化石燃料能源为主,这对全球环境产生了极大的不利影响。

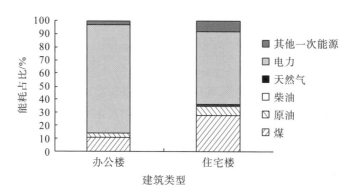

图 8-8　住宅和办公楼的生命周期能耗占比

表 8-12　电力生产的方法

国家	电力生产总量/ (MkW·h)	煤炭发电 /%	石油发电 /%	天然气发电 /%	水力发电 /%	核电发电 /%
中国	4715716	79.00	0.20	1.80	14.80	1.80

资料来源:2015 年《中国能源统计年鉴》。

8.3.4　住宅和办公建筑全生命周期能耗不确定分析

1. 数据质量

　　为了保证最终结果的准确性和确定性,需要对本书所使用的数据透明度和可靠性进行进一步检查。投入产出模型在模型预假设(如比例性和同质性)和数据质量问题(如样本数据的时间长短和适用性)方面都存在弱点。投入产出分析中使用的大部分经济数据都是过时的,因为投入产出表只能反映其出版年份的部门相互关系和生产力,而这个数据与当前的生产技术水平相差甚远,这种暂时的缺陷可能会导致对材料加工、运输和施工过程中物化能耗的低估或高估,本书努力做到投入产出分析与现场过程数据相辅相成。因此,进行数据质量评估是结果验证的必要条件。根据 Weidema 和 Wesnaes[36]提出的不确定性评估方法,数据质量可以评估 5 个类别(表 8-13)。此外,现场调查收集的运行数据受样本数量的限制,尽管拆迁阶段的数据质量相对较差,但因为建筑拆除过程只消耗少量的能源,所以这种不确定性仍然可以接受。为了进一步量化数据质量带来的不确定性,本书采用了 Hong 等[37]提出的半定量方法,该方法结合了数据质量指标(data quality index,DQI)和概率方法,以系统的方式进行不确定性评估。首先,根据专家提供的主观质量评分确定活动的概率分布(例如材料生产、建筑、运营和拆除)。随后,通过在 Crystal Ball 软件中运行蒙特卡洛模拟(Monte Carlo simulation,MCS)来确定建筑物的全生命周期能源强度、变化系数(CV)和置信区间。图 8-9 和图 8-10 显示了蒙特卡洛模拟计算住宅和办公建筑生命周期能源强度的结果,其中,住宅的蒙特卡洛模拟的平均值为 11.04GJ/m²,CV 为 5.5%,办公建筑的平均值为 27.0GJ/m²,CV 为 4.5%,与 8.3 节计算得到的 11.09GJ/m² 和 26.93GJ/m² 的确定性结果高度一致。

表 8-13　数据质量评估

阶段	测量方法	数据来源	时间相关性	地理相关性	技术相关性
物资生产和运输	4	5	4	3	2
施工	4	5	4	3	2
运营	5	4	5	5	4
拆除	3	3	4	4	1

注：5 为最高质量,1 为最低质量。

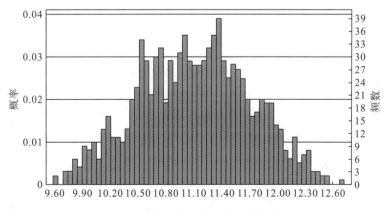

图 8-9　住宅的蒙特卡洛模拟结果

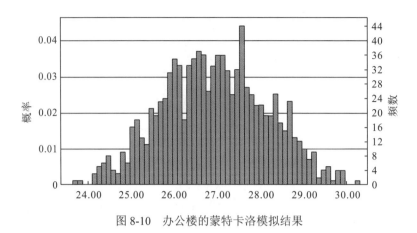

图 8-10　办公楼的蒙特卡洛模拟结果

2. 灵敏性分析

数据质量分析可以为计算过程中的总体不确定性提供主观判断,灵敏性分析可以为结果的可靠性和有效性建立量化基础。

投入产出表中的部门划分与省级年鉴中的部门统计口径存在差异,因此,在实际计算过程中往往会对投入产出表进行拆分和合并。本书采用多尺度投入产出表进行敏感性分析,使用 30 个、42 个和 135 个部门的投入产出表来验证部门聚合水平的影响。其中,国家统计局在 2012 年提供了 42 个部门和 135 个部门的投入产出表,而 30 个部门格式的投入产出表是在原表中将部门重新组合的结果。表 8-14 显示了灵敏性分析的结果。由于缺失更详尽的部门经济数据,30 个部门的投入产出分析结果发生了显著变化,导致住宅和办公建筑全生命周期能耗强度分别改变了 18%和 11%。这种差异表明,详细的部门信息统计对于提高投入产出分析的准确性至关重要。另一方面,本书计算得到的能源强度与 135 个部门情景下的结果非常接近,这种相似性也证明了计算结果的可靠性和有效性。

表 8-14　灵敏性分析的结果差异

类别	30 个部门格式/%	42 个部门格式/%	135 个部门格式/%
住宅	-18.4	-2.7	-0.65
办公楼	-11.4	-5.6	-4.8

8.3.5　住宅和办公建筑全生命周期能耗比较分析

全生命周期评估中,模型选择会对全生命周期能耗产生直接影响。基于过程的模型由于其相对较高的评估准确性而被广泛应用于建筑施工领域。然而,它也受到诸如有限的系统边界和截断误差等缺点的影响。相反,本书采用混合评估方法,通过保留案例特征和系统完整性来量化建筑能耗,因此有必要将原始结果与基于过程的传统模型的结果进行比较。表 8-15 总结比较了本书与以往研究中办公建筑和住宅建筑的生命周期能源强度的百分比变化。

表 8-15　不同类型建筑物的环境负荷汇总

文献	年份	类型	地点	气候	建筑结构	物化能耗/%	运行能耗/%	生命周期能耗/%
[38]	2004	Ra	新西兰	温带	木材/砼/超级绝缘	-8.0	4.9	-3.5
						1.3	-4.2	-5.3
						7.0	-43.3	11.2
[39]	2009	R	意大利	亚热带		-22.8	673.4	350.4
[40]	2009	R	西班牙	亚热带		-41.4	113.3	40.0
[41]	2012	R	比利时	温带	砌体/钢结构房屋		179.6	—
[42]	2008	R	印度尼西亚	热带	黏土/水泥基	-65.2	128.3	38.1
						-81.0	159.2	48.0
[27]	2010	Ra	意大利	亚热带	钢筋砼框架	192.9	11.7	84.4
[43]	2000	Ra	澳大利亚	热带+亚热带	砖单板	199.4	150.0	161.9
[20]	2000	R	瑞典	温带+亚寒带	木材/砼/黏土为主	-32.1	—	—
						-34.1	—	—
						-9.7	—	—
[44]	2012	R	德国	温带		-23.6	140.0	62.0
[45]	2010	R	瑞典	温带+亚寒带	砼/木材	5.1	250.8	134.0
						6.2	79.2	41.7
[46]	2009	R	加拿大	温带+寒带	砖/木材密集	-83.4	—	—
[47]	2011	O	瑞典	温带+亚寒带	钢筋砼	—	-12.2	—
[26]	2008	O	中国	亚热带	砼/钢	-46.7	11.9	-21.3
						-29.0	-2.2	-27.2
[48]	2009	O	泰国	热带	砼	26.5	44.9	11.5
[24]	2007	Ob	澳大利亚	热带+亚热带		190.4	33.9	32.1
[33]	2012	O	中国	温带	钢筋砼	70.6	187.1	107.5
[2]	2012	C	加拿大	温带+寒带	钢/木材	62.6	321.9	176.9
						-9.3	320.0	271.8
[41]	2010	O	西班牙	亚热带	块/砌块	-0.1	-3.4	-23.1
						-8.4	49.3	8.4
[34]	2012	O	新加坡	热带		-88.5	-51.5	-67.8

注：a 表示原研究对象建筑是绿色建筑；b 表示本表所列数据为澳大利亚 20 所中学的平均值。

如表 8-15 所示，住宅建筑结构包括钢筋混凝土、钢筋、砖混和木材，其生命周期能源强度的变化范围为-3.5%~350.4%，办公建筑全生命周期能耗强度的相对变化范围为8.4%~271.8%。可以发现，运行能耗强度在不同情况下表现出较高的差异，这主要是因为运行能耗强度的量化是基于假设进行的模拟，缺乏运行过程中的实际数据。相比之下，本书利用的现场调查数据在很大程度上反映了居民的实际能耗行为。与运行能耗的波动不同，大部分研究的物化能耗强度与本书的结果一致。此外，由于在宏观研究时，基于过程的方法会导致模型弱化，因此本书运用投入产出分析，通过考虑不同地区之间部门的相互关系来解决这一问题，将物化阶段的投入产出分析与运营、拆除阶段的基于过程的数据相结合，从混合模型的角度来呈现地区级特定类型建筑物的生命周期能源使用情况。

8.3.6　住宅和办公建筑全生命周期能耗优化策略研究

为进一步将调查结果与广东省的实践政策联系起来，对 2010~2015 年广东省的能源节约政策进行了详细的梳理(图 8-11)。可以发现，广东省地方政府通过试点创新低碳方案，对地区节能减排工作做出了明确的表态。在工业和建筑层面实施一系列的区域战略，以达到提高能源效率的目的，其中备受关注的是减少公共建筑能耗的问题。

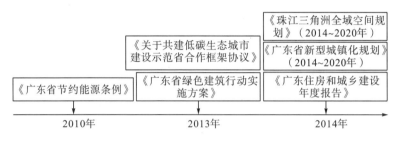

图 8-11　2010~2015 年广东省的政策措施

尽管节能减排政策取得了较大成效，但由于建筑物的能耗特征存在差异，因此本书指出了建筑领域需要进一步强化的几个方面。表 8-16 分别从技术、产品和管理等方面，提出了相应的建议。

表 8-16　建筑领域节能减排建议

角度	产业水平	建筑水平
技术	使用可再生能源和清洁能源(如天然气、太阳能和生物质能)； 鼓励能源密集型行业的技术创新	绿色改造； 高效的能源转换和存储； 预制施工
产品	倡导高附加值产品； 采用低碳/节能材料	光伏面板； 节能器具； 太阳能热水器； 模块化组件
管理	优化能源消费结构； 优化产业经济结构； 提供多学科解决方案； 制定规范和规则，引导和约束居民； 财务激励	建立新建筑物的用电指标； 建立建筑用电分级定价制度； 制定空调温度控制标准； 采用能源业绩合同； 选择本地材料供应商； 为测量建筑能源强度提供量化指标

从技术创新角度看，鉴于建筑全生命周期中的能源消耗模式仍以化石燃料为主，因此地方政府和建筑部门有必要推进低碳技术，提升高能耗行业可再生能源占比。

从产品供应角度看，应该提倡使用高附加值产品和节能材料。鉴于广东省天然气设施网络齐全，太阳能资源丰富，在建筑运营阶段鼓励使用作为绿色产品的光伏板和太阳能热水器以获得环境效益。另外，地方政府应该鼓励开发商采用热性能更好的高性能外墙，特别是针对办公楼。尽管材料生产过程有额外的能源投入，但从建筑生命周期的角度来看，这种变化可能会节省整体能源。由于空调、日常照明和电器的使用，电力消耗在所有能源模式中占主导地位。在建筑运营阶段，高能效设备的使用和自然通风是非常重要的。

　　从管理角度看，缺乏地方支持可能会阻碍建筑物的节能改善。需要在建筑节能减排全过程评估和管理中，采用政府牵头、社会参与的方式，提供环保和技术创新的解决方案。在建筑层面还要实施以经济刺激为主的措施，包括财政激励、能源合同、用电阶梯定价制度、空调温度控制制度等。投入产出分析结果还显示，建筑业主要的能源供应部门不仅来自能源密集型的制造行业，还来自交通运输行业，因此，相关政策应引导选择就近的建筑材料供应商，以节省材料运输能耗。

参考文献

[1] Scheuer C, Keoleian G A, Reppe P. Life cycle energy and environmental performance of a new university building: modeling challenges and design implications[J]. Energy and Buildings, 2003, 35(10): 1049-1064.

[2] An Ooteghem K, Xu L. The life-cycle assessment of a single-storey retail building in Canada[J]. Building and Environment, 2012, 49:212-226.

[3] Dixit M K, Fernandez-Solis J L, Lavy S, et al. Need for an embodied energy measurement protocol for buildings: a review paper[J]. Renewable and Sustainable Energy Reviews, 2012, 16(6): 3730-3743.

[4] Acquaye A A, Duffy A P. Input-output analysis of irish construction sector greenhouse gas emissions[J]. Building and Environment, 2010, 45(3): 784-791.

[5] Huang L, Bohne R A. Embodied air emissions in Norway's construction sector: input-output analysis[J]. Building Research and Information, 2012, 40(5): 581-591.

[6] Nassen J, Holmberg J, Wadeskog A, et al. Direct and indirect energy use and carbon emissions in the production phase of buildings: an input-output analysis[J]. Energy, 2007, 32(9): 1593-1602.

[7] Asif M, Muneer T, Kelley R. Life cycle assessment: a case study of a dwelling home in Scotland[J]. Building and Environment, 2007, 42(3): 1391-1394.

[8] Jeong Y S, Lee S E, Huh J H. Estimation of CO_2 emission of apartment buildings due to major construction materials in the Republic of Korea[J]. Energy and Buildings, 2012, 49:437-442.

[9] Aye L, Ngo T, Crawford R H, et al. Life cycle greenhouse gas emissions and energy analysis of prefabricated reusable building modules[J]. Energy and Buildings, 2012, 47:159-168.

[10] Hong J K, Shen G Q, Mao C, et al. Life-cycle energy analysis of prefabricated building components: an input-output-based hybrid model[J]. Journal of Cleaner Production, 2016, 112(4): 2198-2207.

[11] Monahan J, Powell J C. An embodied carbon and energy analysis of modern methods of construction in housing a case study using a lifecycle assessment framework[J]. Energy and Buildings, 2011, 43(1): 179-188.

[12] Crawford R H. Validation of a hybrid life-cycle inventory analysis method[J]. Journal of Environmental Management, 2008, 88(3): 496-506.

[13] Rowley H V, Lundie S, Peters G M. A hybrid life cycle assessment model for comparison with conventional methodologies in Australia[J]. International Journal of Life Cycle Assessment, 2009, 14(6): 508-516.

[14] 国家统计局. 中国建筑业统计年鉴 2013[M]. 北京:中国统计出版社, 2013.

[15] Chang Y, Ries R J, Lei S. The embodied energy and emissions of a high-rise education building: a quantification using

process-based hybrid life cycle inventory model[J]. Energy and Buildings, 2012, 55:790-798.

[16] Li D Z, Chen H X, Hui E C M, et al. A methodology for estimating the life-cycle carbon efficiency of a residential building[J]. Building and Environment, 2013, 59:448-455.

[17] Zhang Z H, Wu X, Yang X M, et al. BEPAS—a life cycle building environmental performance assessment model[J]. Building and Environment, 2006, 41（5）: 669-675.

[18] 顾道金，朱颖心，谷立静. 中国建筑环境影响的生命周期评价[J]. 清华大学学报（自然科学版），2006, 46（12）: 1953-1956.

[19] 仲平. 建筑生命周期能源消耗及其环境影响研究[D]. 成都:四川大学, 2005.

[20] Thormark C. Including recycling potential in energy use into the life-cycle of buildings[J]. Building Research and Information, 2000, 28（3）: 176-183.

[21] Verbeeck G, Hens H. Life cycle inventory of buildings: a contribution analysis[J]. Building and Environment, 2010, 45（4）: 964-967.

[22] Ichimura S. Interregional Input-Output Analysis of The Chinese Economy[M]. Singapore:World Scientific Publishing, 2003.

[23] Liu Z, Geng Y, Lindner S, et al. Uncovering China's greenhouse gas emission from regional and sectoral perspectives[J]. Energy, 2012, 45（1）: 1059-1068.

[24] Ding G K C. Life cycle energy assessment of Australian secondary schools[J]. Building Research and Information, 2007, 35（5）: 487-500.

[25] Kofoworola O F, Gheewala S H. Life cycle energy assessment of a typical office building in Thailand[J]. Energy and Buildings, 2009, 41（10）: 1076-1083.

[26] Xing S, Xu Z, Jun G. Inventory analysis of LCA on steel-and concrete-construction office buildings[J]. Energy and Buildings, 2008, 40（7）: 1188-1193.

[27] Blengini G A, Di C T. The changing role of life cycle phases, subsystems and materials in the LCA of low energy buildings[J]. Energy and Buildings, 2010, 42（6）: 869-880.

[28] Utama A, Gheewala S H. Life cycle energy of single landed houses in Indonesia[J]. Energy and Buildings, 2008, 40（10）: 1911-1916.

[29] Bribian I Z, Aranda U A, Scarpellini S. Life cycle assessment in buildings: state-of-the-art and simplified LCA methodology as a complement for building certification[J]. Building and Environment, 2009, 44（12）: 2510-2520.

[30] Scheuer C, Keoleian G A, Reppe P. Life cycle energy and environmental performance of a new university building: modeling challenges and design implications[J]. Energy and Buildings, 2003, 35（10）: 1049-1064.

[31] Johnstone I M. Energy and mass flows of housing: a model and example[J]. Building and Environment, 2001, 36（1）: 27-41.

[32] Junnila S, Horvath A, Guggemos A A. Life-cycle assessment of office buildings in europe and the United States[J].Journal of Infrastructure Systems, 2006, 12（1）: 10-17.

[33] Wu H, Yuan Z　Zhang L, et al. Life cycle energy consumption and CO_2 emission of an office building in China[J]. International Journal of Life Cycle Assessment, 2012, 17（2）: 264.

[34] Kua H W, Wong C L. Analysing the life cycle greenhouse gas emission and energy consumption of a multi-storied commercial building in Singapore from an extended system boundary perspective[J]. Energy and Buildings, 2012, 51:6-14.

[35] Chen T Y, Burnett J, Chau C K. Analysis of embodied energy use in the residential building of Hong Kong[J]. Energy, 2001, 26（4）: 323-340.

[36] Weidema B P, Wesnæs M S. Data quality management for life cycle inventories—an example of using data quality indicators[J].

Journal of Cleaner Production, 1996, 4(3-4): 167-174.

[37] Hong J K, Shen G Q, Peng Y, et al. Reprint of: Uncertainty analysis for measuring greenhouse gas emissions in the building construction phase: a case study in China[J]. Journal of Cleaner Production, 2017, 163SS420-S432.

[38] Mithraratne N, Vale B. Life cycle analysis model for New Zealand houses[J]. Building and Environment, 2004, 39(4): 483-492.

[39] Blengini G A. Life cycle of buildings, demolition and recycling potential: a case study in Turin, Italy[J]. Building and Environment, 2009, 44(2): 319-330.

[40] Bribian I Z, Aranda U A, Sabina S. Life cycle assessment in buildings: state-of-the-art and simplified LCA methodology as a complement for building certification[J]. Building and Environment, 2009, 44(12): 2510-2520.

[41] Rossello-Batle B, Moia A, Cladera A, et al. Energy use, CO_2 emissions and waste throughout the life cycle of a sample of hotels in the Balearic Islands[J]. Energy and Buildings, 2010, 42(4): 547-558.

[42] Utama A, Gheewala S H. Life cycle energy of single landed houses in Indonesia[J]. Energy and Buildings, 2008, 40(10): 1911-1916.

[43] Fay R, Iyer-Raniga G T U. Life-cycle energy analysis of buildings: a case study[J]. Building Research and Information, 2000,28(1):31-41.

[44] Koenig H, De C M L. Benchmarks for life cycle costs and life cycle assessment of residential buildings[J]. Building Research and Information, 2012, 40(5): 558-580.

[45] Brunklaus B, Thormark C, Baumann H. Illustrating limitations of energy studies of buildings with LCA and actor analysis[J]. Building Research and Information, 2010, 38: 265-279.

[46] Salazar J, Meil J. Prospects for carbon-neutral housing: the influence of greater wood use on the carbon footprint of a single-family residence[J]. Journal of Cleaner Production, 2009, 17(17): 1563-1571.

[47] Wallhagen M, Glaumann M, Malmqvist T. Basic building life cycle calculations to decrease contribution to climate change-case study on an office building in Sweden[J]. Building and Environment, 2011, 46(10): 1863-1871.

[48] Kofoworola O F, Gheewala S H. Life cycle energy assessment of a typical office building in Thailand[J]. Energy and Buildings, 2009, 41(10): 1076-1083.

附录 A 投入产出表的区域和部门划分

表 A1 多区域投入产出表的区域划分

编号	省份	编号	省份
R1	北京	R16	河南
R2	天津	R17	湖北
R3	河北	R18	湖南
R4	山西	R19	广东
R5	内蒙古	R20	广西
R6	辽宁	R21	海南
R7	吉林	R22	重庆
R8	黑龙江	R23	四川
R9	上海	R24	贵州
R10	江苏	R25	云南
R11	浙江	R26	陕西
R12	安徽	R27	甘肃
R13	福建	R28	青海
R14	江西	R29	宁夏
R15	山东	R30	新疆

表 A2 投入产出表的部门划分（30 个部门）

编号	部分	编号	部门
S1	农、林、牧、渔业	S16	通用和专用设备制造业
S2	煤炭开采和洗选业	S17	运输设备制造业
S3	石油和天然气开采业	S18	电气机械和器材制造业
S4	金属矿采选业	S19	计算机、通信和其他电子设备制造业
S5	非金属矿采选业	S20	仪器仪表制造业
S6	食品和烟草加工业	S21	其他制造业
S7	纺织业	S22	电力、热力生产和供应业
S8	纺织服装和皮革、毛皮、羽毛及其制品业	S23	燃气、水的生产和供应业
S9	木材加工和家具制造业	S24	建筑业
S10	造纸、印刷、文教、体育和娱乐用品制造业	S25	交通运输、仓储和邮政业
S11	石油、煤炭及其他燃料加工业	S26	批发和零售业
S12	化学工业	S27	住宿和餐饮业
S13	非金属矿物制品业	S28	租赁和商业服务业
S14	金属冶炼及压延加工业	S29	科学研究和技术服务业
S15	金属制品业	S30	其他服务业

表 A3　投入产出表的部门划分(28 个部门)

编号	部门	编号	部门
S1	农业	S15	金属制品业
S2	煤炭开采和洗选业	S16	通用和专用设备制造业
S3	石油和天然气开采业	S17	运输设备制造业
S4	金属矿采选业	S18	电气机械和器材制造业
S5	非金属矿采选业	S19	计算机、通信和其他电子设备制造业
S6	食品及烟草制造业	S20	仪器仪表制造业
S7	纺织业	S21	其他制造业
S8	皮革、毛皮、羽毛及其制品和制鞋业	S22	电力、热力、燃气及水生产和供应业
S9	木材及家具制造业	S23	建筑业
S10	造纸、印刷、文教体育用品制造业	S24	交通运输、仓储和邮政业
S11	石油、煤炭及其他燃料加工业	S25	批发、零售、住宿和餐饮业
S12	化学工业	S26	文化、教育、卫生和研究业
S13	建筑材料和非金属矿产品制造业	S27	金融业
S14	金属冶炼和压延加工业	S28	其他

附录 B 二氧化碳排放系数

表 B1 17 种能源类型的二氧化碳排放系数

序号	能源类型	$NCV_i(PJ/10^4t,\ 10^8m^3)$	$CC_i(Mt\ CO_2/PJ)$	$O_i/\%$
1	原煤	0.20908	0.087464	88.535
2	洗煤精	0.26344	0.087464	88.535
3	其他洗煤	0.15393	0.087464	88.535
4	型煤	0.17796	0.087464	88.535
5	焦炭	0.28435	0.104292	97.000
6	焦炉煤气	1.6308	0.071414	99.000
7	其他气体	0.8429	0.071414	99.000
8	原油	0.41816	0.073284	98.000
9	汽油	0.43124	0.069253	98.000
10	煤油	0.43124	0.071818	98.000
11	柴油	0.42652	0.074017	98.000
12	燃料油	0.41816	0.077314	98.000
13	天然气	0.50179	0.063024	99.000
14	炼厂气	0.46055	0.073284	99.000
15	天然气	3.8931	0.056062	99.000
16	其他油产品	0.41816	0.074017	98.000
17	其他焦化产品	0.28435	0.091212	97.000

注：数据来自中国碳核算数据库；NCV_i 表示净热值，CC_i 表示含碳量，O_i 表示氧化率。

表 B2 中国各地区用电及二氧化碳排放系数说明

	地区	系数/[t CO_2/(MW·h)]
华北电网	北京，天津，河北，山东和内蒙古	1.0069
东北电网	辽宁，吉林和黑龙江	1.1293
华东电网	上海，江苏，浙江，安徽和福建	0.8825
华中地区	河南，湖北，湖南，江西，四川和重庆	1.1255
西北电网	陕西，甘肃，青海，宁夏和新疆	1.0246
华南电网	广东，广西，云南和贵州	0.9987
海南电网	海南	0.8154

数据来源：2009 年中国区域电网发布的碳排放因子。

表 B3 中国各地区电力二氧化碳排放因子   （单位：t CO$_2$/TJ）

编号	地区	数值	编号	地区	数值
R1	北京	88	R16	河南	124
R2	天津	108	R17	湖北	122
R3	河北	122	R18	湖南	110
R4	山西	116	R19	广东	93
R5	内蒙古	160	R20	广西	153
R6	辽宁	130	R21	海南	57
R7	吉林	132	R22	重庆	98
R8	黑龙江	155	R23	四川	105
R9	上海	102	R24	贵州	292
R10	江苏	109	R25	云南	149
R11	浙江	104	R26	山西	149
R12	安徽	116	R27	甘肃	110
R13	福建	112	R28	青海	245
R14	江西	134	R29	宁夏	120
R15	山东	114	R30	新疆	109

表 B4 主要建筑材料的二氧化碳排放因子和回收利用系数

指标	水泥	玻璃	钢材	铝	木材
碳排放因子	0.8150	0.9655	1.789	2.600	−0.8428
回收利用系数	0.45	0.70	0.80	0.85	0.20

注：木材的排放系数单位为 kg CO$_2$/m^3，其他排放系数单位为 kg CO$_2$/kg。

表 B5　2000～2015 年中国省级建筑业二氧化碳排放量统计

（单位：百万吨）

编号	地区	均值	排名	2000年	2001年	2002年	2003年	2004年	2005年	2006年	2007年	2008年	2009年	2010年	2011年	2012年	2013年	2014年	2015年
R1	北京	16.708	15	7.239	9.855	10.191	10.425	10.923	12.068	11.095	13.431	15.369	21.730	24.788	25.989	21.578	23.833	24.589	24.225
R2	天津	12.660	20	3.201	3.616	4.009	4.567	5.570	—	6.243	8.989	10.236	13.738	14.186	18.283	18.536	25.727	37.602	23.035
R3	河北	64.308	3	12.374	14.762	14.514	14.873	15.171	20.227	33.453	20.456	26.449	28.349	68.585	283.472	270.092	103.620	50.358	52.165
R4	山西	15.197	17	9.430	6.724	7.459	7.224	9.037	11.041	9.899	11.961	17.857	18.914	26.916	19.912	20.423	21.000	24.423	20.927
R5	内蒙古	9.290	22	3.916	3.841	4.361	5.033	6.024	5.157	5.994	7.776	16.247	11.808	14.989	14.414	13.051	12.116	11.926	11.979
R6	辽宁	31.102	8	9.861	11.724	11.991	12.487	12.840	12.567	14.090	16.333	21.944	32.331	37.684	60.922	48.764	83.388	81.407	29.299
R7	吉林	15.412	16	4.271	4.999	7.056	8.999	10.679	2.206	5.599	5.708	7.547	9.485	9.379	10.397	60.297	42.428	45.057	12.479
R8	黑龙江	6.646	27	4.695	5.029	4.953	4.915	4.862	4.007	4.234	4.833	6.061	6.534	8.013	10.235	9.412	9.821	10.333	8.405
R9	上海	14.308	18	7.323	9.268	11.036	11.590	12.476	14.574	14.081	14.295	15.293	16.743	17.027	17.842	16.590	17.221	17.688	15.888
R10	江苏	93.802	2	28.858	35.851	36.569	37.564	38.510	44.526	50.153	62.858	79.294	81.316	90.959	365.580	165.877	125.305	134.895	122.722
R11	浙江	101.402	1	32.971	42.933	46.096	49.591	52.999	66.082	77.012	80.323	98.148	104.245	120.859	147.654	158.872	179.613	185.274	179.752
R12	安徽	18.445	12	6.730	9.292	9.231	9.057	9.034	9.415	11.070	14.192	15.277	17.927	24.979	27.752	27.970	34.266	37.179	31.748
R13	福建	26.862	9	4.623	6.527	6.224	5.955	5.850	10.063	14.368	11.957	22.560	27.522	34.121	34.506	42.975	56.877	72.957	72.708
R14	江西	10.610	21	2.234	3.030	3.734	4.453	5.134	6.115	7.746	7.237	8.363	9.958	10.972	17.581	17.254	23.226	12.431	30.289
R15	山东	42.807	5	18.092	25.886	26.124	20.846	26.511	32.060	34.976	30.447	43.139	52.415	48.314	47.923	105.676	57.228	59.334	55.948
R16	河南	31.325	7	8.711	10.256	10.556	10.851	11.119	11.709	16.208	23.118	26.338	32.590	40.566	41.628	51.247	48.299	125.031	32.967
R17	湖北	37.906	6	9.835	12.341	12.643	13.090	14.136	19.267	19.665	22.805	21.068	26.097	25.584	50.593	89.772	84.763	99.532	85.300
R18	湖南	26.468	10	6.484	10.568	15.632	20.625	25.708	17.302	21.089	22.659	24.551	29.831	33.097	31.285	36.107	40.089	43.123	45.338
R19	广东	26.437	11	16.153	19.261	18.780	18.333	18.244	21.940	23.431	22.988	23.607	25.757	34.421	50.767	40.060	40.060	44.780	41.039
R20	广西	7.249	25	3.604	4.141	4.473	4.903	5.374	5.130	5.865	5.761	6.098	8.088	9.751	11.118	15.524	9.995	11.033	5.123
R21	海南	1.368	30	0.792	0.734	0.471	0.562	0.556	0.664	0.710	0.816	1.111	1.423	1.527	2.457	2.545	3.272	2.338	1.906
R22	重庆	18.306	13	9.072	11.720	11.116	10.532	9.144	9.782	10.252	12.490	15.744	14.475	27.446	27.937	26.448	31.538	33.205	32.000
R23	四川	47.146	4	16.550	18.680	17.244	15.929	14.694	15.517	17.823	20.597	23.525	29.626	65.957	77.900	126.849	113.187	125.846	54.413
R24	贵州	8.212	23	2.788	3.747	3.983	4.172	4.351	3.728	4.277	4.663	5.321	8.551	5.296	8.072	9.713	16.620	20.245	25.861
R25	云南	13.982	19	8.302	7.277	6.682	6.157	5.133	6.426	8.576	8.105	10.083	11.277	14.871	14.071	16.485	38.980	42.795	18.488
R26	陕西	17.142	14	4.936	6.002	6.031	6.152	6.257	8.291	9.268	11.731	20.396	20.568	23.005	37.648	25.063	27.596	31.775	29.553
R27	甘肃	7.020	26	2.920	3.647	3.815	4.117	4.385	4.498	5.199	4.201	9.069	6.155	6.273	13.027	8.737	12.798	13.924	9.556
R28	青海	1.850	29	0.873	0.894	0.973	0.977	1.051	0.887	0.902	1.329	2.027	2.622	3.691	2.340	2.573	2.744	2.916	2.796
R29	宁夏	2.598	28	0.907	1.396	1.274	1.215	1.187	1.386	1.596	1.754	2.417	2.751	3.395	4.109	3.932	5.145	5.471	3.628
R30	新疆	7.944	24	4.435	4.046	5.939	6.721	6.154	3.302	6.346	4.668	5.347	5.619	6.913	18.987	12.327	10.830	14.344	11.132
	合计	734.508		252.180	308.045	323.156	331.915	353.110	384.957	451.218	478.477	600.485	678.444	853.562	1494.402	1428.119	1301.583	1421.806	1090.667

附录 C 基于过程的能源强度综述

表 C1 基于过程的建筑施工一次材料能源强度综述汇总

砼	水泥	钢材	玻璃	铝材	绝缘材料	瓷砖	砖	石膏	石灰	铜材	油漆	沙	砾石
1.6	5.5	29~32.8	16	180		15.4	2	3.8	5.3	71.6		0.6	0.2
	6.8	34.5	19.9				2.1	2.6	5.7				
	5.5	29	16	180	117	15.4			7.8	70	61.5		0.2
	2.3~3.6	24.7~32.8	24										
1.6	5.5	29	16	180	117	15.4	1.2-2.0	6	0.1	71.6	60.2	0.6	0.2
1.6	5.3	26.5	17.6	421.7		29.4	2	3.8	5.3	71.6	77.6	0.6	0.9
2.5	7.8	56.6	14.1		90.3		2	2.9	6.2				
1.15		35	18	211	116		1.08						0.79
1.2		32	16	191	117	2.5		6.1					2.5
	3.7	28	8	207	94.4	5.5	2.7		0.1	71.6	60.2	0.6	0.2
1.3	3.6	22.1	18	216.5			2.2	1.9			81.5	0.2	0.1
1~1.6	5.8	35	16	191~227			1						
1.1	4.2	24.3	15.5	136.8	103.8	15.6	2.2~6.3			35.6			
1.6		23	18.6	180	120		3.1	6		71.5	29.5	0.005	0.005

表 C2 根据不同的发电方法[MJ/(kW·h)]对基于过程的发电能源强度综述汇总

地区	年份	均值	煤	油	水力	核能	天然气	风能
香港	2007	6.425						
澳大利亚	2003		12.704				5.771	
瑞典	2005	0.068	7.778	6.200	0.056	0.034	4.622	0.135
泰国	2009		7.778				6.087	
韩国	1998	5.185						
日本	1997	4.283						
欧洲	1994	4.960						
加拿大	2001		11.836	8.770	0.023	0.169	4.994	
			11.283	9.469	0.045	0.180	5.287	0.135

表 C3 不同运输方式的能源强度综述汇总

运输方式	能源强度/[MJ/(t·km)]
卡车 3.5~7.5t	7.44
卡车 7.5~16t	3.29
卡车 16~32t	1.89
卡车>32t	1.32

运输方式	能源强度/[MJ/(t·km)]
道路运输(汽油)	3.04
道路运输(柴油)	2.06
铁路运输	3.05
道路运输	5.45
铁路运输	2.09

附录 D 住宅和办公楼建筑的基本信息

表 D1 住宅建筑基本情况

序号	类型	空置率/%	总建筑面积/m²	建筑年龄/年	楼层	外墙/[W/(m²·K)]	外窗/[W/(m²·K)]	遮阳系数	空调	水供应	电梯	砌块
R1	多层	79.3	280000	5	9	1.3	2.5	0.6	分割/多联机系统	泵系统	Y	29
R2	多层/别墅	95.7	49106	28	6	1.5	6.5	0.7	N	屋顶油箱系统	Y	7
R3	高层	75.6	69579	6	33	1.3	5.5	0.5	分体式空调器	泵系统	Y	2
R4	多层	76.2	180010	11	7	1.5	5.5	0.6	分割/多联机系统	泵系统	Y	33
R5	多层/高层	—	186888	9	11	1.3	4.7	0.6	分割/多联机系统	屋顶油箱/泵系统	Y	32
R6	高层	80.6	103458	6	20	1.3	2.8	0.5	中央	泵系统	Y	7
R7	高层		97138	2	20	1.0	1.9	0.4	中央	—	Y	8
R8	高层	100.0	29602	18	24	1.5	6.5	0.7	N	屋顶油箱系统	Y	2
R9	多层	94.3	64495	10	16	1.5	4.7	0.5	N	泵系统	Y	14
R10	高层	71.3	36317	4	20	1.0	2.8	0.5	中央	泵系统	Y	2
R11	别墅	91.5	350000	25	3	1.5	6.5	0.7	N	屋顶油箱系统	Y	183
R12	高层	86.5	32715	12	32	1.5	6.5	0.6	N	屋顶油箱系统	Y	1
R13	高层	79.9	21080	15	22	1.5	6.5	0.6	N	屋顶油箱系统	Y	1
R14	高层	73.8	124520	7	18	1.5	5.5	0.5	分割/多联机系统	泵系统	Y	17
R15	高层	75.2	140000	4	20	1.0	2.0	0.5	中央	泵系统	Y	9
R16	高层	—	161013	7	25	1.3	2.0	0.5	中央	泵系统	Y	14
R17	高层	—	175663	8	25	1.3	2.0	0.4	中央	非负压系统	Y	14

注："—"表示数据不能通过现场调查得到；Y 和 N 分别表示有电梯和无电梯。

表 D2　办公楼基本情况

序号	类型	出租率/%	总建筑面积/m²	建筑年代/年	玻璃幕墙/%	密度/(人/m²)	外墙/[W/(m²·K)]	外窗/[W/(m²·K)]	遮阳系数	空调	照明	水供应	电梯
O1	办公室/商业1	95.5%	14016	12	Y(100%)	0.061	1.5	3.0	0.25	FCU+MAU/AHU system	荧光	屋顶油箱系统	Y&自动扶梯
O2	办公室	97.0%	20697	1	N	0.081	1.0	3.5	0.60	FCU+MAU	电子镇流器	非负压系统	Y&自动扶梯
O3	办公室	33.0%	118472	4	Y(80%)	—	1.0	3.0	0.25	FCU+MAU	荧光	变频泵	Y&自动扶梯
O4	办公室	92.1%	12115	25	N	0.052	1.5	5.0	0.45	FCU+MAU	荧光	屋顶油箱系统	Y
O5	办公室/商业	100.0%	16000	20	Y(33%)	0.038	1.5	3.5	0.36	FCU+MAU	荧光	市政供水	Y
O6	办公室	86.1%	7791	28	N	0.042	1.5	6.5	0.70	FCU	荧光	市政供水	Y
O7	办公室	100.0%	46953	9	N	—	1.2	3.5	0.54	AHU system	荧光	变频泵	Y
O8	办公室	98.7%	15000	16	Y(12%)	—	1.2	5.0	0.40	FCU+MAU	荧光	屋顶油箱系统	Y
O9	办公室	99.5%	17204	25	N	—	1.5	6.5	0.65	FCU	荧光	市政供水	Y
O10	办公室	96.5%	9101	18	Y(40%)	—	1.5	3.0	0.36	AHU system	荧光	屋顶油箱系统	Y
O11	办公室	100.0%	19072	3	N	0.062	1.0	4.7	0.45	AHU system	荧光	非负压系统	Y
O12	办公室	97.3%	40447	2	Y(50%)	0.06	1.0	3.0	0.33	AHU system	荧光	变频泵	Y
O13	办公室	93.9%	17845	26	N	0.32	1.5	3.5	0.54	FCU+MAU	荧光	屋顶油箱系统	Y
O14	办公室/酒店/商业	94.6%	87192	14	Y	0.047	1.3	3.5	0.40	FCU+MAU/AHU system	荧光	屋顶油箱系统	Y
O15	办公室	100.0%	9380	6	N	0.072	1.2	5.0	0.54	—	荧光	屋顶油箱系统	Y
O16	办公室	100.0%	8522	18	Y(50%)		1.5	4.7	0.33	AHU system	荧光	屋顶油箱系统	Y
O17	办公室	100.0%	84950	4	Y(10%)		1.5	5.0	0.54	FCU+MAU	荧光/LED	市政供水	Y

注：“—”表示数据不能通过现场调查得到；FCU 是风机盘管单元系统；MAU 是新风处理单元的缩写；AHU 是空气处理单元系统；Y 和 N 分别表示有和无。

附录 E 中国部分省级行政区名称的字母代称

表 E1 中国部分省级行政区名称的字母代称对应表

序号	省级行政区名称	字母代称
1	北京	BJ
2	天津	TJ
3	河北	HB
4	山西	SX
5	内蒙古	IM
6	辽宁	LN
7	吉林	JL
8	黑龙江	HLJ
9	上海	SH
10	江苏	JS
11	浙江	ZJ
12	安徽	AH
13	福建	FJ
14	江西	JX
15	山东	SD
16	河南	HN
17	湖北	HUB
18	湖南	HUN
19	广东	GD
20	广西	GX
21	海南	HAN
22	重庆	CQ
23	四川	SC
24	贵州	GZ
25	云南	YN
26	陕西	SHX
27	甘肃	GS
28	青海	QH
29	宁夏	NX
30	新疆	XJ